# 2022 中国家具年鉴

  编

中国林业出版社

中国家具协会 CHINA NATIONAL FURNITURE ASSOCIATION
地址：北京市西城区车公庄大街 9 号院五栋大楼 A 栋 2 单元 15 层
Add：Floor 15，Unit 2，Building A，No.9，Chegongzhuang Avenue，
Xicheng District，Beijing
电话 Tel：010-87766821
邮箱 E-mail：xinxi@cnfa.com.cn
官网 Official Website：https：// www.cnfa.com.cn

中国家具协会
微信公众号

审图号：GS京（2022）0306 号

图书在版编目（CIP）数据

2022 中国家具年鉴 / 中国家具协会编 . -- 北京 : 中国林业出版社 , 2022.8
ISBN 978-7-5219-1750-5

Ⅰ . ① 2… Ⅱ . ①中… Ⅲ . ①家具工业 – 中国 – 2022 – 年鉴 Ⅳ . ① F426.88

中国版本图书馆 CIP 数据核字（2022）第 112260 号

| 策划编辑：杜娟 | 责任编辑：杜娟　陈惠 |
|---|---|
| 电　　话：（010）83143553 | 传　　真：（010）83143516 |

| 出版发行 | 中国林业出版社（100009　北京市西城区刘海胡同 7 号） |
|---|---|
| 书籍设计 | 北京美光设计制版有限公司 |
| 印　　刷 | 河北京平诚乾印刷有限公司 |
| 版　　次 | 2022 年 8 月第 1 版 |
| 印　　次 | 2022 年 8 月第 1 次印刷 |
| 开　　本 | 787mm×1092mm 1/16 |
| 印　　张 | 20 |
| 字　　数 | 600 千字 |
| 定　　价 | 280.00 元 |

未经许可，不得以任何方式复制或抄袭本书之部分或全部内容。

版权所有　侵权必究

# 2022 中国家具年鉴

## 编委会

主　　任：徐祥楠

副 主 任：张冰冰　屠　祺

主　　编：屠　祺

副 主 编：张　婷

委　　员（按姓氏拼音排序）：

曹选利　曹泽云　陈豫黔　池秋燕　丁　勇
高　伟　高秀芝　古皓东　何法涧　侯克鹏
胡盘根　靳喜凤　居朝军　李安治　李凤婕
梁纳新　刘　伟　倪良正　牛广霞　任义仁
沈洁梅　唐吉玉　王　克　王学茂　吴国栋
谢文桥　解悠悠　张宏亮　张　萍　赵立君
赵　云　祖树武

编　　辑：戴志鹏　林为梁　孙　浩　王　蕃　刘莱丝
王天宇

# 目 录

## 1 专题报道
### Special Report

中国家具产业集群大会暨中国家具协会第七届二次理事会在成都盛大召开 **012**

在中国家具产业集群大会暨中国家具协会第七届二次理事会上的报告 **024**

2021 中国家具协会副理事长会议成功召开 **029**

在 2021 中国家具协会副理事长会议上的讲话 **032**

## 2 政策标准
### Policy and Standards

2021 年政策解读 **040**

2021 年全国家具标准化工作概述 **052**

2021 年批准发布家具标准汇总 **056**

## 3 年度资讯
### Annual Information

中国家具协会及家具行业 2021 年度纪事 **062**

2021 年国内外行业新闻 **077**

CONTENTS

## 4 数据统计
### Statistics and Data

| | |
|---|---|
| **全国数据** | **090** |
| 2021年家具行业规模以上企业营业收入表 | **090** |
| 2021年家具行业规模以上企业出口交货值表 | **090** |
| 2021年主要家具产品产量表 | **090** |
| 2021年家具商品出口量值表 | **091** |
| 2021年家具商品进口量值表 | **092** |
| **地方数据** | **094** |
| 2021年全国各地区家具产量表 | **094** |

## 5 行业分析
### Industry Analysis

| | |
|---|---|
| 无界：家具行业未来趋势 | **098** |
| 我国家具智能制造高质量发展之路 | **108** |

# 6 地方产业
## Local Industry

| | |
|---|---|
| 北京市 | **116** |
| 上海市 | **120** |
| 重庆市 | **124** |
| 河北省 | **126** |
| 内蒙古自治区 | **129** |
| 辽宁省 | **131** |
| 哈尔滨市 | **134** |
| 江苏省 | **136** |
| 浙江省 | **139** |
| 江西省 | **146** |
| 山东省 | **149** |
| 河南省 | **152** |
| 湖北省 | **155** |
| 武汉市 | **157** |
| 湖南省 | **159** |
| 广东省 | **162** |
| 广州市 | **166** |
| 深圳市 | **168** |
| 四川省 | **169** |
| 贵州省 | **173** |
| 陕西省 | **175** |
| 西安市 | **178** |
| 甘肃省 | **180** |

# 7 产业集群
## Industry Cluster

| | |
|---|---|
| 中国家具产业集群分布图 | **184** |
| 中国家具产业集群分布汇总表 | **185** |
| **传统家具产区** | **186** |
| 中国红木家具生产专业镇——大涌 | **186** |
| 中国苏作红木家具名镇——海虞 | **190** |
| 中国红木（雕刻）家具之都——东阳 | **193** |
| 中国京作古典家具产业基地、中国京作古典家具发祥地——涞水 | **196** |
| 中国广作红木特色小镇——石碁 | **199** |
| 中国传统古典家具生产基地——新会 | **202** |
| **木质家具产区** | **204** |
| 中国实木家具之乡——宁津 | **204** |
| 中国欧式古典家具生产基地——玉环 | **206** |
| 中国板式家具产业基地——崇州 | **209** |
| 中国中部家具产业基地——南康 | **212** |
| 中国弯曲胶合板（弯板）之都——容县 | **216** |
| **办公家具产区** | **218** |
| 中国办公家具产业基地——杭州 | **218** |
| 中国办公家具重镇——小榄 | **221** |
| **商贸基地** | **224** |
| 中国家居商贸与创新之都——乐从 | **224** |
| 中国北方家具商贸之都——香河 | **227** |
| 中国东部家具商贸之都——蠡口 | **229** |
| 中国家具展览贸易之都——厚街 | **231** |
| **出口基地** | **234** |
| 中国家具出口第一镇——大岭山 | **234** |
| 中国出口沙发产业基地——海宁 | **237** |

| | |
|---|---|
| 中国北方家具出口基地——胶西 | **239** |
| **新兴家具产业园区** | **242** |
| 中国东部家具产业基地——海安 | **242** |
| 中国中部（清丰）家具产业基地——清丰 | **245** |
| 中国（信阳）新兴家居产业基地——信阳 | **248** |
| 中国兰考品牌家居产业基地——兰考 | **251** |
| **综合产区** | **254** |
| 中国家具设计与制造重镇、中国家具材料之都——龙江 | **254** |
| 中国特色定制家具产业基地——胜芳 | **256** |
| 中国金属家具产业基地——樟树 | **259** |
| 中国软体家具产业基地——周村 | **261** |
| 中国校具生产基地——南城 | **264** |

## 8 行业展会
### Industry Exhibition

| | |
|---|---|
| 2021年国内外家具及原辅材料设备展会一览表 | **268** |
| 第47届中国（广州）国际家具博览会 | **273** |
| 2021中国沈阳国际家博会 | **277** |

## 9 年度优品
### Excellent Product of the Year

| | |
|---|---|
| 曲美家居"万物–餐厅系列" | **285** |
| 元亨利"盛世中华沙发" | **286** |
| 天坛"木舍–1W180" | **287** |
| 震旦"Puffy模块沙发" | **288** |
| 美克"沙发（ML05）" | **289** |

| | |
|---|---|
| 斯可馨"燕羽" | **290** |
| 海太欧林"蒙特班台" | **291** |
| 圣奥"昂蒂那" | **292** |
| 顾家家居"漫享家" | **293** |
| 喜临门"SMART 系列床垫" | **294** |
| 永艺家具"永艺西涅克" | **295** |
| 恒林家居"HLC-2908" | **296** |
| 金虎集团"无人化智慧馆库一体化管理系统" | **297** |
| 联乐集团"SMEEP 智能床垫" | **298** |
| 联邦家私"V2125 沙发" | **299** |
| 穗宝集体"点趣" | **300** |
| 永华家具"六角香几" | **301** |
| 至盛冠美"伊顿班台" | **302** |
| 左右家私"ZY2383" | **303** |
| 四海家具"长餐桌 CZ01A 与餐椅 CZ01D" | **304** |
| 中泰家具"非凡现代办公系列" | **305** |
| 志豪家具"敦煌艺术" | **306** |
| 运时通"ST-S03 大床、ST- 夏威夷床垫、ST-G01 床头柜" | **307** |
| 八益家具"八益大豆蛋白纤维床垫" | **308** |
| 福乐家具"福乐床垫" | **309** |
| 美时家具"The ONE" | **310** |
| 黎明文仪"天鹅凳" | **311** |
| 励致家私"VAN 系列工作系统" | **312** |
| 全福凯旋"EAST-WEST 方合沙发" | **313** |
| 多少"'米'书架" | **314** |

# PART 1

# 专题报道 Special Report

# 中国家具产业集群大会暨中国家具协会第七届二次理事会在成都盛大召开

2021年12月29日，中国家具协会第七届二次理事会在成都盛大召开。十二届全国人大内务司法委员会委员、中央编办原副主任，现中国轻工业联合会党委书记、会长张崇和，中国轻工业联合会党委副书记，中华全国手工业合作总社党委副书记、副主任，世界家具联合会主席、亚洲家具联合会会长、中国家具协会理事长徐祥楠，中国家具协会副理事长张冰冰，世界家具联合会秘书长、亚洲家具联合会副会长兼秘书长、中国家具协会副理事长兼秘书长屠祺，四川省家具行业商会会长，成都八益家具股份有限公司党委书记、董事长兼总裁王学茂，濮阳市清丰县委副书记、县长赵丹，樟树市委常委、副市长罗毅，洛阳市伊滨区副区长王星星，广元市昭化区政协副主席夏敏，赣州市南康区政协副主席吴少林，赣州市南康区家具产业促进局局长李庆伟，常熟市海虞镇党委副书记李春洪，徐州市睢宁县沙集镇镇长王珂武，广州市番禺区石碁镇常务副镇长梁智强，中山市大涌镇副镇长刘炳矶，德州市宁津

十二届全国人大内务司法委员会委员、中央编办原副主任,中国轻工业联合会党委书记、会长张崇和出席会议

中国家具协会理事长徐祥楠作《中国家具产业集群大会暨中国家具协会第七届二次理事会报告》

中国家具协会副理事长张冰冰宣读议案

中国家具协会副理事长兼秘书长屠祺主持会议并宣读决定

县家具产业办公室主任刘宝祯,廊坊市香河经济开发区党工委书记、主任白颖浩,成都崇州市经济开发区家居产业部部长鞠鹏,承德市围场满族蒙古族自治县经济开发区主任杨春岩,潜江市总口管理区党委副书记寇杰,成都市新都区智能家居产业城管理委员会副主任杨值,以及来自全国的各级政府领导、产业集群嘉宾、院校学者、企业代表出席会议。中国家具协会副理事长兼秘书长屠祺主持会议。

徐祥楠理事长从"拥护党的领导,为建党百年贡献力量""促进经济发展,满足人民美好生活需要""推动行业进步,实现发展质量稳步提升""融入全球格局,成为世界家具大国"四个方面,总结了中国家具产业集群近二十年的发展成就,回顾了行业与协会近期发展亮点。

面对第二个百年奋斗目标新征程,徐理事长从"加强各方联动,建设团结队伍""深化科技改革,激发创新潜能""优化结构布局,促进协调发展""落实'双碳'行动,建设绿色中国""坚持开放合作,推动共荣跃升"五个方面,为家具产业集群和行业工作提出了新的期望。他指出,一切伟大成就都是接续奋斗的结果,一切伟大事业都需要在继往开来中推进,让我们以振奋的精神,书写行业华美新篇章!以优异的成绩,迎接党的二十大胜利召开!

清丰县委副书记、县长赵丹详细介绍了清丰的历史文化、地理区位和生态环境优势,以及清丰的产业政策。赵县长表示,清丰是中国家具协会授予的"中国中部(清丰)家具产业基地",今天的清丰,坚持家居为第一主导产业地位,已开启产业高端集聚、城市提质发展、民生普惠均衡的新征程。

清丰县委副书记、县长赵丹作《孝道之乡投资福地，合作共赢筑梦家居》主题演讲

赣州市南康区家具产业促进局党委书记、局长李庆伟作《推进南康家具高质量发展新格局》主题演讲

吉林省家具协会会长、居之谷家居产业有限公司董事长居朝军作《以工匠之心为家居产业赋能》主题演讲

四川省家具行业商会会长，成都八益家具股份有限公司党委书记、董事长兼总裁王学茂作《党建引领，三建共进》主题演讲

厚街镇人民政府贺信

中国家具协会监事长吴国栋主持文件审议和荣誉授予环节

期待各界朋友到清丰考察指导、投资兴业，我们将以最有力的举措、最优质的服务、最优良的环境，支持企业发展。

赣州市南康区家具产业促进局党委书记、局长

张崇和会长为2021年中国家具产业集群突出贡献个人颁证

李庆伟介绍了南康家具产业发展历程和产业现状。李局长表示，南康家具产业经过多年发展，在地方政府拆、建、转等一系列提升产业质量措施的支持下，已从粗放型转向精细化发展，并建成了南康家居小镇、家具检测中心、研发中心，以及共享烘干、共享配料等项目。借助赣州港优势和当地政府的政策支持，南康家具产业正朝着数字化和线上线下融合的方向，实现更高质量的发展。

吉林省家具协会会长、居之谷家居产业有限公司董事长居朝军通过自身发展经历，提出了对家具行业发展的感悟。居会长表示，企业的成功，离不开学习和创新；产业的成功，离不开资源共享；事业的成功，离不开协会的鼎力支持。吉林家具行业将不负希望，努力做好自身发展工作，携手全体家具行业同仁，为中国家具和家居产业发展助力赋能。

四川省家具行业商会会长，成都八益家具股份有限公司党委书记、董事长兼总裁王学茂介绍八益家具党建工作如何促进和协调企业发展，以及八益光辉锦绣园情况。王会长表示，只有坚持党建引领，才能使企业不偏航。企业负责人要有党建意识和思想觉悟，并结合企业自身实际开展党建工作。企业要团结带领党员群众，凝心聚力、攻坚克难，以党建促发展，带动企业向高质量方向发展，更好服务社会。

由于新冠肺炎疫情原因，东莞厚街镇政府无法参加本次大会，特发来贺信表示祝贺，中国家具协会副理事长兼秘书长屠祺宣读贺信。

本次会议还对第七届理事会成员进行了增补，并向优秀产业集群、单位和个人授予荣誉称号与证书。中国家具协会副理事长张冰冰宣读了《关于中国家具协会第七届理事会增补成员的议案》。中国家具协会副理事长兼秘书长屠祺宣读了《关于授予2021年"中国家具行业示范产业集群""中国家具产业集群共建先进单位""中国家具产业集群突出贡献""中国家具行业领军企业""中国家具产业集群品牌企业"荣誉称号的决定》。中国家具协会监事长吴国栋主持文件审议和荣誉授予环节。

中国家具产业集群大会暨中国家具协会第七届二次理事会系统回顾了家具产业集群和行业企业发展成绩，为产业集群和家具行业未来发展指明了方向。正值举国上下深入学习贯彻党的十九届六中全会精神之际，站在"两个一百年"的历史交汇点和全面建设社会主义现代化国家新征程的关键时刻，中国家具行业将牢记初心、砥砺奋进，为迎接党的二十大胜利召开，贡献家具行业的磅礴之力。

徐祥楠理事长为中国家具协会第七届理事会增补成员颁证

徐祥楠理事长为2021年中国家具行业示范产业集群颁证

徐祥楠理事长为2021年中国家具产业集群共建先进单位颁证

张冰冰副理事长、屠祺副理事长兼秘书长为2021年中国家具行业领军企业颁证（一）

张冰冰副理事长、屠祺副理事长兼秘书长为2021年中国家具行业领军企业颁证（二）

张冰冰副理事长、屠祺副理事长兼秘书长为2021年中国家具产业集群品牌企业颁证（一）

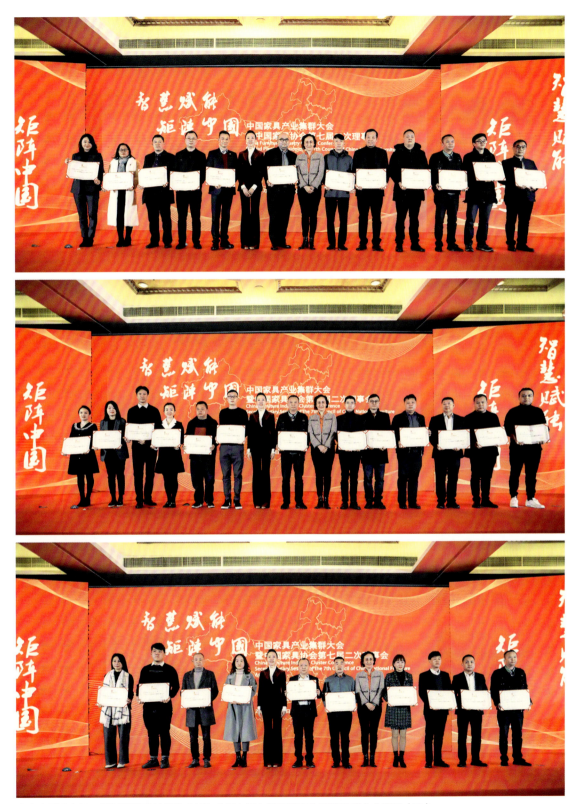

张冰冰副理事长、屠祺副理事长兼秘书长为 2021 年中国家具产业集群品牌企业颁证（二）

## 中国家具协会授予荣誉称号名单

（排名不分先后）

### 一、2021年中国家具行业示范产业集群（11家）

1. 中国红木（雕刻）家具之都
2. 中国红木家具生产专业镇
3. 中国仙作红木家具产业基地
4. 中国中部家具产业基地
5. 中国软体家具产业基地
6. 中国家具设计与制造重镇、中国家具材料之都
7. 中国家居商贸与创新之都
8. 中国家具展览贸易之都
9. 中国中部（清丰）家具产业基地
10. 中国特色定制家具产业基地
11. 中国椅业之乡

### 二、2021年中国家具产业集群共建先进单位（19家）

1. 江西省樟树市人民政府
2. 赣州市南康区人民政府
3. 江门市新会区人民政府
4. 濮阳市清丰县人民政府
5. 廊坊市香河县人民政府
6. 湖州市安吉县人民政府
7. 睢宁县沙集镇人民政府
8. 佛山市顺德区龙江镇人民政府
9. 霸州市胜芳镇人民政府
10. 江苏省常熟市海虞镇人民政府
11. 广州市番禺区石碁镇人民政府
12. 洛阳市伊滨区庞村镇人民政府
13. 信阳市羊山新区管理委员会
14. 宁津县家具产业办公室
15. 杭州市家具商会
16. 佛山市顺德区乐从镇家具城商会
17. 东莞市大岭山镇家具协会
18. 海安市东部家具行业协会
19. 江西省南城校具商会

## 三、2021 年中国家具产业集群突出贡献（11 人）

1. 清丰县委书记 曹拥军
2. 江西省樟树市市长 陈钰
3. 石碁镇党委书记 方宝城
4. 东莞市厚街镇委副书记、镇长 陈尚荣
5. 龙江镇党委书记 甘志宇
6. 南康区家具产业促进局局长 李庆伟
7. 东阳市市场监督管理局党委书记、局长，东阳市木雕红木家居产业发展局局长 傅为民
8. 香河家具城发展中心主任 李万青
9. 胜芳镇家具行业协会理事长 王宏乐
10. 广东省乐从家具城商会会长 陈桂芳
11. 福建省古典工艺家具协会秘书长 陈舜河

## 四、2021 年中国家具行业领军企业（67 家）

1. 曲美家居集团股份有限公司
2. 北京元亨利硬木家具有限公司
3. 廊坊华日家具股份有限公司
4. 北京金隅天坛家具股份有限公司
5. 亚振家居股份有限公司
6. 震旦（中国）有限公司
7. 上海艺尊轩红木家具有限公司
8. 世楷贸易（上海）有限公司
9. 美克投资集团有限公司
10. 河北蓝鸟家具股份有限公司
11. 光明集团股份有限公司
12. 七台河市双叶家具实业有限公司
13. 江苏斯可馨家具股份有限公司
14. 海太欧林集团有限公司
15. 圣奥集团有限公司
16. 顾家家居股份有限公司
17. 喜临门家具股份有限公司
18. 永艺家具股份有限公司
19. 浙江梦神家居股份有限公司
20. 浙江年年红实业有限公司
21. 恒林家居股份有限公司
22. 大康控股集团有限公司
23. 慕容集团有限公司
24. 麒盛科技股份有限公司
25. 厦门喜盈门家具制品有限公司
26. 福建省三福古典家具有限公司
27. 江西金虎保险设备集团有限公司
28. 江西远洋保险设备实业集团有限公司
29. 赣州市南康区蓝天木业有限公司
30. 青岛一木集团有限责任公司
31. 烟台吉斯家具集团有限公司
32. 山东凤阳家居有限公司
33. 博洛尼智能科技（青岛）有限公司
34. 郑州大信家居有限公司
35. 湖北联乐床具集团有限公司
36. 湖南省晚安家居实业有限公司
37. 台山市伍氏兴隆明式家具艺术有限公司
38. 广州尚品宅配家居股份有限公司
39. 广东联邦家私集团有限公司
40. 广州市欧亚床垫家具有限公司
41. 深圳祥利工艺家俬有限公司
42. 慕思健康睡眠股份有限公司
43. 广州市番禺永华家具有限公司
44. 广州市至盛冠美家具有限公司
45. 深圳市仁豪家具发展有限公司
46. 深圳市左右家私有限公司
47. 中山四海家具制造有限公司
48. 广东优派家私集团有限公司
49. 广州市百利文仪实业有限公司
50. 东莞市城市之窗家具有限公司
51. 深圳长江家具有限公司
52. 中山市中泰龙办公用品有限公司
53. 中山市华盛家具制造有限公司
54. 中山市东成家具有限公司
55. 迪欧家具集团有限公司
56. 佛山市志豪家具有限公司

57. 运时通（中国）家具有限公司
58. 成都八益家具股份有限公司
59. 全友家私有限公司
60. 明珠家具股份有限公司
61. 大自然科技股份有限公司
62. 昆明市晶晶床垫家具制造有限责任公司
63. 陕西南洋迪克家具制造有限公司
64. 福乐家具有限公司
65. 敏华控股有限公司
66. 东莞美时家具有限公司
67. 中山市鸿发家具有限公司

## 五、2021年中国家具产业集群品牌企业（95家）

1. 中山市东成家具有限公司
2. 中山市红古轩家具有限公司
3. 中山市伍氏大观园家具有限公司
4. 中山市太兴家具有限公司
5. 台山市伍氏兴隆明式家具艺术有限公司
6. 台山市大江渡头国胜木厂有限公司
7. 广州市番禺永华家具有限公司
8. 广州市家宝红木家具有限公司
9. 广州市番禺华兴红木家具有限公司
10. 江门市新会区雄业古典家具有限公司
11. 江门市卢艺家具有限公司
12. 江门市建鸿古典家具有限公司
13. 东阳市明堂红木家俱有限公司
14. 东阳市苏阳红红木家具有限公司
15. 东阳市御乾堂宫廷红木家具有限公司
16. 浙江大清翰林古典艺术家具有限公司
17. 浙江中信红木家具有限公司
18. 常熟市金蝙蝠工艺家具有限公司
19. 常熟市明艺红木家具有限公司
20. 瑞丽市涵森实业有限责任公司
21. 福建省三福古典家具有限公司
22. 福建省大东方古典家具有限公司
23. 仙游县铭天下红木家具有限公司
24. 福建省红桥红家居有限公司
25. 涞水县珍木堂红木家具有限公司
26. 涞水县万铭森家具制造有限公司
27. 河北古艺坊家具制造股份有限公司
28. 山东华日家具有限公司
29. 浙江新诺贝家居有限公司
30. 浙江欧宜风家具有限公司
31. 浙江大风范家具股份有限公司
32. 浙江听诗家具股份有限公司
33. 全友家私有限公司
34. 明珠家具股份有限公司
35. 成都汇鸿教学设备制造有限公司
36. 成都市棠德家具有限公司
37. 江西自由王国家具有限公司
38. 江西潘峰家居有限公司
39. 江西富龙皇冠实业有限公司
40. 成都三叶家具有限公司
41. 青岛一木集团有限责任公司
42. 浙江金鹭家具有限公司
43. 科尔卡诺集团有限公司
44. 浙江冠臣家具制造有限公司
45. 圣奥集团有限公司
46. 杭州恒丰家具有限公司
47. 中山市华盛家具制造有限公司
48. 中山市中泰龙办公用品有限公司
49. 迪欧家具集团有限公司
50. 慕容集团有限公司
51. 山东凤阳家居有限公司
52. 山东福王家具有限公司
53. 山东蓝天家具有限公司
54. 江西金虎保险设备集团有限公司
55. 江西远大保险设备实业集团有限公司
56. 江西阳光安全设备有限公司
57. 佛山市志豪家具有限公司
58. 佛山市美神实业发展有限公司
59. 佛山市前进家具有限公司
60. 广西容县林丰胶合板厂
61. 广西容县润达家具有限公司
62. 广西容县金益多家具有限公司
63. 广西容县楷茂木业有限公司
64. 广西德科新型材料有限公司

65. 广东罗浮宫国际家具博览中心有限公司
66. 佛山市顺德区皇朝家私有限公司
67. 广东东恒家具集团有限公司
68. 香河嘉美家具城有限公司
69. 香河北方家具城有限公司
70. 香河鑫亿隆家具城
71. 慕思健康睡眠股份有限公司
72. 东莞市兆生家具实业有限公司
73. 东莞市城市之窗家具有限公司
74. 江苏斯可馨家具股份有限公司
75. 苏州王氏红木家具有限公司
76. 苏州市苏品宅配文化有限公司
77. 潜江市乐家木业有限公司
78. 雅格丽木家具海安有限公司
79. 湖北郦泰鸿红木产业园管理有限公司
80. 湖北元宗家居有限公司
81. 湖北鸿普轩家居有限公司
82. 河南省俞木匠家具制造有限公司
83. 清丰东方冠雅家具有限公司
84. 清丰广立家具有限公司
85. 信阳天一美家实业有限公司
86. 信阳永豪轩家具有限公司
87. 永艺家具股份有限公司
88. 恒林家居股份有限公司
89. 大康控股集团有限公司
90. 运时通（中国）家具有限公司
91. 东莞市元宗家具有限公司
92. 东莞市洋臣家具有限公司
93. 廊坊柏思诺家具有限公司
94. 霸州市鑫松家具有限公司
95. 霸州市纽莱客家具有限公司

# 在中国家具产业集群大会暨中国家具协会第七届二次理事会上的报告

*中国家具协会理事长　徐祥楠*

各位领导、各位理事、朋友们：

　　大家下午好！

　　正值举国上下深入学习贯彻党的十九届六中全会精神之际。今天，我们在成都召开"中国家具产业集群大会暨中国家具协会第七届二次理事会"，将系统回顾家具产业集群和行业企业发展成绩，展望未来发展方向。这是站在"两个一百年"的历史交汇点、开启全面建设社会主义现代化国家新征程的关键时刻，共商推进行业发展大计的一次盛会，具有重要意义。我代表中国家具协会，向出席本次会议的全体成员，表示热烈的欢迎！向为中国家具行业发展，做出积极贡献的各级政府部门、集群代表和企业家朋友们，表示衷心的感谢！由于疫情原因广东、浙江、陕西等地产区和理事不能到会，在此也向他们表示祝福和问候！

　　改革开放以来，伴随着中国经济的繁荣发展，家具行业取得了举世瞩目的成就，产业规模不断扩大，影响力日益加深，国际地位显著提高。为推动区域经济建设，提升产业发展水平，2003年，中国轻工业联合会和中国家具协会共同开展了产业集群

共建工作。截至2021年底，全国家具特色区域和产业集群共47个，其中传统家具产区10个、木制家具产区8个、金属家具产区3个、办公家具产区2个、软体家具产区2个、材料产区3个、综合产区5个、家具产业园9个、商贸基地5个。遍布全国的产业集群，为中国家具行业的腾飞创造了条件，成为行业发展的强大推动力。

总结中国家具产业集群近二十年的发展成就，回顾行业与协会近期发展亮点，有助于我们以史为鉴，更好地推动行业发展与进步。

## ——拥护党的领导，为建党百年贡献力量

在中国共产党的领导下，我们实现了第一个百年奋斗目标。多年来，党和国家高度关注制造业的发展，陆续出台了多项方针政策。仅2021年下半年，国务院及九大部委就发布了《关于加快培育发展制造业优质企业的指导意见》《关于振作工业经济运行 推动工业高质量发展的实施方案的通知》等文件，各省市政府、工信厅等机关单位出台了多项鼓励制造业改革创新、绿色发展的补贴政策、奖励政策，高度重视并扶持实体经济发展建设，为家具行业持续健康发展创造了稳定的政策环境。

以产业集群为阵地的各地方政府，充分发挥了党组织的战斗堡垒作用，对各地家具行业的发展给予了大力支持。江西南康专设家具产业促进局，全力推动家具产业提质增效，家具产业带动当地三分之一的贫困劳动力就业，实现脱贫致富；广西融水加强基础设施建设、扶助特色产业、持续改善民生，贫困发生率大幅下降。

在伟大建党精神和国家政策的指引号召下，全国家具产业集群、行业协会、广大企业凝心聚力、奋力前行，以党建促发展，为自身建设和行业服务书写了华美篇章。河南清丰县委县政府四套班子带队倾听企业需求，打造优秀产业园区，体现了无私奉献的焦裕禄精神；浙江东阳成立木雕红木产业党建联盟，提供红木"共建共享共赢"平台，以党建助推产业做强做优；八益集团高标准建设光辉锦绣园，庆祝中国共产党成立100周年，扎实开展红色文化教育；左右家私隆重举办升旗仪式，进行爱国主义教育，深入推进企业文化建设。

中国家具协会党支部积极推动支部建设、扎实开展党史学习教育，组织参观南湖革命纪念馆、抗日战争纪念馆等活动，加强政治思想建设。多年来，协会始终坚守为行业、企业发声的服务职责，向国务院、工业和信息化部、国家发展和改革委员会、商务部、生态环境部、国家市场监督管理总局、中国轻工业联合会等国家党政机关上报行业情况、反映企业难题超百次。在协会的不懈努力下，2020年，家具与家电、汽车行业共同被列为重点行业，发展动态受到党中央、国务院和有关部委的高度关注。

在政府关怀、行业奋进、企业争先、协会服务的和谐氛围下，全国近十万家家具企业，超五百万人的从业人员，为推动促进脱贫攻坚、社会稳定，做出了积极贡献。作为家具行业一员，我非常高兴与大家一道，共同见证国家与行业的进步与繁荣，也向大家的努力付出表示深深的敬意。

## ——促进经济发展，满足人民美好生活需要

家具行业是重要的耐用消费品行业，改革开放以来，历经几代人的艰苦奋斗，为中国经济稳定增长，构建新发展格局贡献了力量。"十三五"期间，行业规模以上企业保持正增长，营业收入年均增长达到6.12%；2021年前三季度，规模以上企业6596家，累计完成营业收入5628.58亿元，同比增长17.98%；累计利润总额294.01亿元，同比增长20.18%；累计出口567.17亿美元，同比增长38.02%；累计进口19.12亿美元，同比增长14.26%。最新数据显示，2021年1—10月，家具行业规模以上企业为6613家，营业收入6319.52亿元，同比增长15.2%，利润总额332.78亿元，同比增长15.45%，已经成为推进国民经济稳步增长的重要产业。家具企业充分发挥我国超大规模市场优势和内需潜力，产供销持续向好，尚品宅配、顾家、敏华、美克美家、曲美、喜临门、欧派、永艺、恒林、梦百合、亚振等一批优秀企业陆续上市，在产融结合方面走出了一条开阔的发展之路。

全国家具行业取得的优异成绩，产业集群在其中发挥了显著作用。目前，全国家具产业集群凝聚了国内家具生产的主要力量，规模以上企业近3000家，占全国的45%；家具从业人员183万人，占全国的37%；总产值8695亿元，占全国的65%，成为京津冀协同发展、长江经济带发展、粤港澳大湾

区建设、长三角一体化发展、黄河流域生态保护和高质量发展等区域重大战略实施的有力支撑。

家具行业作为重要的民生产业、常青产业，不断丰富产品品类，满足多场景、多用户的个性化需求，在推动消费升级、满足人民美好生活需要方面取得了丰硕成果。安吉椅业、樟树金属家具、新会和仙游传统家具、广西板材、南城校用家具等，在国内外同类市场占有率名列前茅；广西融水、广东石碁等地的家具产业，整合优势资源，为带动地方就业、服务地方经济做出了积极贡献。

协会秘书处高度关注行业经济运行趋势，积累了国家统计局、海关总署发布的近二十年的行业统计数据，以及近十年全球产业数据，通过数据分析与预判，每年发布《世界家具展望》《中国家具年鉴》《中国家具行业发展报告》等专刊、报告，举办"全球家具行业趋势发布会""家具行业信息大会"等活动，开设协会官方网站、微信、微博、《中国家具协会通讯》会刊等宣传渠道，为政策制定和企业决策提供了行业信息支撑。

家具行业现已成为国民经济的重要组成部分，在促进区域建设、落实城镇化建设等方面发挥了积极作用，为我国全面建成小康社会、创造幸福生活做出了重要贡献。

## ——推动行业进步，实现发展质量稳步提升

家具业的发展与中国经济同步，已由高速增长阶段转向高质量发展阶段。河北胜芳强化对生产和营销的同步升级，从金属玻璃家具产业基地转型为特色定制家具产业基地；广东乐从重点推进设计转型，实现从"创新设计"到"创新制造"的发展；山东周村经过近三十年的积累，形成了材料市场、家具市场、制造业"三位一体"的集群链条；浙江海宁借助皮革、家纺、经编三大产业基础，沙发制造业发展迅速；广西崇左挖掘深耕当地资源，大力发展木材加工业，高水平服务家具制造业。完备的产业链与供应链体系，推动各地行业逐步从资源型向服务型转变。

在推进高质量发展进程中，家具行业以创新求发展，以变革迎挑战。江西南康打造智能化生产车间，建设共享备料中心、智能共享工厂、共享喷涂中心，进一步释放智能制造驱动力；山东宁津启动建设家具绿动能共享园区，引导产业绿色发展；江苏沙集大力发展"农户 + 网络 + 公司"模式，销售额突破百亿大关，努力实现向数字化经济转型。同时，一批龙头企业做出了行业示范，尚品宅配发布的第二代全屋定制，完成了消费与工业的无缝连接；慕思数字化工厂的落地开工，实现了智慧健康睡眠生态系统的信息互联与个性定制。各地集群与企业在新技术、新产品、新业态、新模式方面积极探索，推动行业发展质量取得了卓有成效的进展。

在行业发展质量引领上，标准化建设迈向新水平。中国家具协会与全国标准化机构，共同推动家具标准的制修订工作。2021年，家具行业共发布28项国家标准、行业标准和中国家具协会团体标准，修制订4项强制性标准，提案申报和立项答辩29项标准计划项目；协会积极推动了家具行业基础标准、分等分级标准和绿色标准体系的完善；曲美、天坛、震旦、斯可馨、海太欧林、顾家、圣奥、永艺、喜临门、恒林、联邦、穗宝、维尚、全友、敏华等家具企业，参与协会牵头的家具质量追溯行业标准和体系建设。各项工作互为驱动，全面落实国家标准发展战略，推动标准运用向经济社会全域转变、标准化工作向国内国际相互促进转变、标准化发展向质量效益型转变。

在激发企业、人才创新创造潜力方面，行业创先争优工作发挥着引导作用。长期以来，中国家具协会积极团结行业企业参与申报各级部委主导的专精特新"小巨人"、中国专利奖、中国工业大奖、制造业单项冠军、智能制造试点、绿色制造名单、升级和创新消费品名单、科学技术奖励、科技创新平台认定、中小企业公共服务示范平台认定、轻工二百强、行业十强等项目及奖项，并参与项目评审，见证家具企业屡获殊荣。美克、维尚、曲美等入选工业和信息化部智能制造试点示范项目，顾家、永艺、大信、明珠等获得国家级工业设计中心评定。协会联合各地产业集群和省市协会组建分赛区，举办家具雕刻、制作、设计等国家级竞赛，参加全国工业设计职业技能大赛，弘扬工匠精神、树立技能人才典型；协会与优秀培训机构合作，开展营销、互联网、技术人才培训，为行业提供高质量人才。2021年9月，协会团结全国红木家具产区、领军品牌企业和杨波、伍炳亮、陈达强、吴腾飞、包天伟等中国工艺美术大师、轻工大国工匠，主办中国红

木文化博览会，全面展示当代红木产业的创新成果、百花齐放的文化魅力和坚守匠心的时代风采，呈现了红木领域最高规格的行业盛会。同时，协会在办公家具、传统家具、沙发、软垫、设计、销售商等领域团结优秀企业、资深专家，开展专业委员会活动，推动行业细分领域纵深发展。

在我们的共同努力下，全国家具行业团结一心、锐意进取，犹如星星之火，已成燎原之势，为实现家具强国的伟大梦想奠定了坚实基础。

## ——融入全球格局，成为世界家具大国

中国加入WTO后，面对经济全球化浪潮，家具行业跨步前行、勇立潮头，现已成为世界第一家具生产国、出口国及消费国，生产及出口占全球的比重超过38%，消费占全球28%。一批优秀企业走在全球化的前沿，美克、曲美、顾家、喜临门、敏华、大自然、震旦、恒林等企业收购或控股海外品牌，布局拓展全球市场，以出色的表现向世界展示了中国力量。

中国家具业的腾飞获得了世界的关注，也得到了全球的尊重与支持。中国家具协会连续2次连任亚洲家具联合会会长单位；经全球40多个国家的政府机构、行业组织选举，全票当选世界家具联合会主席单位；成功召开世界家具联合会年会、亚洲家具联合会年会、世界家具大会、世界家具产业峰会等活动，持续为全球家具产业的健康有序、和谐发展做出积极贡献。

伴随着中国家具业走向世界，产业集群逐步走向舞台中央，受到全球的关注。广东龙江积极承办亚洲家具联合会年会，部署"引进来、走出去"的发展规划，着力打造国际城市名片，推动全产业链转型升级；浙江安吉、广东顺德注重向全球价值链中高端跃升，被商务部授予"外贸转型升级专业型示范基地"；东莞厚街以名家具展推动展贸结合，开展产学研等国际合作培育国家高新企业，确立"1+9"发展规划，突出建设湾区会展商贸名城，努力成为先进制造业集聚区。各地集群百花齐放，成为展现行业发展水平的重要阵地。

在推进产业全球化和贸易自由化方面，中国家具协会与全国家具同仁携手并进，打造了中国（上海）国际家具展览会、中国（广州）国际家博会、中国沈阳家博会等国际性综合展会，促进全球产业交流合作；与亚、欧、美、非四大洲超过50个国家和地区的使领馆、行业协会、科研院所紧密联系，开展各类合作交流活动，筑牢国际合作基础；联合清华大学和米兰理工大学，开展国家级项目——中意设计创新基地—家具行业高级研修班，以品牌、设计、科技、商业模式和文化等为主题，带来国际最新的观点和案例，积极推进合作共赢，深化共同开放。通过各项国际合作工作的开展，不断扩大中国家具行业在全球的凝聚力和影响力。

中国家具业赢得家具大国的国际地位，得益于集群政府的布局规划，得益于行业企业的前瞻视野，得益于行业组织的疏通引导，在这里，我们有理由、有底气，为自己努力付出取得的成绩骄傲自豪、鼓掌点赞！

各位代表、朋友们！

今天，我们已经取得了举世瞩目的成就，开启向第二个百年奋斗目标进军的新征程。面向世纪疫情的冲击和国内外政治经济环境的复杂变化，我们要认真做好行业战略布局，着力把握好行业改革发展步伐节奏，全面推动行业迈向新的高峰。

## ——加强各方联动，建设团结队伍

党和人民的坚强团结是我们国家战无不胜的根本保证。在全国家具企业、各地集群、中国家具协会和各省市协会的团结努力下，我们走出了一条繁荣之路。开创一个更加美好的未来，需要我们共同建设一支更加团结、更加高效的队伍。我们要从全国着眼，发挥系统思维，做好行业规划，在各方面维护行业利益；我们将以协会为窗口，开设家具企业直通部委的"绿色通道"，通过定期问卷调研等方式，向有关部委反映企业"专精特新"成果、科技创新典型案例、重点难点问题，形成政府、行业、企业的舆情反馈机制；深度参与各类国家级荣誉认定工作，开展行业年度产品推荐工作，提升企业与品牌影响力；推动家具行业信用体系建设，开展信用等级评价工作，编印高信用等级企业推荐目录，结合家具追溯工作，引导品牌建设和市场发展；全面做好企业服务工作，重点抓好行业"六稳""六保"，切实解决实际问题。通过中国家具协会与各省

市协会、各产业集群加强联动合作，共同推动各地工作统一、高效、有序地开展执行。

## ——深化科技改革，激发创新潜能

创新在我国现代化建设中具有核心地位。我们要鼓励两化融合标准引领、工业互联网平台建设和产业链供应链数字化升级，率先建设一批国际水准的国家级创新中心、数字化转型促进中心；顺应消费升级新趋势，鼓励家具定制、体验、智能、时尚消费等新模式新业态发展；联合人工智能、网络自动化、现代物流、家庭数字化等领域，加快培育家居物联网产业；校企联动，加强创新型、应用型、技能型人才的招生培养和就业落地，优化从业人员生态环境。通过鼓励发展各地区、集群、企业推进科技改革，不断激发行业创新的潜能，争取实现新的发展。

## ——优化结构布局，促进协调发展

合理的行业结构布局对畅通国民经济循环具有重要作用。我们要继续深化供给侧结构性改革，畅通国内大循环，依托强大国内市场，贯通生产、分配、流通、消费各环节，形成需求牵引供给、供给创造需求的更高水平动态平衡；要继续发挥家具出口大国优势，促进国内国外两个市场和规则对接，形成国内循环与国际循环相互促进；要在区域重大战略上发挥更加积极的作用，围绕区域协调发展战略，以东、中、西和东北地区各省、各产业集群为重点，研究合作机制，缩小区域发展差距，加快形成东中西相互促进、优势互补、共同发展的新格局。通过结构布局的优化调整，继续推动家具行业在各环节、各区域的协调发展。

## ——落实"双碳"行动，建设绿色中国

构建生态文明体系，必须推动行业全面绿色转型。我们要把节约资源放在首位，引导绿色产品设计、加大绿色原料应用，建立产品回收体系、推动绿色产品认证，从源头和入口有效控制碳排放总量；要响应低碳有关政策，普及精益生产方式，加快行业绿色低碳科技革命，扩大绿色低碳家具产品供给和消费；立足行业发展实际，做好国际木材资源引入应用，借鉴推广行业内外绿色低碳技术经验；要注重防范风险，做好低碳转型的经济、金融、社会风险监测工作，防止过度反应，确保安全降碳。通过全面统筹，坚决贯彻落实碳达峰、碳中和目标要求，为建设绿色中国做出家具行业的贡献。

## ——坚持开放合作，推动共荣跃升

开放是国家繁荣发展的必由之路。我们要发挥家具大国的作用，抓住全球产业链重构期，强化优质企业的创新主体地位，加强核心技术的自主研发，提升在全球价值链中的位置，打造"世界冠军企业"和"世界级产业集群"；要提升国际合作交流深度，以世界家具联合会、亚洲家具联合会为平台，开展跨境电商合作、知识产权合作、国际文化交流等工作，召开世界家具大会；要响应国家外交战略，拓展国际规则对接领域，参与联合国工业发展组织等国际组织活动，加强融资、贸易、能源、资源、数字信息等领域规则对接合作，推动共建"一带一路"行稳致远。我们要在行业发展新时代，更加坚定不移地扩大高水平开放，推动全球家具行业实现融合发展。

各位代表、朋友们！

"一切伟大成就都是接续奋斗的结果，一切伟大事业都需要在继往开来中推进"，全面建设社会主义现代化国家新征程已经开启。新的蓝图鼓舞人心，新的使命催人奋进，新的征程任重道远，我们唯有牢记使命，方能不负重托。让我们团结一心、开拓进取、顽强拼搏、一往无前！以振奋的精神，书写行业华美新篇章！以优异的成绩，迎接党的二十大胜利召开！

谢谢大家！

# 2021中国家具协会副理事长会议成功召开

2021年7月30日，2021中国家具协会副理事长会议在吉林长春成功召开。中国轻工业联合会党委副书记，中华全国手工业合作总社党委副书记、副主任，中国家具协会理事长徐祥楠，长春市政府副市长宋葛龙，中国家具协会理事长张冰冰，中国家具协会副理事长兼秘书长屠祺，农安县委政协主席冷德杰，农安县副县长李作新，吉林省家具协会会长居朝军，以及来自全国的中国家具协会副理事长近150人出席会议。

中国家具协会理事长徐祥楠从开展党建工作，引领行业发展；凝聚行业力量，服务国家发展；提升发展水平，服务人民福祉；担当大国责任，推动世界共荣四个层面，回顾总结了第七届理事会近一年来的主要工作。在经济下行背景下，广大家具企业坚持贯彻新发展理念，适应新发展格局，以国际循环促进国内循环，展现出了作为大国家具企业应有的定力和魄力。为建设现代化家具强国，开创行业发展新征程，徐理事长对第七届理事会提出四点希望：一是进行创新变革，二是推动中国产品向中国品牌转变，三是为实现人民美好生活服务，四是推动构建全球家具行业命运共同体。徐理事长指出，习近平总书记在庆祝中国共产党成立100周年大会

中国家具协会理事长徐祥楠讲话

上的重要讲话，为全党全国各族人民向第二个百年奋斗目标迈进指明了前进方向，提供了根本遵循；希望各位副理事长团结在一起，共同号召全国各地家具同仁，认真学习贯彻习近平总书记重要讲话精神，用党的行动纲领，指引行业未来工作的前进方向。

长春市副市长宋葛龙对出席会议的领导及嘉宾表示热烈欢迎，并介绍了长春市经济发展及重点产业基本情况，为与会副理事长了解长春提供了重要参考。

中国家具协会副理事长兼秘书长屠祺引用培根、杰克·韦尔奇、霍金、中国科学院院士褚君浩等古今中外名人学者观点，以《无界·家具行业未来趋势》为题，从"全球化""工业4.0""数字经济""可持续发展"四个关键词出发，对家具行业未来发展趋势进行深刻剖析。在这个充满挑战的时代，作为全球家具行业的重要贡献者，她呼吁每一位企业家，以超越国界、打破行业的魄力，推动世界家具业系统性的变革。

长春市农安县副县长李作新介绍了农安县新安合作区的营商环境、优惠政策及服务体系。他表示，新安合作区的建设，将成为深化合作的交流平台、产业发展的承接平台和生态经济的世界平台，全面推动区域一体化发展。

长春市副市长宋葛龙致词

中国家具协会副理事长张冰冰主持会议

中国家具协会副理事长兼秘书长屠祺作主题演讲

长春市农安县副县长李作新讲话

Steelcase 中国区董事总经理雷震宇作《我们的影响力》主题演讲

北京中大华远认证中心常务副主任张剑作主题演讲

吉林省家具协会会长、新安国际家居产业新城总裁居朝军作"新安国际家居产业新城"项目介绍

　　Steelcase 中国区董事总经理雷震宇从健康地球的环境层面、健康人类的社会层面以及健康文化的管理层面三个视角，分享了家具企业发展路径及应当承担的社会责任，号召广大企业利用自身力量积极推动社会改变。

　　北京中大华远认证中心常务副主任张剑介绍家具绿色产品认证工作情况。为有力支持行业绿色发展，中国家具协会联合北京中大华远认证中心，在家具行业开展绿色产品认证工作，左右家私等副理事长单位已经确认相关合作，将为行业可持续发展做出积极努力。

　　吉林省家具协会会长、新安国际家居产业新城总裁居朝军作"新安国际家居产业新城"项目介绍。新安国际家居产业新城项目整体规划面积 10 平方千米，分三期滚动开发。园区产品范围涵盖广泛，是一站式生产和采购的产业新城。项目建成后，将为加快吉林家具产业发展、实现东北经济振兴提供强大助力。

　　本次会议总结了理事会工作，介绍了行业发展情况并对未来行业发展方向作出展望，取得圆满成功。在中国共产党建党 100 周年之际，中国家具协会愿与行业企业携手同心、锐意进取，为促进家具行业的可持续、高质量、国际化发展做出新的贡献。

# 在2021中国家具协会副理事长会议上的讲话

中国家具协会理事长　徐祥楠

各位副理事长、朋友们：

　　大家上午好！

　　7月1日，庆祝了中国共产党百年华诞。今天，我们在长春召开家具协会第七届理事会第一次副理事长会议，具有重要意义。既是共同庆祝党的百岁生日，也是回顾七届理事会近一年来的主要工作。

　　在庆祝中国共产党成立100周年大会上，习近平总书记发表了重要讲话，全面回顾了一百年来我们党围绕实现中华民族伟大复兴，团结带领中国人民开辟的伟大道路、创造的伟大事业、取得的伟大成就。深刻总结了坚持真理、坚守理想，践行初心、担当使命，不怕牺牲、英勇斗争，对党忠诚、不负人民的伟大建党精神，这是中国共产党的精神之源。为全党全国各族人民向第二个百年奋斗目标迈进指明了前进方向，提供了根本遵循。希望各位副理事长团结在一起，共同号召我们全国各地家具同仁，认真学习贯彻习近平总书记重要讲话精神，用党的行动纲领，指引我们未来工作的前进方向。

　　百年征程波澜壮阔，百年初心历久弥坚。一百年来，中国共产党团结带领人民，在中华民族发展史和人类社会进步史上写下了壮丽篇章。我们家具行业，与党和新中国的光辉历程同步发展，我们老

一辈家具人，坚守初心，经过艰苦卓绝的奋斗，打开了中国家具业发展的大门；我们新一代企业家，牢记复兴使命，对助推经济发展和社会进步，实现人们美好生活的向往，做出了重要贡献。今天，我们欣喜地看到，我们的家具行业，服务亿万家庭；我们的家具产品，遍及全球市场；我们的家具企业家，胸怀远大理想。能与在座各位一道，共同从事家具行业相关工作，我感到十分荣幸和自豪。

回顾我们的行业工作、协会工作，我们始终以党的方针政策指引行业各项工作，并为实现中华民族伟大复兴贡献重要力量。

——开展党建工作，引领行业发展

家具行业的发展，与党的正确领导和国家的政策支持密不可分。新中国成立后，中国共产党领导中国人民在一穷二白的基础上，建立起了初步的工业体系，出现了蓝鸟、天坛、四海、青岛一木等一批早期家具企业。改革开放以来，家具企业逐渐增多，产品种类更加丰富，行业的工业化进程进一步加快，为国家经济建设做出了重要贡献。加入世贸组织后，我国经济发展进入快车道，家具行业随之迎来高速发展期，行业体量不断扩大，影响力日益提升。党的十八大以来，在以习近平同志为核心的党中央坚强领导下，我国经济社会发展取得巨大成就。家具行业加快推进供给侧结构性改革，从高速发展向高质量发展转变。党的领导促进了国家的发展，国家的发展带动了行业的进步。中国共产党带领我们实现了第一个百年奋斗目标，在实现第二个百年奋斗目标的新征程上，只有坚持党的领导，做好党的建设工作，才能让家具行业朝着正确的方向取得新的进步。

党的建设归根结底是为了提高党的创造力、凝聚力、战斗力，最终完成肩负的伟大历史使命。家具行业始终坚持和完善党建工作，以党建引领行业发展。在我们的会员中，很多省市协会和家具企业，通过开展丰富多彩的党建活动，为企业自身建设和行业服务打下坚实基础。八益家具荣获全国民营企业党建文化试点单位、全国模范劳动关系和谐企业等荣誉，2021年建设的光辉锦绣园红色基地，以实景打造的中国共产党从苦难到辉煌的艰辛历程，献礼建党百年；晚安家居以"坚持向党学管理，实现晚安人的两个富裕"，号召全体晚安人借鉴党的宝贵历史经验，运用到企业经营管理中；广州家具协会把党史教育融入党员群众的专业提升和内心理想以及为群众办实事中，高水平建设党组织，党建活动获得上级党组织充分肯定。中国家具协会秘书处党支部大力抓好党的政治建设、思想建设、组织建设、作风建设、制度建设。在推动协会党支部标准化、规范化建设中，强化工作流程管理，严格落实主体责任，党建及秘书处工作步入制度化管理阶段。党支部积极推进党史学习教育，定期召开支委扩大会议、全体党员大会，加强思想交流和学习；强化对党员的教育、监督，积极吸收优秀人才加入党组织。目前，协会秘书处共有20名专职人员，其中18人是共产党员，6人为研究生以上学历。为了激发党员群众的工作热情、提升服务水平，2021年以来，秘书处开展了绩效考核制度，鼓励创优争先，努力打造一支高水平、服务型的专业队伍。

坚持党的全面领导，是国家和民族兴旺发达的根本所在，是全国各族人民幸福安康的根本所在。家具行业要聚精会神抓好党的建设工作，以党建促发展，以党建聚力量，使我们的行业越来越有竞争力，队伍越来越壮大。

——凝聚行业力量，服务国家发展

家具行业是民生产业，为带动经济、保障民生、促进就业发挥了重要作用。据不完全统计，我国有近10万家家具企业，超五百万人的从业人员。在行业发展过程中，广大家具企业团结一心，为了共同的目标走到一起，并形成了以协会为代表的行业组织。我们承担着为行业和企业服务的责任，更承担着为政府和社会服务的使命。我们精准建言献策，为国家出台相关政策提供行业支持；我们积极支援抗疫工作，为政府和社会分忧；我们助力主场外交，提供G20杭州峰会、金砖国家领导人厦门会晤的家具设备，展示优秀中国传统家具文化；我们提升产品供给能力和水平，为城镇化进程做好服务。只有团结一心，集聚力量，才能办大事、成大事，更好地为国家经济发展贡献力量。

第七届理事会换届以来，我们不断创新思维，开展多元化服务。参与国务院总理基金项目课题；在深入调查研究的基础上，向政府提出合理化建议，为政府出台促进行业发展的措施提供支持，对企业的合理诉求提供帮助。2020年11月，国务院常务会议提出，要促进家具家装消费，鼓励有条件的地区淘汰旧家具，并对购买环保家具给与补贴。这是家具行业的重大利好，彰显了中国家具协会在反映行业诉求、提供政策建议、参与政府决策等方面发挥的积极作用。

在广大会员企业和专家学者的共同参与下，我们发布了《家具行业"十四五"发展指导意见》，为行业未来发展提供了方向和思路；我们与国家发展和改革委员会、工业和信息化部、商务部、生态环境部、中国轻工业联合会等政府部门和行业组织始终保持紧密联系，高质、高效地完成了各部委交办的研究项目和调研课题，向有关部门提出了调整家具产品出口退税率、新冠肺炎疫情下家具行业补贴等有利于行业发展的建议，与企业共同参加制造成本座谈会、促进消费座谈会、经济运行座谈会、家具行业污染状况调查研讨会等会议，提交了相关报告。我们的22家协会副理事长单位参与工业和信息化部双品网购节等活动，提升了品牌影响力；为了响应党中央号召，重视劳模精神、劳动精神、工匠精神的培育和弘扬，我们推荐行业优秀匠人参加中国轻工业联合会、总工会中国财贸轻纺烟草工会"轻工大国工匠"申报，至今已有伍炳亮、倪良正、陈达强、黄福华、吴腾飞、刘更生、黄志勤7名同志荣获"轻工大国工匠"称号；我们还组织会员参加了中国轻工业工业设计中心认定，2021年，震旦、海太欧林、金虎、中源家居获得认定资格，天坛、曲美、圣奥、永艺、百利文仪通过复核；组织会员参加中国轻工业联合会科技进步奖、行业十强、轻工百强等评选活动，树立行业优秀典型。

我们努力提升信息宣传水平，打造协会官方宣传平台。在协会网站、《中国家具协会通讯》等平台，全方位、多角度展示以副理事长单位为代表的行业品牌和产品，助力企业品牌建设；定期发布《中国家具行业发展报告》《世界家具展望》《中国家具年鉴》等刊物，在会员间共享最新行业资讯和研究成果。我们在上海浦东、广州、沈阳、东阳等各类国际性、区域性、专业性展会中，通过论坛、研讨会等活动，打造交流平台，促进产业合作。

我们还积极团结行业细分领域的各方力量，全方位推进专业委员会工作。办公家具专业委员会召开了2021年会，同期举办的2030+国际未来办公方式展，融合多媒体与新科技手段，呈现未来办公最具想象力的形态；传统家具专业委员召开了主席团工作会议，并筹备"2021中国红木家具文化博览会"，积极弘扬中国传统家具文化，展会将于9月19日在北京举行；沙发专业委员会召开换届大会，完成第三届委员会换届改选；金属家具、原辅材料、智能制造装备、设计、软垫等专业委员会组织各类研讨、交流、会议活动；销售商、整装和定制等专业委员会正在筹备成立大会。我们通过专业委员会的多平台建设，推动行业全面发展。

我们能够做好为政府、行业、企业、社会的各项服务工作，得益于广大副理事长单位的参与和支持。第七届理事会换届以来，又有74家企业加入中国家具协会的大家庭，协会会员总数达2106家，我们的会员类型不断丰富，会员规模逐渐扩大，会员质量稳步提升。我们将团结更多企业，不断提升服务能力、丰富服务内容、提高服务质量，力争做到想会员之所想，帮会员之所需，为发展政企关系、争取行业权益、研判未来趋势发挥积极作用，成为广大企业的会员之家，共同为国家发展做好服务，为人民幸福贡献力量。

## ——提升发展水平，服务人民福祉

改革开放四十多年来，特别是党的十八大以来，我国家具行业发展质量不断提升。从最初的手工作坊，到如今的智能工厂，从匮乏的产品款式，到个性的全屋定制，从供给不足到出口世界。家具行业的一步步发展，是人民生活水平提高的缩影，家具人的一次次尝试，是为实现人民幸福生活所做的努力。我们的目标始终如一，就是为提升人民福祉、为实现美好生活服务。这一目标，是家具行业持续提升发展水平的源动力。

提升发展水平，首先需要高标准。2014年，我国首次参与制定家具国际标准。2018年，相关标准获国际标准化组织（ISO）正式发布，我国家具行业国际标准话语权进一步提升。协会作为全国家具标准化委员会主任单位，我们组织召开了"全国家具标准化技术委员会第三届二次全体委员会"，高标准完成3项强制性国家标准体系建设。2021年7月6日，全国家具标准化技术委员会荣获"十三五"

轻工标准化先进集体荣誉称号，标准工作获得了国家的鼓励和认可；在团体标准工作中，我们发布了3项团体标准，立项4项分等分级标准，启动中国家具协会产品质量分级团体标准工作，为下一步的质量测评和认证工作奠定了基础；立项家具用嵌入式电器相关团体标准，填补家具用电标准空白；坚持做好团体标准立项、征集、培训工作。截至目前，我国家具行业共发布国家标准94项，行业标准82项，中国家具协会团体标准12项。各项标准工作取得了创新和突破，扩大了协会标准工作的知名度和参与度，有效实现了行业的引领作用、提升了经济效益和社会效益，推动了家具行业的绿色健康发展。

为提升企业整体发展水平，我们加快建设高质量产业集群。第七届理事会以来，我们着力加强与各地政府、企业的对接合作，努力培育现代化家具产业聚集地和特色小镇，推动集群由粗犷式发展向科学高效转型。我们积极做好安吉、贾汪、崇左、新会等集群的申报、复评工作，走访大沥、大岭山、宁津、周村、信阳、庞村、南康、玉环等集群，了解现状并提出建设性意见，不断完善集群考评工作。9月，我们将举办产业集群成就展、召开产业集群大会，全面总结展示家具产业集群取得的成就，研究集群发展新方向。

为有力支持行业高质量发展，我们开展了家具企业质量追溯体系建设工作。敏华、海太欧林、顾家、曲美、圣奥、联邦等15家副理事长单位参加了相关研讨会，申报了家具追溯行业标准；我们推荐北京中大华远认证中心为家具产品绿色认证机构，2020年11月获得国家认证认可监督管理委员会批准。近期，我们联合中大华远，正在家具行业开展绿色产品认证工作，左右家私等副理事长单位已经确认相关合作，将为行业可持续发展做出积极努力。

为输送行业创新发展高水平人才，我们继续做好技能大赛和职业培训工作。组织3名选手参加了第一届全国技能大赛世赛选拔赛，并取得2金1银的好成绩。2021年，我们组织家具行业设计师参加人力资源和社会保障部与中国轻工业联合会组织的全国工业设计大赛，希望各副理事长单位推荐设计团队参加，为提升行业影响力、实现中国家具行业高质量发展打好人才基础；我们作为首批轻工业职业能力评价总站，委托国富纵横承担职业能力评价总站的职责，开展家具行业公益课，并启动职业技能等级评价，在全行业开展职业培训和行业自主评价工作。2021年上半年，共完成了营销师、室内装饰设计师、家具设计师共5批500余人的培训，并有270余人取得等级评价证书。7月17日，总站为首批中国家具行业职业技能培训基地授牌。各项评价工作的开展，引导了行业技能人才的自我提升，为推动行业繁荣发展做出了积极贡献。

"民生福祉达到新水平"是我国"十四五"时期经济社会发展主要目标之一。家具行业要努力提升行业发展水平，用优质的家具产品，良好的服务体验，不断增强人民幸福感，这是我们家具行业的责任，也是行业赋予我们在座每一位副理事长的使命。

## ——担当大国责任，推动世界共荣

目前，中国家具生产及出口占全球的比重均超过38%，消费占全球的28%，是世界第一大家具生产国、出口国、消费国，已成为名副其实的家具大国。我们为全球提供家具产品，积极开展全球产能合作，努力加强世界家具产业交流。随着我国家具行业的国际话语权逐步提升，家具产品的国际主导地位持续巩固，我们正在为世界家具产业发展贡献更大力量。与此同时，我国家具行业组织的国际地位也在不断提升，正在担当引领者和开拓者的重要角色。中国家具协会于2014年当选为亚洲家具联合会会长单位，2021年5月在线召开的亚洲家具联合会第23届年会上，亚洲各国家和地区23个会员单位52名代表，一致推选中国家具协会继续担任亚洲家具联合会会长单位，我继续担任亚洲家具联合会会长，每届任期从2年调整至5年。这是亚洲各国对中国家具协会的信任，更是对中国家具行业的重视和认可。2019年，在全球47个国家近百位代表的推选下，中国家具协会成为世界家具联合会主席单位，彰显了中国家具协会的地位和作用。我们将积极履行责任，不断加强与各国的行业交流，持续为国内外家具企业搭建广阔、务实的国际产能合作舞台，推动全球家具产业总体水平的提高。

2021年1—5月，中国家具行业规模以上企业6530家，营业收入2931.47亿元，同比增长31.94%；利润总额135.72亿元，同比增长44.65%；全行业出口305.52亿美元，同比大增

62.75%；进口10.36亿美元，同比增长17.25%。我们在国际新冠肺炎疫情持续反复的情况下，保障了全球家具产品的有效供给，充分展现了家具大国的担当。

同时，我们加强与使领馆、驻华国际组织、机构和企业的沟通联络，团结国际力量，打好国际合作基础。我们参加了联合国工业发展组织会议，为行业参与国际事务，拓展全球市场搭建平台；举办了2021全球家具行业趋势发布会，邀请国际代表分享设计、国际投资、跨境电商等领域最新情况，为推动行业加快复苏发挥积极作用；在加拿大大使馆公使的见证下，与加拿大木业集团举办了谅解备忘录线上签约仪式，并在广州展期间共同举办"中加产业融合——加拿大铁杉发布会"；联合丹麦投资促进局，在办公专业委员会年会期间共同主办2021办公设计展望论坛，邀请丹麦知名办公空间设计师与中国办公企业在线对话，实现了中丹办公产业的合作对接；作为家具行业组织，还受邀出席意大利、加拿大、埃及等国大使馆举办的国庆日活动，与美国、法国、西班牙、葡萄牙、芬兰、瑞典、印度、土耳其、新西兰、拉脱维亚、秘鲁等驻华使馆开展合作交流，为中国家具行业提升国际关注度和影响力做出积极贡献。

我国家具行业取得今天的国际地位，与各位企业家、全体家具行业同仁的支持和努力是分不开的。广大家具企业在经济下行的背景下，坚持贯彻新发展理念，适应新发展格局，以国际循环促进国内循环，展现出了作为大国家具企业应有的定力和魄力。我们有理由为自己的辛勤付出点赞。

各位副理事长、朋友们！

站在两个一百年奋斗目标的历史交汇点，共同建设一个开放创新的行业协会，带领全行业建设一个现代化的家具强国，是我们第七届理事会全体成员，特别是副理事长单位，共同面临的历史任务。我们要牢记"国之大者"，肩负起开创行业发展新征程的历史使命。

## ——开创行业发展新征程，必须进行创新变革

创新是引领发展的第一动力，人类历史的每一次重大进步，都离不开创新驱动。我们在党的领导下，按照"十四五"规划要求，从国家层面，坚持创新驱动发展，全面塑造家具行业发展新优势，指引行业发展新方向。

新征程上，我们要充分认识国际产业环境出现的新特点、新趋势，认识中国家具制造业创新能力的差距。我们要应用互联网、大数据和科技前沿技术，着力提升在基础材料、基础设备、基础工艺等核心技术上的研发能力，将核心竞争力牢牢掌握在自己手中，从产业链低端向中高端迈进。我们要大力弘扬企业家精神，在爱国、创新、诚信、社会责任和国际视野等方面不断提升自己，始终保持爱国诚信的职业坚守，坚韧向上的创新精神，顽强拼搏的竞争意识，以创新促发展，以变革迎挑战。

## ——开创行业发展新征程，必须推动中国产品向中国品牌转变

品牌是企业乃至国家竞争力的重要体现，也是赢得世界市场的重要资源。我们要向世界讲好中国家具品牌故事，提高家具行业自主品牌影响力和认知度，从产品输出转向品牌输出，打造品牌强国。

新征程上，我们要深挖家具行业文化内涵，加强品牌宣传，提升行业关注度；要探索各类生活场景的家居化应用，发挥整装定制等领域优势，促进产品生产销售由单品类向全品类转型，引导家具产品消费从低频率、短周期向高频率、常态化转变，让家具品牌跨越行业界限，成为大众品牌、社会品牌；要充分发挥产业集群优势和团体力量，打造集群品牌和区域品牌，探索品牌建设新思路；要打造人性化服务，树立自主品牌消费信心，提升品牌认可度，为践行文化自信贡献家具行业积极力量。

## ——开创行业发展新征程，必须为实现人民美好生活服务

我们的行业要服务于人民，满足人民的美好生活，这是家具行业作为民生产业的责任和使命。我们要努力提升人民幸福指数，满足人民小康生活需要，为全面建设社会主义现代化国家，做出更大贡献。

新征程上，我们要践行以人民为中心的发展思

想，从人民的需求出发，满足人们对环保、实用、个性化、高质量家具产品的需求。在座的各位企业家，不仅是美好生活的服务者，更是美好生活的创造者。我们要用优质产品和服务，创新思维和前瞻意识，为人民谋划美好生活，创造美好生活。

### ——开创行业发展新征程，必须推动构建全球家具行业命运共同体

进入21世纪，全球发展休戚与共，人类命运紧密相连，世界家具产业发展格局正在发生新的变化。我们要以全球视野，从中国发展目标出发，努力构建共荣共兴的世界家具产业新格局。

新征程上，我们要利用家具产业的国际优势，以中国家具行业的发展为世界提供机遇；要积极参与国际社会碳减排，为碳达峰、碳中和目标的实现，贡献行业力量；要在双循环发展格局中，加强内外协调，坚持融合发展、互利共赢，继续以世界家具联合会、亚洲家具联合会等行业组织为依托，打造公平、开放、务实、高效的合作平台，推动构建全球家具行业命运共同体。

各位副理事长、朋友们！

胸怀千秋伟业，百年恰是风华。实现家具行业高质量发展，实现家具强国梦，是我们每一个家具人的鲲鹏之志。我们要以中国共产党成立100周年为契机，赓续老一辈家具企业家筚路蓝缕的创业精神，保持新一代年轻企业家突破创新的工作热情，永续家具行业发展不竭动力。我们相信，有中国共产党的坚强领导，有全体行业同仁的紧密团结，中国成为世界家具强国的目标一定能够实现！

谢谢大家！

# PART 2

政策标准 Policy and Standards

# 2021 年政策解读

## 促进家具消费

《关于提振大宗消费重点消费促进释放农村消费潜力若干措施的通知》

发布时间：2020 年 12 月 28 日

发布单位：商务部、发展改革委、工业和信息化部、公安部、财政部、生态环境部、住房城乡建设部、交通运输部、农业农村部、中国人民银行、国家市场监督管理总局、中国银行保险监督管理委员会

政策背景：消费是经济增长的主引擎。2020 年 11 月 18 日召开的国务院常务会议指出，坚定实施扩大内需战略，进一步促进大宗消费重点消费，更大释放农村消费潜力。

主要内容：《通知》提出五个方面工作任务：一是稳定和扩大汽车消费。释放汽车消费潜力，鼓励有关城市优化限购措施，增加号牌指标投放。开展新一轮汽车下乡和以旧换新，鼓励有条件的地区对农村居民购买 3.5 吨及以下货车、1.6 升及以下排量乘用车，对居民淘汰国三及以下排放标准汽车并购买新车，给予补贴。改善汽车使用条件，加强停车场、充电桩等设施建设，鼓励充电桩运营企业适当下调充电服务费。优化汽车管理和服务，优化机动车安全技术检验机构资质认定条件，鼓励具备条件的加油站发展非油品业务，鼓励高速公路服务区丰富商业业态、打造交通出行消费集聚区。二是促进家电家具家装消费。激活家电家具市场，鼓励有条件的地区对淘汰旧家电家具并购买绿色智能家电、环保家具给予补贴。支持废旧物资回收体系建设，合理设置废旧大宗商品回收处理中心、回收运输中转站，按照城市公共基础设施给予保障。放宽废旧物资回收车辆、家具配送车辆进城、进小区限制。三是提振餐饮消费。完善相关扶持政策，促进绿色餐饮发展。鼓励餐饮企业丰富提升菜品，创新线上线下经营模式。完善餐饮服务标准，支持以市场化方式推介优质特色饮食。四是补齐农村消费短板弱项。完善农村流通体系，以扩大县域乡镇消费为抓手带动农村消费，加强县域乡镇商贸设施和到村物流站点建设。推动农产品供应链转型升级，完善农产品流通骨干网络。加快发展

乡镇生活服务，支持建设立足乡村、贴近农民的生活消费服务综合体，把乡镇建成服务农民的区域中心。优化农村消费环境，建立健全跨部门协同监管机制，依法打击假冒伪劣、虚假宣传、价格欺诈等违法行为，规范农村市场秩序。五是强化政策保障。完善惠企政策措施，鼓励各地通过财政补助、金融支持等手段推动非国有房屋出租人加大租金减免力度。加大金融支持力度，鼓励金融机构加大对流通行业市场主体的金融支持力度。《通知》要求，各地区、各有关部门要切实加强组织领导，明确责任分工，细化工作举措，推动相关政策措施尽快落地见效，进一步促进消费回升和潜力释放。

（解读参考：新华社）

# 支持企业发展

## 《关于加快培育发展制造业优质企业的指导意见》

发布时间：2021年6月1日
发布单位：工业和信息化部、科技部、财政部、商务部、国务院国有资产监督管理委员会、中国证券监督管理委员会

**政策背景**：党中央、国务院高度重视优质企业培育工作。《国民经济和社会发展第十四个五年规划和2035年远景目标纲要》明确提出，要"实施领航企业培育工程，培育一批具有生态主导力和核心竞争力的龙头企业。推动中小企业提升专业化优势，培育专精特新'小巨人'企业和制造业单项冠军企业"。企业是产业链、供应链的实施主体，其中优质企业是领头雁、排头兵。加快培育发展制造业优质企业不仅是激发市场主体活力、推动制造业高质量发展的必然要求，也是防范化解风险隐患、提升产业链供应链自主可控能力的迫切需要。近年来，我国优质企业数量不断增加，但总体上企业发展质量、影响能力等都与加快建设制造强国、构建双循环新发展格局的要求存在一定差距。例如，2020年，我国世界500强企业（含香港和台湾）达133家，位居全球第一，但平均营业收入、利润仅为美国入榜企业的81%、60.3%。世界500强品牌数量全球第四，落后于美国、法国和日本。为贯彻落实党中央、国务院决策部署，加快培育发展一批制造业优质企业，引领带动制造业企业高质量发展，促进产业链供应链现代化水平持续提升、制造业做实做强做优，工业和信息化部会同科技部、财政部、商务部、国资委、证监会，在广泛征求不同类型企业、行业协会、专家、地方意见建议基础上，研究形成《指导意见》。

**主要内容**：《指导意见》提出，培育发展优质企业要以习近平新时代中国特色社会主义思想为指导，全面贯彻党的十九大和十九届二中、三中、四中、五中全会精神，立足新发展阶段、贯彻新发展理念、构建新发展格局，以推动企业高质量发展为主题，充分发挥市场在资源配置中的决定性作用，更好发挥政府作用，统筹发展

与安全、质量和效益，坚持培优企业与发展产业相结合，健全优质企业培育体系、完善支持政策、优化对企服务，着力增强企业自主创新能力，推动优质企业持续做强做优做大，着力发挥引领示范作用，促进提升产业链供应链现代化水平，推动制造强国建设不断迈上新台阶。

**政策解读**：《指导意见》在落实上述要求、制订具体举措时，主要统筹了4个方面的考虑：一是市场主导、政府引导。充分发挥市场在资源配置中的决定性作用，更好发挥政府作用，优化精准服务，营造公平竞争的良好环境，保护和激发市场主体活力。二是创新驱动、质效为先。强化企业创新主体地位，以市场为导向推动技术、产品、服务和管理创新，加快转型升级，提升发展质量和效益，扩大优质产品和服务供给。三是梯度培育、强化支撑。遵循市场经济规律和企业发展规律，分级分类发现和培育一批制造业优质企业。针对制约优质企业发展的突出瓶颈问题，精准施策、强化服务。四是示范引领、全面提升。发挥优质企业引领示范作用，带动产业链上下游企业和各类企业做优做强，促进我国产业基础能力和产业链现代化水平整体提升。

（解读参考：工业和信息化部）

---

## 《提升中小企业竞争力若干措施》

发布时间：2021年11月6日
发布单位：国务院促进中小企业发展工作领导小组办公室

**政策背景**：中小企业竞争力是国家产业竞争力的重要组成，关系经济发展、人民生活和社会稳定。提升中小企业竞争力，是构建新发展格局、实现高质量发展、促进共同富裕的关键抓手。2021年，工业和信息化部作为国务院负责中小企业促进工作综合管理部门和国务院促进中小企业发展工作领导小组办公室单位，会同有关部门围绕"政策、服务、环境"三个领域，聚焦"融资促进、权益保护"两个重点，紧盯"提升中小企业创新能力和专业化水平"一个目标，努力构建促进中小企业发展"321工作体系"，为全面提升中小企业竞争力打下良好工作基础。为深入贯彻落实党中央、国务院关于促进中小企业健康发展的决策部署，进一步激发中小企业创新活力和发展动能，推动产业链供应链现代化水平持续提升，保障经济韧性和就业韧性，工业和信息化部会同有关部门，以提升中小企业竞争力为目标，聚焦为中小企业提供精准有效支持，打造促进中小企业创新创业的良好生态，研究提出《若干措施》。

**主要内容**：《若干措施》从落实落细财税扶持政策，加大融资支持力度，加强创新创业支持，提升数字化发展水平，提升工业设计附加值，提升知识产权创造、运用、保护和管理能力，助力开拓国内外市场，提升绿色发展能力，提升质量和管理水平，提升人才队伍素质，加强服务体系建设11个方面，提出了33项助力中小企业发展的具体措施。

**政策解读**：《若干措施》以提升中小企业竞争力为目标，着力打造中小企业发展活力充分迸发的良好生态，聚焦创新引领、融资支持、数字化发展、绿色发展、质量和管理、人才素质等多个维度共同发力，主要体现以下几方面特点：一是加强创新支持；二是优化发展环境；三是加强要素保障；四是提升服务力度；五是促进转型升级。

（解读参考：工业和信息化部）

# 加强人才培养

《关于推动现代职业教育高质量发展的意见》

发布时间：2021 年 10 月 13 日
发布单位：中共中央办公厅、国务院办公厅

政策背景：2021 年 4 月，全国职业教育大会召开。习近平总书记对职业教育工作作出重要指示，强调加快构建现代职业教育体系，培养更多高素质技术技能人才、能工巧匠、大国工匠。李克强总理作出批示，孙春兰副总理出席并发表讲话。大会的召开，充分体现了以习近平同志为核心的党中央对职业教育的高度重视，必将有力推动职业教育高质量发展，为全面建设社会主义现代化国家提供坚实的人才和技能支撑。《意见》是贯彻落实全国职业教育大会精神的配套文件。

主要内容：《意见》全文共 7 个部分 22 条。第一部分"总体要求"。以习近平新时代中国特色社会主义思想为指导，明确坚持立德树人、德技并修，坚持产教融合、校企合作，坚持面向市场、促进就业，坚持面向实践、强化能力，坚持面向人人、因材施教等工作要求以及主要目标。第二部分"强化职业教育类型特色"。通过推动不同层次职业教育纵向贯通，促进不同类型教育横向融通，健全职普并行、纵向贯通、横向融通的培养体系，强化职业教育的类型特色。第三部分"完善产教融合办学体制"。围绕加强职业教育供给与产业需求对接，以市场需求为导向，动态调整职业教育的层次结构和专业结构，健全多元办学格局，协同推进产教深度融合。第四部分"创新校企合作办学机制"。坚持校企合作基本办学模式，通过不断丰富职业学校办学形态、拓展校企合作形式内容、优化政策环境，创新组织形式和运行机制，形成校企命运共同体。第五部分"深化教育教学改革"。通过强化双师型教师队伍建设、创新教学模式与方法、改进教学内容与教材、完善质量保证体系，构建新型师生关系，强化德技并修、工学结合。第六部分"打造中国特色职业教育品牌"。坚持扎根中国、融通中外，通过提升中外合作办学水平、拓展中外合作交流平台、推动职业教育走出去，增强国际话语权，讲好中国故事、贡献中国智慧。第七部分"组织实施"。要求发挥各级党委总揽全局、协调各方的领导核心作用，强化制度和经费保障、营造良好氛围，确保工作实效。

政策解读：《意见》通过系统总结"职教20条"发布以来的改革经验，分析应该坚持和巩固什么，探究应该完善和发展什么，既坚持过去行之有效的政策举措，更向改革创新要动力，使中国特色现代职业教育体系充分展示出强大的自我完善能力和更为旺盛的生机活力。同时，对接教育强国建设和《中国教育现代化2035》对职业教育发展的目标要求，聚焦产教关系、校企关系、师生关系、中外关系，切实增强政策举措的针对性、可行性和有效性，通过统筹顶层设计和分层对接、统筹制度改革和制度运行，着力固根基、补短板、提质量，大幅提升职业教育现代化水平和服务能力。

（解读参考：教育部）

# "十四五"系列政策

## 《"十四五"电子商务发展规划》

发布时间：2021年10月9日

发布单位：商务部、中共中央网络安全和信息化委员会办公室、国家发展和改革委员会

政策背景：党中央、国务院高度重视电子商务发展。2020年以来，习近平总书记在不同场合多次就发展电子商务作出重要指示，对发展农村电商、跨境电商、丝路电商等提出要求，明确指出电子商务是大有可为的。李克强总理在2021年的《政府工作报告》中三次提及电子商务，高度肯定了电子商务在抗疫中的重要作用，要求继续推动线上线下融合，促进电子商务发展。党的十九届五中全会指出，要发展数字经济，坚定不移建设数字中国。电子商务作为数字经济中规模最大、表现最活跃、发展势头最好的新业态新动能，是新发展格局蓝图中非常重要的一环，必将在畅通国内大循环，促进国内国际双循环中发挥重要作用。"十三五"时期，我国电子商务取得了显著成就：电子商务交易额从2015年的21.8万亿元增至2020年的37.2万亿元；全国网上零售额2020年达到11.8万亿元，我国已连续8年成为全球规模最大的网络零售市场；2020年实物商品网上零售额占社会消费品零售总额的比重接近四分之一，电子商务已经成为居民消费的主渠道之一；电子商务从业人员规模超过6000万，电商新业态、新模式创造了大量新职业、新岗位，成为重要的"社会稳定器"。这些数据充分说明，电子商务已经全面融入我国生产生活各领域，成为提升人民生活品质和推动经济社会发展的重要力量。与此同时，我国电子商务发展仍然面临不规范、不充分、不平衡的问题，平台企业垄断和不公平竞争问题突显，企业核心竞争力不强，外部宏观环境发生复杂深刻变化，电子商务高质量发展机遇和挑战并存。电子商务五年规划从"十一五"开始，已经编制了四期，在指引我国电子商务发展方向、推动电子商务实现快速健康发展方面发挥了重要作用。《规划》作为"十四五"时期商务领域重

点专项规划，深入研判我国电子商务发展现状和趋势、分析面临机遇和挑战，阐明"十四五"时期电子商务发展方向和任务，是市场主体的行为导向和各级相关政府部门履行职责的重要依据。

主要内容：《规划》共分为4章18节，约1.7万字。第一章为现状与形势，总结了当前电子商务发展的五个特点，阐述了"十四五"时期电子商务高质量发展面临的国内外复杂环境和机遇挑战。第二章为总体要求，提出了"十四五"时期电子商务的发展目标，对2035愿景目标进行了展望，并首次在《规划》中确立了电子商务指标体系。第三章为主要任务，明确了创新驱动、消费升级、商产融合、乡村振兴、开放共赢、效率变革和发展安全共7个方面的发展思路和重要举措，设置了23个重点专项工作，作为指导电子商务高质量发展的重要抓手。第四章为保障措施，主要阐述党的领导、协同推进、政策环境、统计监测、公共服务和风险防控等方面的内容。

政策解读：（1）进一步明确了电子商务在新时代国民经济社会发展中的新使命。《规划》以习近平新时代中国特色社会主义思想为指导，以立足新发展阶段、贯彻新发展理念、服务构建新发展格局为主线，聚焦电子商务连接线上线下、衔接供需两端、对接国内国外市场的三个定位，赋予电子商务推动"数字经济高质量发展"和助力"实现共同富裕"的新使命，明确提出"十四五"时期电子商务"四个重要"的发展目标，并用"五个成为"描绘了2035年远景目标。（2）确立了全新的电子商务发展原则和政策导向。《规划》坚持以人民为中心的发展思想，旗帜鲜明地提出了"四个坚持"的新原则。特别是把"坚持守正创新，规范发展"放在首要位置，进一步延续"十三五"规划中"发展与规范并举"的要求，秉持促进发展和监管规范双管齐下，在强调创新驱动、鼓励新模式新业态蓬勃发展的同时，坚持底线思维，促进公平竞争，强化反垄断和防止资本无序扩张。（3）开展了电子商务发展指标体系的有益探索。《规划》在"十三五"规划三个规模指标的基础上，进一步补充了工业电子商务普及率、农村电子商务交易额、跨境电子商务交易额三个分领域指标，有利于更好体现电子商务发展的规模效益，更准确把握电子商务发展的特点趋势，并为指标体系进一步完善预留了空间。（4）构建了电子商务服务构建新发展格局的战略框架。《规划》从国内和国际两个维度入手，让电子商务更有效服务构建新发展格局。在促进形成强大国内市场方面，首次提出培育高品质数字生活的理念，更好带动产业数字化；进一步强化数字技术创新和数据要素驱动对电子商务高质量发展的重要作用，推动数字化产业发展。在实现更高水平对外开放方面，充分发挥电子商务在数字经济国际合作和数字领域规则构建方面的主力军作用，加强数字产业链全球布局，推进跨境交付、个人隐私保护、跨境数据流动等数字领域国际规则构建，倡导开放共赢的国际合作新局面。

---

《"十四五"工业绿色发展规划》

发布时间：2021年11月15日
发布单位：工业和信息化部

政策背景：我国工业绿色发展取得重要成果，产业结构不断优化、能源资源利用效率显著提升、清洁生产水平明显提高、绿色低碳产业初具规模、绿色制造体系基本构建，但整体环境而言，我国仍处于工业化、城镇化深入发展的历史阶段，面临产业结构偏重、能源结构偏煤、能源效率偏低等问题。同时，资源环境约束加剧，我国碳达峰、碳中和时间窗口偏紧，技术储备不足。绿色低碳发展已成为科技革命和产业变革的方向，绿色经济已成为全球产业竞争重点。

主要内容：《规划》提出 9 个方面的重点任务，聚焦 1 个行动，构建 2 大体系，推动 6 个转型，实施 8 大工程。1 个行动是指实施工业领域碳达峰行动，构建 2 大体系是指构建绿色低碳技术体系和完善绿色制造支撑体系，推动 6 个转型是指推进产业结构高端化转型、加快能源消费低碳化转型、促进资源利用循环化转型、推动生产过程清洁化转型、引导产品供给绿色化转型、加速生产方式数字化转型，实施 8 大工程是指工业碳达峰推进工程、重点区域绿色转型升级工程、工业节能与能效提升工程、工业节水增效工程、重点行业清洁生产改造工程、绿色低碳技术推广应用工程、资源高效利用促进工程、绿色产品和节能环保装备供给工程。

（解读参考：工业和信息化部）

## 《"十四五"信息化和工业化深度融合发展规划》

发布时间：2021 年 11 月 17 日
发布单位：工业和信息化部

政策背景："十三五"期间，国务院有关部门和地方政府部门大力推进两化深度融合工作，通过政策制定、标准推广、工程实施、试点示范等系列举措，推动我国两化融合发展水平稳步提升。融合发展政策体系不断健全、基于工业互联网的融合发展生态加速构建、个性化定制、网络化协同、服务化延伸等新模式新业态蓬勃发展，以两化深度融合为本质特征的中国特色新型工业化道路更加宽广，步伐更加坚定，成效更加显著。"十四五"时期，是建设制造强国、构建现代化产业体系和实现经济高质量发展的重要阶段，两化深度融合面临着新形势、新任务、新挑战。当今世界正经历百年未有之大变局，国内发展环境经历深刻变化，新一代信息技术加速在制造业全要素、全产业链、全价值链渗透融合，持续引发技术经济模式、生产制造方式、产业组织形态的根本性变革。从总体看，我国两化深度融合发展仍处于走深向实的战略机遇期，正步入深化应用、加速创新、引领变革的快速发展轨道。大力推进信息化和工业化深度融合，推动新一代信息技术对产业全方位、全角度、全链条的改造创新，激发数据对经济发展的放大、叠加、倍增作用，对于新时期推动产业数字化和数字产业化，统筹推进制造强国与网络强国建设，具有重要战略意义。根据《中华人民共和国国民经济和社会发展第十四个五年规划和 2035 年远景目标纲要》，为深入贯彻落实党中央国务院关于深化新一代信息技术与制造业融合发展的决策部署，按照工业和信息化部"十四五"规划体系相关工作安排，编制形成《规划》。

主要内容：《规划》紧扣"十四五"时期制造业高质量发展要求，以供给侧结构性改革为主线，以智能制造为主攻方向，以数字化转型为主要抓手，推动工业互联网创新发展，围绕融合发展的重点领域设置了5项主要任务、5大重点工程以及5个方面的保障措施。5项主要任务是指《规划》提出"76441"五项主要任务，即培育融合发展"七个模式"、探索"六大行业领域"融合路径、夯实"四大基础"、激发"四类企业"活力、培育"一个跨界融合生态"。5大重点工程是指制造业数字化转型行动、两化融合标准引领行动、工业互联网平台推广工程、系统解决方案能力提升行动、产业链供应链数字化升级行动。5个方面保障措施是指健全组织实施机制、加大财税资金支持、加快人才队伍培养、优化融合发展环境、加强国际交流合作。

（解读参考：工业和信息化部）

## 《"十四五"促进中小企业发展规划》

发布时间：2021年12月11日
发布单位：工业和信息化部、国家发展和改革委员会、科学技术部、财政部、人力资源和社会保障部、农业农村部、商务部、文化和旅游部、中国人民银行、海关总署、国家税务总局、国家市场监督管理总局、国家统计局、中国银行保险监督管理委员会、中国证券监督管理委员会、国家知识产权局、中国国际贸易促进委员会、中华全国工商业联合会、国家开发银行

政策背景：中小企业是国民经济和社会发展的生力军，是扩大就业、改善民生、促进创新创业的重要力量。习近平总书记高度重视中小企业发展，强调"中小企业能办大事"，并对"培育一批'专精特新'中小企业""支持中小企业创新发展"等作出明确要求。党中央国务院出台了一系列政策措施，不断加大对中小企业支持力度，中小企业平稳健康发展取得积极成效。"十四五"时期，我国面临着复杂严峻的内外部环境，新形势下中小企业机遇与挑战并存，机遇多于挑战，也承担起更多新的使命，中小企业的韧性是我国经济韧性的重要基础，是构建新发展格局的有力支撑，中小企业具有举足轻重、事关全局的重要作用。在科学分析研判国内外形势的基础上，"十四五"时期将努力构建中小企业"321工作体系"，围绕"政策体系、服务体系、发展环境"三个领域，聚焦"缓解中小企业融资难、融资贵，加强中小企业合法权益保护"两个重点，紧盯"提升中小企业创新能力和专业化水平"一个目标，并将这一工作体系作为《规划》的核心内容，成为"十四五"促进中小企业发展工作的切入点和着力点。"十四五"时期，根据《中华人民共和国中小企业促进法》《中华人民共和国国民经济和社会发展第十四个五年规划和2035年远景目标纲要》，工业和信息化部会同国家发展和改革委员会、科技部、财政部等19个部门，联合编制了《规划》。

主要内容：《规划》包括发展背景、发展思路和目标、主要任务、重点工程、保障措施5个部分。关于发展背景。一方面，对"十三五"时期中小企业发展成效从发展实力、创新能力、服务体系和发展环境4个方面进行总结回顾，这是科学制定"十四五"规划的前提和基础。另一方面，对"十四五"时期中小企业面临的发展形势从机遇和挑战两方面进行分析。综合判断，"十四五"时期中小企业仍处于

重要战略机遇期，机遇与挑战并存，中小企业在新形势下承担起更多的重要使命。关于发展思路和目标。《规划》坚持以习近平新时代中国特色社会主义思想为指导，深入落实习近平总书记关于中小企业发展的重要指示批示精神，贯彻党的十九大和十九届二中、三中、四中、五中、六中全会精神，完整、准确、全面贯彻新发展理念，深入实施《中小企业促进法》，以推动中小企业高质量发展为主题，以改革创新为根本动力，坚持"两个毫不动摇"，围绕"政策体系、服务体系、发展环境"三个领域，聚焦"缓解中小企业融资难、融资贵，加强中小企业合法权益保护"两个重点，紧盯"提升中小企业创新能力和专业化水平"一个目标，构建"321工作体系"，支持中小企业成长为创新重要发源地，进一步增强中小企业综合实力和核心竞争力，推动提升产业基础高级化和产业链现代化水平，为加快发展现代产业体系、巩固壮大实体经济根基、构建新发展格局提供有力支撑。在此基础上，《规划》明确了4个基本原则，一是坚持创业兴业，激发市场活力；二是坚持创新驱动，提升发展质量；三是坚持绿色集约，促进协同发展；四是坚持分类指导，提高服务效能。并在此基础上形成了"5794"的工作思路，即5个发展目标、7项主要任务、9大重点工程、4项保障措施的工作思路。

政策解读：一是将"321工作体系"贯穿始终。《规划》围绕构建中小企业"321工作体系"，将其贯穿始终，一张蓝图绘到底，推动各地、各部门将促进中小企业发展工作聚焦到这一工作体系中来，形成今后五年工作的切入点和着力点。二是以创新发展和绿色发展为重点，推动中小企业高质量发展。《规划》将创新和绿色作为今后五年促进中小企业发展工作的两个基本原则，坚持创新驱动，将"提升中小企业创新能力和专业化水平"作为总目标，推动完善中小企业创新服务体系，营造鼓励和保护创新的外部环境，激发企业创新内生动力；坚持绿色集约，将中小企业绿色发展作为一项重点工程来抓，推动中小企业绿色化改造，发展循环经济，助力实现"双碳"目标，为中小企业可持续发展奠定坚实基础。三是推动构建优质中小企业梯度培育体系。《规划》在培育壮大市场主体、推动健全减税降费等普惠性支持政策的基础上，提出构建优质中小企业评价体系，建立从创新型中小企业、"专精特新"中小企业到专精特新"小巨人"企业的梯度培育体系，通过政策引导，推动要素资源向优质中小企业集聚，引导中小企业走"专精特新"发展道路。四是首次以多部门联发形成工作合力。《规划》首次以多部门联发的形式发布，既体现了党中央、国务院对促进中小企业发展工作的高度重视，也体现了在国务院促进中小企业发展工作领导小组工作机制下，凝聚各方力量共同促进中小企业发展工作的体制机制日益健全。在《规划》引领下，各部门将共同努力、协同推进，促进"十四五"时期中小企业实现高质量发展。

（解读参考：工业和信息化部）

## 《"十四五"市场监管现代化规划》

发布时间：2021年12月14日
发布单位：国务院

政策背景：党中央、国务院高度重视市场监管工作。习近平总书记指出，要坚持和完善社会主义基本经济制度，使市场在资源配置中起决定性作用，更好发挥政府作用，营造长期稳定可预期的制度环境，要加强产权和知识产权保护，建设高标准市场体系，完善公平竞争制度，激发市场主体发展活力，使一切有利于社会生产力发展的力量源泉充分涌流。李克强总理强调，要深入推进"放管服"改革，加力打造市场化、法治化、国际化营商环境，持续激发市场活力和社会创造力，要加强和创新事中事后监管，切实维护公平竞争，强化知识产权和消费者权益保护，不断提高市场监管领域政务服务水平。"十四五"时期，我国进入新发展阶段，开启全面建设社会主义现代化国家新征程，将加快构建新发展格局。经过多年发展，我国已形成拥有庞大市场主体和消费群体参与的超大规模市场，这是构建新发展格局的独特优势和必要条件。当前，我国市场发生新的深刻变化，商品和服务市场并行发展，线上和线下市场加快融合，国内和国际市场密切关联，新产业新业态新模式不断涌现，人民群众对消费安全和消费升级的期待不断提高。面对新形势新任务新挑战，迫切需要深刻把握我国新的历史方位、新的时代特征，坚持以习近平新时代中国特色社会主义思想为指导，围绕加快建设高标准市场体系和全国统一大市场，进一步创新和完善市场监管机制，推进市场监管现代化，促进超大规模市场不断优化提升，为构建新发展格局提供坚实基础和有力支撑。市场监管总局认真贯彻落实中央关于"十四五"规划建议和国家"十四五"规划纲要，立足新发展阶段、贯彻新发展理念、构建新发展格局、推动高质量发展，在深入调查研究、广泛征集意见的基础上，系统研究谋划"十四五"时期市场监管重点任务和重大举措，会同相关部门编制了《"十四五"市场监管现代化规划》。

**主要内容**：《规划》全文共 4 章：第一章为规划背景，总结了"十三五"时期市场监管工作成效，分析了"十四五"时期市场监管面临的新形势新要求。第二章为总体要求，包括指导思想、基本原则和主要目标。强调以习近平新时代中国特色社会主义思想为指导，围绕"大市场、大质量、大监管"一体推进市场监管体系完善和效能提升，推进市场监管现代化。提出坚持以人民为中心、坚持改革创新提升效能、坚持有效市场有为政府、坚持依法行政公正监管、坚持系统观念统筹施策 5 条基本原则，并明确了"十四五"时期市场监管工作的主要目标。第三章为重点任务，围绕持续优化营商环境、充分激发市场主体活力，加强市场秩序综合治理、营造公平竞争市场环境，维护和完善国内统一市场、促进市场循环充分畅通，完善质量政策和技术体系、服务高质量发展，坚守安全底线、强化消费者权益保护，构建现代化市场监管体系、全面提高市场综合监管效能 6 个方面，提出了具体的政策措施和重点任务。同时，还设置了 12 个专栏，提出了若干专项计划、专项行动和重点能力提升工程等，作为推动"十四五"时期市场监管现代化的重要抓手。第四章为保障措施，包括强化组织领导、落实职责分工、鼓励探索创新、加强评估考核、引导社会参与等。

**政策解读**：《规划》坚持目标导向和问题导向，坚持改革精神和创新精神，在巩固和发展"十三五"时期市场监管体制机制改革创新成果的基础上，明确了"十四五"时期构建现代化市场监管体系的一系列任务举措，主要体现在，一是完善市场监管基础制度，二是完善市场监管体制机制，三是创新丰富市场监管工具，四是健全信用监管长效机制，五是增强市场监管基础能力。

（解读参考：国家市场监督管理总局）

---

## 《"十四五"节能减排综合工作方案》

发布时间：2021 年 12 月 28 日
发布单位：国务院

政策背景：党中央、国务院高度重视节能减排工作。"十一五"以来每个五年规划期，国务院均制定印发节能减排综合工作方案，久久为功推进节能减排，推动经济社会发展全面绿色转型。通过多年持续努力，特别是党的十八大以来，我国能耗强度大幅下降，污染物排放总量持续减少，资源利用效率显著提升，生态环境质量明显改善，生态文明建设发生了历史性、转折性、全局性变化，获得广大群众的充分肯定，得到了国际社会的广泛赞誉。2020 年 9 月，习近平总书记在第七十五届联合国大会一般性辩论上作出我国二氧化碳排放力争于 2030 年前达到峰值、努力争取 2060 年前实现碳中和的重大宣示以来，在党中央、国务院谋划部署和推动下，我国开启了碳达峰、碳中和征程，各项工作正在统筹有序推进。同时，进入新发展阶段，党中央、国务院作出了深入打好污染防治攻坚战的重大决策部署，要求集中攻克老百姓身边的突出生态环境问题，让老百姓实实在在感受到生态环境质量改善。但实现碳达峰、碳中和面临很多困难和挑战，生态环境质量与人民群众的要求还有不小的差距，需要长期的艰苦努力。节能减排是从源头降低能源消费、减少污染物排放、深入打好污染防治攻坚战和助力实现碳达峰、碳中和的重要抓手，是加快建设生态文明和美丽中国的有力举措。"十四五"时期，节能减排工作要因时而动，顺势而为，着力提高能源资源利用效率，有力保障能源资源安全稳定供给，不断巩固提升环境治理成效，为确保如期实现碳达峰、碳中和贡献新的更大力量。为此，根据党中央、国务院决策部署，国家发展改革委、生态环境部会同有关部门起草了《方案》，近日以国务院名义印发实施，对"十四五"时期节能减排工作作出了总体部署，提出了任务书、时间表、路线图，为统筹推进碳达峰、碳中和，深入打好污染防治攻坚战，促进高质量发展提供重要支撑。

主要内容：《方案》面向碳达峰、碳中和目标愿景，坚持系统观念，突出问题导向，聚焦重点行业领域和关键环节，部署开展节能减排十大重点工程。同时，"十四五"期间，我国生态文明建设进入了以降碳为重点战略方向、推动减污降碳协同增效、促进经济社会发展全面绿色转型、实现生态环境质量改善由量变到质变的关键时期。节能减排工作面临着新形势、新要求，政策保障需及时、精准、有力、有效。《方案》从 8 个方面健全节能减排政策机制，为确保完成"十四五"节能减排目标提供有力支撑。

---

## 《"十四五"现代流通体系建设规划》

发布时间：2022 年 1 月 13 日
发布单位：国家发展和改革委员会

**政策背景**：首先，我国进入新发展阶段，现代化经济体系逐步完善，实体经济加快发展壮大，超大规模内需潜能加速释放，需要现代流通更大范围联系生产和消费。其次，我国经济社会转向高质量发展，新一轮科技革命和产业变革加速推进，供给侧结构性改革不断深化，人民对美好生活需要日益增长，需要现代流通更高效率衔接供给和需求。还有，世界贸易和产业分工格局加速调整，我国加快构建新发展格局，需要现代流通更高水平支撑国内大循环和国内国际双循环。为贯彻落实党中央、国务院决策部署，加快建设系统完备、创新引领、协同高效的现代流通体系，着力优化流通网络、完善流通市场、做强流通企业，推动商贸、物流、交通、金融、信用等有机衔接，根据《中华人民共和国国民经济和社会发展第十四个五年计划和2035年远景目标纲要》，制定本规划。

**主要内容**：《规划》共9章27节，围绕深化现代流通市场化改革、完善现代商贸流通体系、加快发展现代物流体系、增强交通运输流通承载能力、加强现代金融服务流通功能、推进流通领域信用体系建设六大领域，提出18方面、50项任务举措，以及5个专栏和19个具体工程。"十四五"时期将聚焦补齐现代流通体系短板，着眼现代流通体系高质量发展，加快形成现代流通统一大市场，发展现代商贸流通和现代物流两大体系，强化交通运输、金融和信用三方面支撑，形成"一市场、两体系、三支撑"总体发展框架。

**政策解读**：《规划》提出，"布局建设一批流通要素集中、流通设施完善、新技术新业态新模式应用场景丰富的现代流通战略支点城市""打造若干设施高效联通、产销深度衔接、分工密切协作的骨干流通走廊"。骨干流通走廊串接现代流通战略支点城市，形成"支点城市+骨干走廊"现代流通网络，打造我国商品和资源要素顺畅高效循环的流通主渠道。现代物流对于降低流通成本、提升流通效率和水平具有重要作用。"十四五"期间，将重点构建现代物流基础设施网络，拓展物流服务新领域新模式，培育充满活力现代物流企业，提升多元化国际物流竞争力。深化现代流通市场化改革，是建设现代流通体系的重点任务之一。充分发挥市场在资源配置中的决定性作用，更好发挥政府作用，从推进商品和要素高效流通和配置、完善流通市场准入和公平竞争制度两大方向发力。

（解读参考：国家发展和改革委员会、新华社）

# 2021年全国家具标准化工作概述

全国家具标准化技术委员会副主任
上海市质量监督检验技术研究院党委书记　季飞

2021年是"十四五"开局之年，也是我国家具行业优化标准体系、夯实标准技术基础、提升标准化服务能力的重要时期。全国家具标准化技术委员会（以下简称"家具标委会"）在国家标准化管理委员会（以下简称"国标委"）、工业和信息化部、中国轻工业联合会等国家标准化行政主管部门、行业主管部门的正确领导下，在中国家具协会和上海市市场监督管理局、广东省市场监督管理局的关心指导下，在上海市质检院和广东质检院的大力支持下，在全体委员、观察员的共同努力下，以习近平新时代中国特色社会主义思想为指导，全面贯彻党的十九大和十九届二中、三中、四中、五中、六中全会精神，坚定不移地贯彻新发展理念，实现发展规模、速度、质量、结构、效益、安全相统一，紧紧围绕国标委《2021年全国标准化工作要点》和家具标委会《我国家具标准化"十四五"发展规划》，积极有效地开展了家具领域标准化工作。2021年，家具标委会因在强制性标准体系、定制家具标准体系、儿童家具标准体系、家具中挥发性有机化合物管控标准体系等建设和维护方面取得了较好的成绩，受到了主管部门中国轻工业联合会的表彰，被评为"十三五"轻工标准化工作先进集体。

## 一、2021年中国家具标准化主要工作成效

### （一）强制性国家标准体系建设顺利推进

强制性标准事关人民身体健康和生命财产安全、国家安全和生态环境安全，是经济社会运行的底线要求，根据国标委《关于印发强制性标准整合精简结论的通知》的要求，家具标委会积极推动我国家具领域《家具结构安全技术规范》《家具中有害物质限量》《婴幼儿及儿童家具安全技术规范》《家具阻燃性能安全技术规范》4项强制性国家标准的制修订。其中《家具中有害物质限量》《婴幼儿及儿童家具安全技术规范》《家具结构安全技术规范》3项强制性国家标准完成了报批工作，《家具阻燃性能安全技术规范》（计划号20214442-Q-339）已成功立项。此外，强制性标准配套的试验方法标准的制修订工作也进展顺利，5项"家具产品及其材料中禁限用物质测定方法"系列国家标准已顺利发布，《家具 家用童床和折叠小床试验方法》《双层床结构安全试验方法》《卫浴家具通用技术要求》《户外休闲家具通用技术条件》《实验室家具通用技术条件》《玻璃家具通用技术要求》等多项强标配套方法标准也成功立项，正在起草过程中。这些有效地解决了现行家具强制性标准存在的交叉重复、非安全范围制定等问题，构建了结构合理、规模适度、内容科学的新型家具强制性国家标准体系，实现了"一个市场、一条底线、一个标准"。

### （二）新领域、绿色、助推高质量发展标准体系不断完善

2021年，家具标委会根据《国家标准化管理委员会关于印发〈2021年全国标准化工作要点〉的通知》和《我国家具标准化"十四五"发展规划》的要求，针对家具质量性能指标进行了分级规划、家具产品品质进行了分等级规划（优等品、一等品、合格品等）；家具五金、销售服务等基础标准体系完善；加强了适老家具、智能家具、儿童家具等标准化工作，并集中申报了这类标准计划项目，如《家具五金术语与定义》《适老家具多功能床》《适老家

具通用设计指南》《适老家具通用技术要求》《智能家具通用技术条件》《家具外观性能指标分级》《家具理化性能指标分级》《家具力学性能指标分级》等21项国家标准、行业标准计划项目。

有序推进已立项的国家标准、行业标准的制修订工作，组织了《家具 床稳定性、强度和耐久性测试方法》《童床和折叠小床试验方法》等14项国家标准及行业标准的征求意见；组织了《软体家具 手动折叠沙发》《婴幼儿用床边围栏》等6项国家标准及行业标准函审，以及《家具 柜类主要尺寸》等4项国家标准外文版会议审查。协助了工业和信息化部对《家具中有害物质限量》等3项强制性国家标准进行线上线下会议审查；完成了《家具产品及其材料中禁限用物质测定方法 阻燃剂》《婴儿床》等17项国家标准、行业标准的报批。在家具标委会秘书处积极协调下，24项家具国家标准、行业标准顺利批准发布，其中，国家标准《软体家具中挥发性有机化合物现场快速检测方法》《木家具中挥发性有机化合物现场快速检测方法》等12项，行业标准《课桌椅》《木制写字桌》等12项。

近些年，随着城市化的进展和人民生活水平的提高，消费者对于家具中有害物质的关注普遍提升。本年度发布的《软体家具中挥发性有机化合物现场快速检测方法》《木家具中挥发性有机化合物现场快速检测方法》《家具产品及其材料中禁限用物质测定方法 偶氮染料》等10项国家标准，完善了家具中有害物质的试验方法标准体系，为政府监管提供了依据，有利于更好地保障国内市场产品的质量，规范家具市场秩序，减少出口贸易的风险。

（三）国际标准化工作取得新突破

2021年7月和10月，由我国主导制定的3项家具领域国际标准发布实施，分别是ISO 23767：2021《儿童家具 童床用床垫 安全要求和试验方法》和ISO 4211-5：2020《家具漆膜理化性能试验第5部分：耐磨性测定法》。2021年5月，我国承担的ISO/TC 136/WG4、ISO/TC 136/WG7工作组参加了国际家具标准化技术委员会（ISO/TC 136）主办的线上年会，并作工作报告，获得了审定通过。3—4月，由我国承担的ISO/TC 136/WG7床垫测试方法工作组成功召开了3次视频研讨会，来自中国、意大利、英国、法国、瑞典、比利时6个国家20余位国际专家对我国牵头承担的ISO 23769《家具 床垫功能特性测定方法》项目进行了深入的研讨，目前，项目已顺利进入最终国际标准草案（FDIS）阶段。4月，由我国承担的ISO/TC 136/WG4《床测试方法》工作组成功召开了2次视频研讨会，来自中国、意大利、英国、法国、瑞典、美国6个国家20余位家具标准化专家参加了会议。与会专家针对我国牵头承担的ISO 9098-1《双层床 第1部分：安全要求》和ISO 9098-2《双层床 第2部分：试验方法》2项国际标准的工作组草案及反馈意见进行了深入研讨，各国专家对我国提出的修改方案均表示了认可，项目目前已进入委员会草案（CD）投票阶段。

2021年度，ISO/TC 136累积共有42名中国注册专家，实现所有9个工作组全覆盖，其中ISO/TC 136/WG4和ISO/TC 136/WG7工作组会议召集人均为我国专家。截至2021年10月30日，共收到ISO/TC 136及各工作组各类文件283份，工作组召集人均按时将收集汇总的国内相关专家的技术意见及时反馈给了ISO/TC 136及各工作组秘书处，充分体现了我国在国际家具标准化工作上的话语权。作为全球家具生产大国，我国家具进出口贸易增长迅猛、潜力巨大。家具标委会将持续致力于推进家具国际标准化工作，提升我国在家具国际标准化领域的话语权，推动中国家具行业对标国际标准，不断提高家具产品质量和服务水平，增强我国家具产业的国际竞争力。

（四）标准宣贯与技术服务工作持续推进

2021年，在疫情常态化防控形势下，标准宣传宣贯工作的开展受到一些影响。家具标委会紧密贴合家具行业发展和消费需求，充分利用家具标委会网站和公众号，建立健全标准信息公开机制，及时发布重大标准信息，宣传了最新的标准成果，开展进社区、录制宣贯视频等新形式的标准宣传工作，继续采用"线上咨询、线上受理"的方式，回答相关检测机构、家具企业的技术咨询和消费者的疑难问题，取得了较好的社会反响和宣传成效。同时，为帮助家具企业提高产品质量，促进技术创新与标准的符合性，家具标委会加大了标准技术服务力度，在家具国际标准化方面服务企业4家，在家具国家标准化方面服务企业29家，在家具行业标准化方面服务企业 38 家。将弹簧软床垫、沙发、双层床、童床、柜架类等产品质量安全指标一一落实到这些企业的设计、生产和销售服务中，帮助企业产品提质增效，提高品牌效应；将这些产品技术指标的验证试验方法一一落实到家具质检机构，促进检验能力的改进和提升。

为国标委主办的"义乌小商品博览会"提供了"产品及其材料中禁限用物质测定方法 多环芳烃"等 7 项家具标准宣贯材料；为国标委强制性标准"云课程"编写了"婴幼儿及儿童家具安全要点"视频材料，协助国标委进行儿童家具安全技术要求宣传宣贯。

（五）家具绿色标准体系初步建成

2021 年，家具标委会积极贯彻党的十九大报告中关于加快生态文明体制改革、推进绿色发展、建设美丽中国的战略部署，根据《中国制造 2025》《绿色制造工程实施指南（2016—2020 年）》《工业和信息化部办公厅关于开展绿色制造体系建设的通知》等文件的要求，积极推动家具绿色产品、绿色工厂、绿色供应链、绿色园区等标准体系建设。按家具产品生命周期全面推行绿色设计、绿色制造、绿色消费，从产品资源属性、能源属性、品质属性、环境属性等方面，构建家具绿色指标体系和能效评价体系。2021 年 6 月，《家具行业绿色工厂评价导则》标准通过工业和信息化部的复核，并完成了报批工作。这是家具领域绿色工厂评价的指导性标准，在评价导则的框架下，设置了木家具、金属家具、软体家具、玻璃家具和塑料家具 5 项绿色工厂评价要求行业标准，今年也成功立项。此外，《板式家具企业能耗计算细则》《板式家具企业能效监测与评价方法》《板式家具企业能源管理体系实施指南》3 项"工业节能与绿色标准化专项"标准也于 2021 年 8 月顺利发布。

家具行业绿色标准体系的建设，有助于引导和规范工厂实施绿色制造，实现产业转型升级，节约资源、保护环境；有助于我国碳达峰、碳中和目标的实施。

（六）服务"一带一路"，积极推动家具标准外文版工作

为响应国家"一带一路"发展，推进我国家具产品国际贸易。家具标委会积极推动我国家具标准翻译成外文版的工作。2021 年，有 4 项家具外文版标准通过审定，有 1 项外文版标准立项。在新标准起草方面，标准化内容（技术指标、检验方法）积极保持与国际标准一致性。除 2021 年新发布的国际标准在积极采标申报外，我国家具领域的标准一致性程度已达到 100%。今后，家具标委会在标准制修订计划中，将继续优先安排国际标准转化项目，推动在基础方法、产品质量、安全环保、跨领域整合等方面与国际标准接轨，持续跟进国家家具标准化组织和国外先进标准化机构的最新标准化成果，确保标准"引进来、走出去"渠道畅通，不断提升我国家具标准的国际化水平。

## 二、2022 年工作计划展望

2022 年，家具标委会将坚持以习近平新时代中国特色社会主义思想为指导，紧紧围绕《国家标准化发展纲要》和国家标准化改革方案，立足我国家具行业转型发展技术需求，进一步完善我国家具标准化体系，加快推进基础标准和重点标准的制修订，积极开展国际标准化工作，充分发挥标准在家具产业发展中的指导、规范、引领和保障作用。

（一）持续优化家具标准体系

家具标委会将在原有家具标准体系框架的基础上，重点研究定制家具、智能家具、特殊人群用家具、家具绿色制造、家具售后服务、家具五金、家具智能制造等新业态、新应用和新模式、基础通用方面的标准。跟踪国际标准化趋势，进一步完善标准体系框架。全面完成强制性标准整合精简，完成强制性标准配套的检测方法标准；补充完善绿色标准体系，加强绿色产品、绿色设计、绿色工厂、绿色供应链、绿色产业园区等标准化工作；进一步加强婴童、适老等特殊人群的家具标准的研制；推进产品性能指标、品质质量分等分级标准化工作（外观性能、表面理化性能、耐用性能、安全性能等）；拓展智能家具标准化研究，研究智能家具产品的场景操作、人机交流、多媒体设备联动、网络互通共享等标准化技术，实现舒适便利、功能合理、安全可靠、高效智能的居住环境要求；研究废旧家具回收利用标准化措施；开展家具团体标准、企业标准

的评价，推进标准有效使用，促进产品质量提升；开展标准化示范工作，促进产业集群的标准化能力提升。

（二）推进家具阻燃性能强制性标准修订工作

根据国标委下发的《关于印发强制性标准整合精简结论的通知》的要求，家具标委会2020年组织申报了强制性国家标准的整合修订项目《家具阻燃性能安全技术规范》（计划号20214442-Q-339），并于2021年10月20日成功立项。家具标委会将协助工业和信息化部召集家具行业内阻燃性能方面的专业力量，高质量完成标准的整合起草工作。该标准将在整合GB 17927.1—2011和GB 17927.2—2011的基础上，增加木垛点火源，并把范围扩大到带有软包件的家具，以保证本标准的科学性和合理性，对家具阻燃性能提出更全面的要求，以保障消费者的生命财产安全。

（三）加强国际合作，持续推进国际标准化工作

2022年，家具标委会将继续做好ISO/TC 136国际家具标准化组织的对口联络工作，归口管理好相应的工作，做好ISO/TC 136/WG4和ISO/TC WG7工作组的组织和管理工作；组织国内专家对ISO工作组的标准提案进行审查，并汇总国内专家意见，在国际平台上发出"中国声音"；推动我国承担的2项在研国际标准到FDIS阶段，并配合ISO中央秘书处的工作，促成我国承担的1项在研国际标准的顺利发布。此外，家具标委会将充分发挥ISO/TC 136技术对口联络的优势，鼓励更多国内的家具标准化专家参与到国际标准化活动中，全面谋划和参与国际家具标准化战略、政策和规则的制定修改。同时，将积极开展家具标准中译英工作，在完成好在研的1项国家标准外文版项目的同时，争取承担更多的标准翻译任务。我国是家具进出口贸易大国，家具产业立足国内大循环，发挥比较优势，协同推进国内市场和海外贸易，以国内大循环吸引全球资源要素，促进国内国际双循环，并努力促进国内家具标准与国际标准和国外先进标准相衔接，推进同线、同标、同质。

（四）加强标准化宣贯培训力度，提升标准质量和使用效益

近两年，家具领域发布国家标准、行业标准共38项，其中包括了《课桌椅》《实验室家具 通风柜》等多项产品标准；《木家具中挥发性有机化合物现场快速检测方法》《家具产品及其材料中禁限用物质测定方法 阻燃剂》等多项家具中有害物质检测方法标准；《板式家具企业能耗计算方法》等绿色节能标准以及办公家具、定制家具系列标准。新发布的标准中多项涉及全新的技术指标或试验方法，对于规范家具市场、为我国各级政府监管提供技术指标依据、保障消费者权益、促进家具行业健康发展具有重要意义。

2022年，家具标委会要重点组织开展这些标准的宣贯、宣传活动，编制相应宣贯资料，分区分期进行针对性的培训，通过开展"标准化基础知识培训""家具标准化大讲堂""国际家具标准化论坛"等宣贯活动，让标准使用者及时了解标准、准确掌握标准，也及时反馈标准技术问题，最大限度地发挥家具标准的经济效益和社会效益。同时，拓宽宣传宣贯途径，通过家具标委会网站、公众号等新媒体形式，及时发布标准化政策方针、法律法规以及标准发布实施情况，录制标准宣贯"云课"，持续扩大家具标准化工作的社会影响力。

（五）适当开展团体标准、企业标准化服务工作

按照国务院《深化标准化工作改革方案》要求，我国标准体系进行了整合重构，改革措施中鼓励有法人资格的团体组织开展团体标准化工作，鼓励企业标准公开声明等得以进一步落实。近年来，我国各层级的协会、学会广泛开展了团体标准化工作，涉及家具行业的为数不少，标准良莠不齐。按照《全国专业标准化技术委员会管理办法》第六条规定的技术委员会工作职责要求，家具标委会将接受政府部门、社会团体、企事业单位的委托，适当开展与家具领域有关的标准化工作。

# 2021年批准发布家具标准汇总

2021年批准发布家具国家标准一览表

| 序号 | 标准编号 | 标准名称 | 主要内容 | 发布日期 | 实施日期 |
|---|---|---|---|---|---|
| 1 | GB/T 39763—2021 | 家具中挥发性有机化合物现场快速采集设备技术要求 | 本文件规定了家具中挥发性有机化合物现场快速采集设备的术语和定义、工作原理和主要结构、要求、试验方法、检验规则、标志、包装、运输和贮存。适用于家具中挥发性有机化合物现场快速采集设备 | 2021-03-09 | 2021-10-01 |
| 2 | GB/T 39764—2021 | 软体家具中挥发性有机化合物 现场快速检测方法 | 本文件规定了软体家具中挥发性有机化合物现场快速检测方法的术语和定义、原理、设备、试剂和材料、试验步骤、试验数据。适用于表面平整的沙发、床垫、软体床等软体家具挥发性有机化合物现场快速检测 | 2021-03-09 | 2021-10-01 |
| 3 | GB/T 39931—2021 | 木家具中挥发性有机化合物 现场快速检测方法 | 本文件规定了木家具中挥发性有机化合物现场快速检测方法的术语和定义、原理、试剂、仪器设备、实验步骤。适用于木家具中挥发性有机化合物的现场快速检测 | 2021-03-09 | 2021-10-01 |
| 4 | GB/T 39934—2021 | 家具中挥发性有机化合物的筛查检测方法气相色谱—质谱法 | 本文件规定了采用气相色谱-质谱法进行家具产品中挥发性有机化合物的筛查检测的术语和定义、原理、试剂或材料、仪器设备、样品、分析步骤、结果计算和方法特性。适用于家具产品中106种挥发性有机化合物的筛查检测。家具原材料中挥发性有机化合物的筛查检测可参照本文件执行 | 2021-03-09 | 2021-10-01 |
| 5 | GB/T 39939—2021 | 家具部件中挥发性有机化合物 现场快速检测方法 | 本文件规定了家具部件中挥发性有机化合物现场快速检测方法的术语和定义、原理、试剂或材料、仪器设备、实验步骤、实验数据处理。适用于最大边长不超过800毫米，高度不超过300毫米的家具部件中挥发性有机化合物的现场快速检测 | 2021-03-09 | 2021-10-01 |
| 6 | GB/T 39941—2021 | 木家具生产过程质量安全状态监测与评价方法 | 本文件规定了木家具生产过程质量安全状态检测与评价方法的术语和定义、基本要求、监测评价指标框架、监测指标及方法、评价方法。适用于木家具生产过程质量安全状态的监测和评价，其他家具生产过程质量安全状态的监测和评价可参照执行 | 2021-03-09 | 2021-10-01 |
| 7 | GB/T 4893.1—2021 | 家具表面漆膜理化性能试验 第1部分：耐冷液测定法 | 本文件描述了家具表面耐冷液测定的方法。适用于所有经涂饰处理的家具的固化表面，且在未使用过的家具或实验样板表面上进行试验，不适用于皮革和纺织品表面 | 2021-05-21 | 2021-12-01 |

续表

| 序号 | 标准编号 | 标准名称 | 主要内容 | 发布日期 | 实施日期 |
|---|---|---|---|---|---|
| 8 | GB/T 40904—2021 | 家具产品及其材料中禁限用物质测定方法 偶氮染料 | 本文件描述了家具产品及其材料中 24 种禁用偶氮染料的测定方法。适用于家具产品及其材料中 24 种禁用偶氮染料的测定 | 2021-10-11 | 2022-05-01 |
| 9 | GB/T 40906—2021 | 家具产品及其材料中禁限用物质测定方法 邻苯二甲酸酯增塑剂 | 本文件描述了家具产品及其材料中 6 中邻苯二甲酸酯增塑剂的气相色谱—质谱测定方法，其他邻苯二甲酸酯增塑剂的检测经过验证后也可参照本文件进行。适用于家具产品及其材料中 6 中邻苯二甲酸酯增塑剂的测定 | 2021-10-11 | 2022-05-01 |
| 10 | GB/T 40907—2021 | 家具产品及其材料中禁限用物质测定方法 2,4-二氨基甲苯、4,4'-二氨基二苯甲烷 | 本文件描述了家具产品及其材料中 2,4-二氨基甲苯、4,4'-二氨基二苯甲烷的测定方法。适用于家具产品及其材料中 2,4-二氨基甲苯、4,4'-二氨基二苯甲烷的测定 | 2021-10-11 | 2022-05-01 |
| 11 | GB/T 40908—2021 | 家具产品及其材料中禁限用物质测定方法 阻燃剂 | 本文件描述了家具产品及其原材料中多溴联苯、多溴二苯醚及 6 种有机磷阻燃剂的气相色谱—质谱测定方法。适用于家具产品及其原材料中多溴联苯、多溴二苯醚及 6 种有机磷阻燃剂的测定 | 2021-10-11 | 2022-05-01 |
| 12 | GB/T 40971—2021 | 家具产品及其材料中禁限用物质测定方法 多环芳烃 | 本文件描述了家具产品及其材料中的 18 种多环芳烃的气相色谱—质谱测定方法。适用于家具产品及其材料中 18 种多环芳烃的测定 | 2021-10-11 | 2022-05-01 |

2021 年批准发布家具行业标准一览表

| 序号 | 标准编号 | 标准名称 | 主要内容 | 发布日期 | 实施日期 |
|---|---|---|---|---|---|
| 1 | QB/T 1242—2021 | 家具五金件安装尺寸 | 本文件规定了家具五金件的术语和定义、分类、安装尺寸。适用于隐藏式铰链、拉手、抽屉滑轨的安装尺寸 | 2021-05-17 | 2021-10-01 |
| 2 | QB/T 4071—2021 | 课桌椅 | 本文件规定了课桌椅的术语和定义、产品分类、要求、试验方法、检验规则、标志、使用说明、包装、运输、贮存。适用于小学、中学、大学及其他成人机构使用的课桌椅。其他教学用课桌椅可参照本文件执行 | 2021-05-17 | 2021-10-01 |
| 3 | QB/T 2384—2021 | 木制写字桌 | 本文件规定了木制写字桌的术语和定义、产品分类、要求、试验方法、检验规则及标志、使用说明、包装、运输、贮存等。适用于木制写字桌 | 2021-05-17 | 2021-10-01 |
| 4 | QB/T 5588—2021 | 鞋柜 | 本文件规定了鞋柜的术语和定义、产品分类、要求、试验方法、检验规则、标志、使用说明、包装、运输和贮存。适用于鞋柜产品 | 2021-05-17 | 2021-10-01 |
| 5 | QB/T 5589—2021 | 实验室家具 通风柜 | 本文件规定了实验室通风柜的术语和定义、分类、要求、试验方法、检验规则、标志、使用说明、包装、运输和贮存。适用于固定式实验室通风柜，非固定式实验室通风柜可参照执行 | 2021-05-17 | 2021-10-01 |
| 6 | QB/T 5590—2021 | 婴幼儿床垫 | 本文件规定了婴幼儿床垫的术语和定义、代号、产品分类、要求、试验方法、检验规则、通用标识、使用说明、包装、运输和贮存。适用于年龄在 36 个月以内的婴幼儿使用的床垫。不适用于充水床垫和充气床垫 | 2021-05-17 | 2021-10-01 |

续表

| 序号 | 标准编号 | 标准名称 | 主要内容 | 发布日期 | 实施日期 |
|---|---|---|---|---|---|
| 7 | QB/T 5617—2021 | 单层床通用技术条件 | 本文件规定了单层床的术语与定义、主要尺寸及符号、要求、试验方法、检验规则、标志、使用说明、包装、运输、贮藏等。适用于单层床产品。不适用于水床、摇篮、童床和折叠小床等产品 | 2021-05-17 | 2021-10-01 |
| 8 | QB/T 5618—2021 | 办公椅体压分布测量方法 | 本文件规定了办公椅体压分布测量的术语和定义、设备、样品、试验步骤、试验数据处理等方法。适用于办公椅坐姿压力分布的测量 | 2021-05-17 | 2021-10-01 |
| 9 | QB/T 5619—2021 | 转椅底盘 | 本文件规定了转椅底盘的术语和定义、要求、试验方法、检验规则、包装、运输和贮存。适用于室内使用的转椅底盘,其他场合的类似用途的转椅底盘可参照执行 | 2021-05-17 | 2021-10-01 |
| 10 | QB/T 5622—2021 | 板式家具企业能耗计算方法 | 本文件规定了板式家具企业能耗计算方法的术语和定义、计算原则和能源的种类及计算范围、能耗的分类和计算、折算为标准煤的要求。适用于板式家具企业对各种板式家具生产过程综合能耗的计算和考核,其他类型家具产品生产企业可参照使用本文件 | 2021-08-21 | 2022-02-01 |
| 11 | QB/T 5623—2021 | 板式家具企业能效监测与评价方法 | 本文件规定了板式家具企业能耗监测前的准备及要求、能源消耗量的监测、能耗数据的评价方法。适用于板式家具企业能耗的监测与评价,其他类型的家具企业可参照执行 | 2021-08-21 | 2022-02-01 |
| 12 | QB/T 5624—2021 | 板式家具企业能源管理体系实施指南 | 本文件给出了板式家具企业建立、实施、保持和持续改进其能源管理体系的指导,是落实GB/T 23331各项要求的实施指南。适用于板式家具企业建立、实施、保持和持续改进能源管理体系,其他家具企业参照执行 | 2021-08-21 | 2022-02-01 |

### 2021年批准发布中国家具协会团体标准一览表

| 序号 | 标准编号 | 标准名称 | 主要内容 | 发布日期 | 实施日期 |
|---|---|---|---|---|---|
| 1 | T/CNFA 013—2021 | 床垫质量安全等级评定 | 本文件规定了床垫质量安全等级评定的要求、试验方法、检验规则、标志、使用说明、包装、运输和贮存。适用于弹簧软床垫、棕纤维弹性床垫、乳胶床垫和软质聚氨酯泡沫塑料床垫。不适用于婴幼儿床垫、充气床垫、充水床垫 | 2021-12-01 | 2022-01-01 |
| 2 | T/CNFA 014—2021 | 沙发质量安全等级评定 | 本文件规定了沙发类产品(沙发、手动折叠沙发、沙发床)的产品分类、要求、试验方法、检验结果评定、标志、使用说明、包装、运输、贮存。适用于室内使用的沙发类产品 | 2021-12-01 | 2022-01-01 |
| 3 | T/CNFA 015—2021 | 屏风桌质量安全等级评定 | 本文件规定了屏风桌质量安全等级评定的分类、要求、试验条件、试验方法、检验规则、使用说明、标志、包装、运输、贮存。适用于屏风桌产品的质量安全等级评定 | 2021-12-01 | 2022-01-01 |
| 4 | T/CNFA 016—2021 | 办公椅质量安全等级评定 | 本文件规定了办公椅质量安全等级评定的分类、要求、试验方法、检验规则、标志、包装、运输、贮存。适用于办公椅产品质量安全等级评定 | 2021-12-01 | 2022-01-01 |

2021 年中国主导制定的 ISO 国际标准一览表

| 序号 | 标准编号 | 标准名称 | 主要内容 | 发布日期 |
|---|---|---|---|---|
| 1 | ISO 23767:2021 | 儿童家具 童床用床垫 安全要求和试验方法 | 本文件规定了婴童用床垫产品（涵盖儿童床、婴儿床和悬挂式婴儿床的床垫底座和床垫罩等）的安全要求及测试方法，包括一般测试条件、测试设备、化学危害、燃烧危害、机械结构危害及相关测试方法、产品警示标识等内容。该标准的发布使得全球范围内童床和婴儿床用床垫有了统一的安全技术规范，具有较高的科学性、普适性和指导性 | 2021-07 |
| 2 | ISO 4211-5:2021 | 家具 漆膜理化性能试验 第 5 部分：耐磨性测定法 | 本文件规定了家具表面着色漆和透明漆耐磨性的测定方法。家具表面漆膜耐磨性是指家具漆膜固化后的使用耐久性，是衡量家具成品表面理化性能的一项重要质量指标，它在很大程度上决定了家具外部的使用寿命。该标准的发布提高家具表面漆膜理化标准的检测能级，增加漆膜材料检测方法的适用性、耐磨评估准确性 | 2021-10 |
| 3 | ISO 23769:2021 | 家具床垫性能测试方法 | 本文件适用于家用和非家用的成人床垫的测试，从床垫的挠度曲线、硬度值、硬度等级、高度损失、床笠 5 个维度确定了床垫功能特性的测试方法，并对测试温度、公差、测试设备、测试步骤、功能特性及测试报告的编制格式等做了明确规定。该标准的发布为国内外床垫测试提供测试依据与技术支持，在实际工程应用以及产业发展过程中具有重要意义 | 2021-11 |

# PART 3

# 年度资讯 Annual Information

# 中国家具协会及家具行业 2021 年度纪事

**1** 中国家具协会与加拿大木业集团签署合作谅解备忘录

2021年1月29日，中国家具协会与加拿大木业集团通过线上线下交互会面的形式，在北京、上海、温哥华三座城市，在加拿大驻华大使馆公使的见证下，成功举行了合作谅解备忘录云签署仪式。中国家具协会理事长徐祥楠、加拿大驻华大使馆公使Rachael Bedlington、加拿大木业集团总裁Bruce St. John、加拿大木业中国区执行总裁黄华力分别致辞。备忘录约定双方将建立信息交换机制、开展各类行业活动、组织技术知识培训，更好满足行业需要，实现双边高质量发展。

**2** 中国家具协会党支部召开党史教育动员部署会

2021年2月20日，党中央召开党史学习教育动员大会，习近平总书记发表了重要讲话，2月26日，中央印发《关于在全党开展党史学习教育的通知》，对开展好党史学习教育作出全面的部署安排。3月4日下午，中国家具协会党支部书记徐祥楠主持

召开支部党史教育动员部署会,深入学习贯彻习近平总书记在党史学习教育动员大会上的重要讲话精神,传达张崇和书记在中国轻工联、总社党委党史学习教育动员部署会上的讲话和《中国轻工联、总社党委关于在轻工行业开展党史学习教育的实施方案》,对支部党史教育做动员部署,全体党员参加会议。

### 3 2021深圳时尚家居设计周暨第36届深圳国际家具展开幕

2021年3月17日,2021深圳时尚家居设计周暨第36届深圳国际家具展在深圳国际会展中心盛大启幕。深圳国际家具展坚持"设计导向、潮流引领、持续创新"的行动纲领,以设计为纽带,与城市文化共融。本届展会共有14个展馆,8大主题展,面积达28万平方米,展品涵盖潮流家具、当代软装、设计空间、创意材料等各个品类,为广大观众带来了一场行业盛宴。深圳国际家具展是世界家具认知中国的重要窗口。随着深圳持续转变经济增长方式、努力实现创新驱动,深圳国际家具展将依托日益强大的战略力、设计创新力与国际影响力,朝着国际高品质商业设计展迈进。

### 4 第47届中国(广州)国际家具博览会盛大开幕

2021年3月18日,第47届中国(广州)国际家具博览会在广州琶洲广交会展馆隆重开幕。本届展会展览面积75万平方米,4000多家顶尖品牌强势集结,开幕首日人流如织,现场活动层出不穷。展品涵盖民用家具、饰品家纺、户外家居、办公商用及酒店家具、家具生产设备及配件辅料等大家居全题材全产业链,紧紧围绕新定位,精准施策。展会以设计端、制造端和消费端的全覆盖,为行业提供丰富亮点,以原创设计促进行业转型升级,设计元素贯穿民用家具展、办公环境展、设备配料展三大品牌展,展会设计氛围全方位提升;抢滩布局四大渠道,贯穿行业上下游,真正实现全产业链与全渠道的相互融合,为后疫情时期家居企业的发展蓄势赋能。

### 5 人本未来·和合共生——2021全球家具行业趋势发布会在广州召开

2021年3月18日,"人本未来·和合共生——2021全球家具行业趋势发布会"在广州召开。发布会由中国家具协会主办,中国对外贸易广州展览有限公司承办。中国轻工业联合会党委副书记、世界家具联合会主席、亚洲家具联合会会长、中国家具协会理事长徐祥楠为发布会致辞。世界家具联合会秘书长、亚洲家具联合会副会长兼秘书

长、中国家具协会副理事长兼秘书长屠祺，发表了《2021世界家具展望——疫后"新常态"发展趋势》的主题演讲。中国对外贸易展览有限公司总经理刘晓敏，围绕未来家具展览趋势和中国（广州）家博会新定位两方面的内容进行了主题演讲。清华大学中意设计创新基地秘书长杨庆梅，京东国际事业部跨境商品部总经理孙圆源，北美中国投资促进会副理事长兼秘书长、美国田纳西州中国发展中心（驻华办）执行主任刘琳娜等嘉宾分别作主题演讲。

### 6 中加产业融合——加拿大铁杉发布会圆满举办

2021年3月19日，"中加产业融合——加拿大铁杉发布会"在广州隆重举行。此次活动由中国家具协会与加拿大木业共同举办。世界家具联合会秘书长、亚洲家具联合会副会长兼秘书长、中国家具协会副理事长兼秘书长屠祺为发布会致辞。加拿大木业中国执行总裁黄华力致辞。加拿大驻广州总领事馆总领事Philippe Rheault欧阳飞出席并致辞。加拿大木业市场推广经理吴旻发表主题演讲。发布会隆重邀请世界家具联合会秘书长、亚洲家具联合会副会长兼秘书长、中国家具协会副理事长兼秘书长屠祺、加拿大木业中国执行总裁黄华力、加拿大木业市场推广高级总监王笑竹、加拿大驻广州总领事馆总领事Philippe Rheault欧阳飞和加华珠三角商会董事会主席Rob Turnbull共同启动加拿大铁杉的发布仪式，将"加拿大百年铁杉，年轻人的实木家具"正式推向中国家具市场。

### 7 "呼吸一瞬，俯仰万年" 2030+国际未来办公方式展盛大启幕

2021年3月28日，"呼吸一瞬，俯仰万年"2030+国际未来办公方式展（IFO）在第47届中国（广州）国际家具博览会盛大启幕。展会由中国家具协会、中国对外贸易中心（集团）主办，由中国对外贸易广州展览有限公司承办，以"呼吸"作为展览主题，开创以向内存在、对话、O CELL、界限、MEETing、向外呼吸六大场景及十多场主题演讲，通过"扩充体验场景与增强交互感官""挖掘办公行业'领军者'品牌展示前沿设计""颠覆传统理念，邀请行业大咖发起对未来办公方式的追问与思考"等多个维度持续升级，逐一展现对未来办公方式的剖析与解构，展示中国家博会2030+国际未来办公方式展的国际前沿性、体验探索性、设计创新性，为观众传递出耳目一新的未来办公方式理念与体验。来自多个国家和地区的二十余家国内外知名品牌齐聚于此，有国际办公顶尖品牌、经典设计符号、办公新锐先锋、全球产业链顶级品牌、跨业创新先锋代表。展览融合多媒体与新科技手段，打造出一个牵动五感体验、激发思考探索的沉浸环境，为观众呈现未来办公最具想象力的形态。

### 8 中国家具协会办公家具专业委员会2021年会在广州召开

2021年3月28日，中国家具协会办公家具专业委员会（简称办公委）2021年会在广州成功召开。会议期间，办公委联合丹麦投资促进局共同

举办了2021办公设计展望论坛。中国家具协会理事长徐祥楠在年会上致辞。丹麦投资促进局亚太区总监宋义薄为会议致辞。中国家具协会副理事长兼秘书长、办公家具专业委员会主任屠祺作《中国家具协会办公家具专业委员会2021年工作报告》。中国家具协会理事长徐祥楠为增补主席单位、新委员单位颁发证书。中国家具协会办公家具专业委员会秘书长林为梁主持会议。在2021办公设计展望论坛上，办公委主席单位震旦（中国）有限公司董事长室总经理廖登熙作《VUCA世代灵动办公新思维》的主题演讲。Allianceatwork创始人兼总经理Anders Borch从可持续发展的角度探讨了未来办公空间的变化，以及办公家具最新的环保技术与环保材料。PWG翱美集团总裁周嘉以《数字驱动办公环境的变革》为题发表演讲。丹麦SIGNAL办公管理与设计咨询公司创始人、全球总监Gitte Andersen发表线上演讲，围绕疫后办公环境的变化进行了探讨。SHL建筑事务所办公规划部总监Helle Nohr Holmstrom以《有情感的办公空间》为题发表主旨演讲。会上，国内外企业代表进行了圆桌对话，主题演讲嘉宾廖登熙、Anders Borch、远程嘉宾Gitte Andersen、Helle Nohr Holmstrom，办公委执行主席、东莞美时家具有限公司总裁谢文剑，办公委主席、海太欧林集团有限公司董事长叶永珍，办公委主席、深圳长江家具有限公司董事长江学院，办公委主席、中山市华盛家具制造有限公司董事长兼总裁姚永红参与对话，演讲嘉宾周嘉担任对话主持人。

### ⑨ 第13届中国沈阳国际家博会盛大启幕

2021年4月9日，第13届中国沈阳国际家博会在沈阳国际展览中心盛大启幕。本届沈阳家博会产品涵盖了家居上下游全产业链的品类，包括家具、居室门品、定制家居、地板、集成吊顶、陶瓷卫浴、家居饰品、灯饰，以及建材、家居装饰装修材料，设计、包装、生产服务软件，还有家居行业前端的原辅材料、木工机械、电动工具等。在这场全新的视觉盛宴中，沈阳家博会75%展品为2021首次投放市场的新品，多元风格、时尚流行元素集合展示，彰显展览重视原创、去繁就简、环保智能的品质。本届沈阳家博会，实现线上线下实时互动。"云展沈阳家博会"线上云展厅，在展会期间开启线上品牌推介与销售的直播，帮助企业拓展了市场新渠道。同时沈阳家博会官方抖音账号"SYJBH2012"也在展期开启线上同步直播，线上线下互通互联，开启观展新途径！据不完全统计，开幕首日与会人数超过8万人，亮点频现，人气爆棚，盛况空前！

### ⑩ 中国轻工业职业能力评价工作会议在杭州顺利召开

2021年4月20日，中国轻工业职业能力评价工作会议在杭州举行。中国轻工业联合会党委书记、会长张崇和出席会议并讲话。党委副书记王世成，党委副书记、中国家具协会理事长徐祥楠出席会议并为首批总站、基地授牌。会议由中国轻工业联合会党委常委刘江毅主持。会议部署了2021年职业能力评价工作，为轻工业职业能力评价总站、基地授牌，为轻工技能等级评价工作培训首批督导员。中国家具协会副理事长兼秘书长屠祺参加会议并接牌。为做好轻工职业能力评价工作，努力打造一支从业道德高、专业素养好、业务能力强的督导员队伍，会议同期举办了首期轻工职业能力评价督导员培训，邀请人力资源和社会保障部职业技能鉴定中心特聘专家刘总路现场授课，中国家具协会以及来自各协会、基地的近550名学员参加了培训，考试合格后可取得轻工业职业能力评价督导员证卡。2021年初，中国家具协会正式开启了职业能力评价工作，目前已经启动了高级营销师、家具设计师、室内装饰设计师、电子商务师等职业培训课程，将通过开展技能评价，培养更多家具高素质技术与技能人才，为中国家具行业高质量发展提供人才支撑。

## 11 2021中国家具行业第一期高级营销师认证培训班在北京成功举办

2021年4月23—25日，由中国轻工业联合会、中国家具协会主办，北京国富纵横文化科技咨询股份有限公司承办的2021中国家具行业第一期国家高级营销师培训班（上）在北京成功举办。中国家具协会理事长徐祥楠致辞，并授予北京国富纵横"中国家具协会职业技能培训中心"牌匾。北京国富纵横正式成为"中国家具协会职业技能培训中心"，承担为行业输送高质量专业营销人才的重任。中国家具协会副理事长兼秘书长屠祺为高级营销师进行了开班授课。北京国富纵横总裁赵龙博士、清华大学商业美学博士后宋薇博士、顾家集团联席总裁徐刚分别为学员带来《家居营销战略》《2021品牌营销新路径》《企业财务管控》等课程，帮助学员搭建营销战略思维体系。

## 12 家具企业质量追溯体系建设工作研讨会在北京成功举办

2021年5月18日，由中国轻工业信息中心和中国家具协会共同主办的家具企业质量追溯体系建设工作研讨会在北京成功召开。会议由中国轻工业企业管理协会秘书长郭和生主持。国家市场监督管理总局产品质量安全监督管理司评估处处长李贺军出席会议并听取企业代表建议。中国家具协会副理事长兼秘书长屠祺、中国轻工业信息中心副主任马真分别发表讲话。中国社会科学院研究员李传章以"双循环理论对家具行业的影响"为题，介绍了双循环新发展格局背景下，产品质量提升的重要意义。会议听取了行业相关单位开展质量追溯体系建设的工作经验、存在问题，并就相关对策、建议展开了讨论。会议对《家具质量追溯体系规范（草案）》《"全国家具防伪追溯管理协同平台"建设方案（草案）》进行了介绍。与会专家就相关草案提出了建设性意见。

## 13 亚洲家具联合会第23届年会顺利在线召开

2021年5月26日，亚洲家具联合会第23届年会顺利在线召开。世界家具联合会主席、亚洲家具联合会会长、中国家具协会理事长徐祥楠发表讲话。世界家具联合会秘书长、亚洲家具联合会副会长兼秘书长、中国家具协会副理事长兼秘书长屠祺主持会议并作秘书处报告。亚联会各国成员结合本国行业数据介绍了最新情况，针对新冠肺炎疫情影响下物流、原材料、用工等方面的问题展开讨论。多国表示新一轮新冠肺炎疫情发生后，行业积极应对，受益于过去的经验，能更好地度过当前时期，期待着疫苗普及后，尽快恢复正常生产。成员就亚联会下一步工作和未来发展进行交流，支持徐祥楠会长提出的各项倡议，表示将积极参与亚联会组织的各项线上活动，加强沟通，共同探索行业发展新思路。本次会议是新冠肺炎疫情下亚联会各国的首次会晤，创新性地采用线上方式召开，进一步完善了亚联会组织机制，加强了行业交流，为加快地区产业复苏、开创工作新局面打下了基础。

## 14 2021年全国行业职业技能竞赛—轻工大赛动员大会在成都顺利召开

为贯彻落实习近平总书记关于技能人才工作的重要指示，发挥技能竞赛对人才培养的推动作用，总结部署轻工职业技能竞赛工作，2021年5月31日，2021年全国行业职业技能竞赛—轻工大赛动员大会在成都顺利召开。中国轻工业联合会会长张崇和出席会议并讲话。人力资源和社会保障部职业能力建设司副司长刘新昌、中国财贸轻纺烟草工会主席王倩出席会议并致辞。会议由中国轻工业联合会党委副书记、中国家具协会理事长徐祥楠主持。中国家具协会等3家单位被授予"全国行业职业技能竞赛——轻工大赛优秀组织奖"。东阳市政府等9家单位被授予"全国行业职业技能竞赛——轻工大赛突出贡献奖"。温建良、陈李强、周根来等122人被授予"全国技术能手入围奖"。季坤荣、林晓坪等269人被授予"全国轻工行业技术能手"荣誉称号。江西环境工程职业学院、上海市城市科技学校、黑龙江林业职业技术学院、广州番禺永华家具有限公司、江门市新会区传统古典家具行业协会、江苏省家具行业协会等37家单位被授予"轻工技能人才培育突出贡献奖"。刘晓红、张正然、陈慧敏、项国平、田燕波、陆光正等40人被授予"全国行业职业技能竞赛——轻工大赛优秀裁判"。大会为表现突出的单位、选手、裁判员颁发奖牌。大会同期还举办了轻工大赛裁判员培训班，580多人参加培训。家具行业共有手工木工、家具设计师、木雕工3个工种20余位裁判参加本次培训，经笔试考核全部通过后，将获得全国轻工行业裁判员执裁证书。

### 15. 家具行业4家企业工业设计中心被认定为2021年中国轻工业工业设计中心

2021年6月，中国轻工业联合会发出《关于公布2021年中国轻工业工业设计中心认定及复核结果的通知》，根据《中国轻工业工业设计中心认定管理办法（试行）》等文件要求，经相关行业协会推荐、专家评审及中国轻工联官网公示等工作程序，震旦（中国）有限公司、海太欧林集团有限公司、中源家居股份有限公司、江西金虎保险设备集团有限公司4家企业的工业设计中心被认定为2021年中国轻工业工业设计中心。北京金隅天坛家具股份有限公司、曲美家居集团股份有限公司、圣奥科技股份有限公司、永艺家具股份有限公司、广州市百利文仪实业有限公司5家企业的中国轻工业工业设计中心通过复核。在此次评选认定的组织推荐过程中，中国家具协会积极宣传推广工业设计中心认定工作，组织符合条件的家具企业申报并积极跟进，其中震旦（中国）有限公司工业设计中心更获得轻工行业推荐国家级工业设计中心名额。

### 16. 全国家具标准化技术委员会荣获"十三五"轻工标准化工作先进集体荣誉称号

为深入贯彻国家标准化工作有关精神，提升轻工标准化工作水平，2021年7月6日，中国轻工

业联合会在北京召开 2021 年全国轻工标准化工作会议，通报轻工标准化工作情况，分析当前标准化工作形势，部署下一步标准化工作。全国家具标准化技术委员会荣获"十三五"轻工标准化先进集体荣誉称号。中国轻工业联合会会长张崇和出席会议并作主旨讲话；国家市场监督管理总局标准技术管理司副司长陈洪俊、工业和信息化部科技司副司长范书建出席会议并致辞；中国轻工业联合会秘书长杜同和，党委常委李玉中、刘素文以及轻工领域负责标准化工作的 200 多人参会。会议由中国轻工业联合会副会长何烨主持。全国家具标准化技术委员会秘书长罗菊芬、中国家用电器研究院院长刘挺等作为先进集体代表进行了交流发言。

### 17　2021 中国家具行业职业教育培训工作会议暨校企合作接洽会在北京成功举办

2021 年 7 月 17 日，2021 中国家具行业职业教育培训工作会议暨校企合作洽谈会在北京成功举办。中国轻工业联合会党委副书记、中国家具协会理事长徐祥楠参会并致辞，来自全国各家具院校、企业、协会、产业集群等一百余位相关负责人参加了会议。中国家具协会职业技能培训中心主任、北京国富纵横总裁赵龙作《中国家居产业职业教育发展规划》主题发言，并汇报了中国家居行业职业及教育未来三年的"五个一"工程。会议进行了首批中国家具行业职业技能培训基地授牌仪式，基地工作的开展将为落实家具行业人才发展和人才培养、开展职业技能评价提供了重要通道。

### 18　2021 中国家具协会副理事长会议在吉林顺利召开

2021 年 7 月 30 日，2021 中国家具协会副理事长会议在吉林长春成功召开。中国家具协会理事长徐祥楠在会上讲话。长春市副市长宋葛龙致辞。中国家具协会副理事长张冰冰主持会议。中国家具协会副理事长兼秘书长屠祺作主题演讲。长春市农安县政府副县长李作新介绍了农安县新安合作区的营商环境、优惠政策及服务体系。Steelcase 中国区董事总经理雷震宇，北京中大华远认证中心常务副主任张剑，吉林省家具协会会长、新安国际家居产业新城总裁居朝军分别作主题分享。

### 19　衍生——2021 中国红木家具文化博览会盛大开幕

2021 年 9 月 19 日，由中国家具协会、北京环球博威国际展览有限公司共同主办的衍生——2021 中国红木家具文化博览会，在中国国际展览中心（静安庄馆）盛大开展。本次博览会是一场覆盖红木全行业的文化交流盛会，集中展示了当代红木家具产业发展成果。中国工艺美术大师、轻工大国工匠和行业内极具影响力的代表：杨波、伍炳亮、陈达强、包天伟、吴腾飞等的收藏级作品精彩展出。中国家具协会传统家具专业委员会主席团主席和行业代表企业集中参展，汇聚元亨利、伍氏兴隆、番禺永华、艺尊轩、东成、太兴、大清翰林、明堂红木、泰和园、中信、太和木作、懋隆等众多国内红木家具知名品牌。各大品牌多年珍藏的获奖佳作以及近期的最新力作亮相博览会，从不同维度展现当下红木产业发展的优秀成果，让本届博览会在艺术收藏与设计鉴赏方面，拥有了足以代表行业水准的高度。与此同时，博览会首次打造红木家具产业集群展，

大会通过了销售商委员会的组织机构及工作条例。中国家具协会副理事长、克拉斯国际家居有限公司董事长王大为发言。大会由中国家具协会经济（国际）合作部主任、销售商委员会秘书长张婷主持。中国家具协会副理事长、东莞市家商联贸易有限公司董事长郭新文等领导嘉宾，以及政府和销售商代表等近百人出席会议。

获得了各产区政府及协会的积极响应和大力支持，共同展示当代红木家具各流派的特色魅力、家具文化和发展成就。

### 20 中国家具协会销售商委员会成立大会在北京顺利召开

2021年9月19日，中国家具协会销售商委员会成立大会在北京顺利召开。中国轻工业联合会党委副书记、世界家具联合会主席、亚洲家具联合会会长、中国家具协会理事长徐祥楠发表讲话。中国家具协会副理事长张冰冰宣读了《关于屠祺、王大为等任职的决定》。世界家具联合会秘书长、亚洲家具联合会副会长兼秘书长、中国家具协会副理事长兼秘书长屠祺作《销售商委员会工作报告》。

### 21 中国家具协会传统家具专业委员会年会暨衍生——2021中国红木家具文化发展论坛成功召开

2021年9月19日，中国家具协会传统家具专业委员会年会暨衍生——2021中国红木家具文化发展论坛在北京成功召开。中国轻工业联合会党委副书记、世界家具联合会主席、亚洲家具联合会会长、中国家具协会理事长徐祥楠发表讲话。中国家具协会副理事长，传统家具专业委员会主任、主席团常务主席，北京元亨利硬木家具有限公司董事长杨波作委员会工作报告。世界家具联合会秘书长、亚洲家具联合会副会长兼秘书长、中国家具协会副理事长兼秘书长屠祺，全国政协委员、故宫博物院原常务副院长王亚民，中国工艺美术大师、中国家具协会副理事长、上海艺尊轩红木家具有限公司董事长包天伟，轻工大国工匠、中国家具协会副理事长、传统家具专业委员会主席团常务主席、广式伍氏兴隆明式家具艺术有限公司董事长伍炳亮分别作主题演讲。中国家具协会副理事长、传统家具专业委员会主席团主席、中山太兴家具有限公司董事长李兴畅，深圳红木艺术协会荣誉会长、深圳宜雅红木家具有限公司董事长邵湘文，央视一锤定音特约专家、太和木作创始人关毅，扬州壇司令红木文化馆馆长曹林涛，广州永华红木家具有限公司总经理陈国伟，浙江上汐家居有限公司总经理吴奕玎参与论坛对话环节。

## 22 第14届沈阳国际家博会盛大开幕

2021年9月23日，第14届沈阳国际家博会在沈阳国际展览中心盛大开幕。本届展会规模达16万平方米，共呈现12大展馆，1500家企业参展。展品覆盖家居全产业链，系统展现家居各细分领域优秀企业及精品、新品，为全行业带来一场耀眼夺目、看点十足的家居盛宴。沈阳家博会成为行业高质量高水平一站式的高效交流合作平台。本届展会是一场时尚家居的秀场，新品聚集的视觉盛宴，展品中80%为2021年秋季新品，原创设计成为主流。本届展会重磅推出5大特色街区："归来"民国家具收藏展、未来办公展区、设计优物展、板材饰界、软装中心展区。展会期间，活动丰富多彩。开幕首日，"归来"民国家具收藏展之"民国家具呈现的奉天遗韵"论坛、大健康睡眠跨界峰会同期召开。展会第二日，"家具背后的文化自信"主题论坛、"风云变幻独领风骚的沈阳民国历史文化"主题论坛、"民国建筑文化与文化建筑"主题论坛、优物设计展"盛京"奖设计大赛评选、梦宝公益基金揭幕仪式等活动成功举办，多元思维碰撞智慧火花，创新思路传达前沿趋势。

## 23 全国轻工业科技创新与产业发展大会在北京顺利召开

在全国深入学习贯彻习近平总书记"七一"重要讲话精神、奋力开拓"十四五"新发展格局之际，9月25日，全国轻工业科技创新与产业发展大会在北京顺利召开。中国轻工业联合会会长张崇和出席并讲话，工业和信息化部消费品工业司司长何亚琼、国家发展和改革委员会产业发展司一级巡视员夏农、科技部高新技术司一级调研员曹学军出席并致辞。中国轻工业联合会党委副书记、中国家具协会理事长徐祥楠出席会议并为先进单位授牌。中国家具设计与制造重镇·龙江、中国特色定制家具产业基地·胜芳荣获"轻工业先进产业集群"荣誉称号，佛山市顺德区乐从镇经济发展办公室、龙江镇经济发展办公室荣获"轻工业产业集群管理服务先进单位"荣誉称号。由中国轻工业联合会、中国家具协会共建命名的产业集群：中国椅业之乡、中国竹地板之都·安吉，中国弯曲胶合板（弯板）之都·容县，中国香杉家居板材之乡·融水，中国传统古典家具生产基地·新会被隆重授牌。中国家具协会推荐参评的郑州大信家居有限公司、广州尚品宅配股份有限公司、海太欧林集团有限公司，荣获"十三五"轻工业科

中国轻工业联合会党委副书记、中国家具协会理事长徐祥楠发表讲话。嘉兴市秀洲区副区长张彬、浙江省家具行业协会副会长兼秘书长马志翔分别致辞。中国家具协会副理事长、软垫家具专业委员会第六届执行主席张冰冰向大会作工作报告。中国家具协会副理事长兼秘书长屠祺宣读《关于张冰冰等任职的决定》。大会对《中国家具协会软垫家具专业委员会工作条例》进行了修订，并根据新的工作条例进行了换届。会上举行了"科技领衔、健康睡眠"为主题的行业论坛，麒盛科技股份有限公司董事长唐国海、中国羽绒工业协会理事长姚小蔓、上工富怡智能制造（天津）有限公司总监李霞、成都八益家具股份有限公司部长冯云分别作主题演讲。本次会议同期举办软垫原辅材料、设备及备品配件展示会，三十多家企业参展。此外，与会代表参观了麒盛科技的工厂和展厅。

技创新先进集体荣誉称号；震旦（中国）有限公司高日菖、南京林业大学吴智慧、上海市质量监督检验技术研究院季飞、圣奥集团有限公司倪良正，荣获"十三五"轻工业科技创新先进个人荣誉称号。会议同期举办了"整合资源、搭建平台、融合共享、创新发展"主题论坛，就"深化集群赋能服务，促进产业高质发展"等议题进行深入沟通探讨，将进一步推动轻工行业的科技创新和高质量发展。

 中国家具协会软垫家具专业委员会第七届委员大会在浙江顺利召开

2021年10月14日，由中国家具协会主办，麒盛科技股份有限公司承办的中国家具协会软垫家具专业委员会第七届委员大会在浙江嘉兴顺利召开。

 世界家具联合会2021年会员大会成功召开

志合者，不以山海为远。新冠肺炎疫情给全球经济蒙上了一层阴影，世界家具产业面临着多方面挑战。在特殊的历史背景下，世界家具联合会于10月20日，团结各国行业领袖，共同在线召开2021年会员大会，旨在加强全球家具产业合作交流，于危机中育新机，在逆境中谋复苏，向着更高质量方向发展，共同担负起构建世界家具命运共同体的责任。世界家具联合会主席、亚洲家具联合会会长、中国家具协会理事长徐祥楠发表讲话。世界家具联合会秘书长、亚洲家具联合会副会长兼秘书长、中国家具协会副理事长兼秘书长屠祺主持会议并作秘书处报告。大会投票通过了《世界家具联合会章程》。欧洲家具产业联合会（EFIC）、印度贸易促进委员会（TPCI）、芬兰英得弗集团（INDUFOR）、巴西 Setor Moveleiro 等新会员分别在大会上进行了介绍和展示。欧洲家具制造商联合会、亚洲家具联合会、国际家具出版物联盟等会员代表发言，感谢中国家具协会作为世联会主席单位和秘书处所做的工作，坚定支持世联会和全球家具产业的发展，并围绕各国、各地区、各相关行业分享了产业情况和发展经验，希望未来在世界家具联合会的平台上开展更多合作。

26 "中意设计创新基地·家具行业高级研修班"首期"品牌建设"课程圆满结束

2021年11月25日，中意设计创新基地、中国家具协会、米兰理工大学 MIP 商学院在"中意设计创新基地·家具行业高级研修班"全球发布会上签署合作备忘录，正式推出国家级战略培训项目，旨在发挥中意两国的创新优势，通过教育培训和资源对接，打造中国家具行业高级人才队伍，推动中国家具迈向全球顶尖行列。中国家具协会理事长徐祥楠、米兰理工大学中国区副校长 Giuliano Noci 教授、米兰理工大学 MIP 商学院主席 Vittorio Chiesa 教授、中意设计创新基地副主任、清华大学教授付志勇在发布会上致辞。中国家具协会副理事长兼秘书长、中意设计创新基地·家具行业高级研修班中方负责人屠祺对中意设计创新基地·家具行业高级研修班项目进行了介绍。米兰理工大学 MIP 商学院中国关系代表 Lucio Lamberti 教授介绍了课程理念及意大利品牌经验。发布会由米兰理工大学 MIP 商学院中国发展部主任、中意设计创新基地·家具行业高级研修班意方负责人 Delia Olivetto 主持。意大利百年家具品牌 Carpanelli、第三代传承人 Angelo

Carpanelli 进行分享。11月26—28日，由中意设计创新基地、中国家具协会、米兰理工大学 MIP 商学院共同举办的"中意设计创新基地·家具行业高级研修班"首期"品牌建设"课程圆满结束。本次"品牌建设"课程为期三天，在三方合作框架下，面向中国家具行业管理者开设，邀请米兰理工大学 MIP 商学院教授、奢侈品管理国际硕士主任、巴伐利亚经济应用技术大学（HDBW）国际教授 Fabrizio Maria Pini、米兰理工大学 MIP 商学院教授、同济大学访问教授、Al Bacio 董事长兼 CEO Francesco Aimi、L&S 集团 CEO Pietro Barteselli、Luxury Living Group 驻中国代表 Marta Cognetta，以理念分析与案例讲解相结合的方式，提供前沿视野，促进中国家具企业实现品牌化、国际化、数字化转型，增强行业的全球竞争力，向更高价值链发展。

 **2021年度全国家具行业标准化工作会暨全国家具标准化技术委员会第三届三次全体委员会议成功召开**

2021年11月26日，由中国家具协会、全国家具标准化技术委员会主办的2021年度全国家具行业标准化工作会暨全国家具标准化技术委员会第三届三次全体委员会议在线上成功召开。中国家具协会理事长、全国家具标准化技术委员会主任徐祥楠发表讲话。中国家具协会副理事长兼秘书长屠祺宣读2021年度全国家具标准化先进集体和先进工作者表彰名单。上海市质量监督检验技术研究院党委书记、全国家具标准化技术委员会副主任季飞作《全国家具标准化技术委员会2021年度工作报告》。广东产品质量监督检验研究院院长、全国家具标准化技术委员会副主任陈锦汉主持会议。会议审议了全国家具标准化技术委员会《2021年度工作报告》和《2021年度财务报告》，通报了全国家具标准化技术委员会委员、观察员的调整情况。会议号召与会代表认真学习党的十九届六中全会精神，落实国家标准发展战略，推动标准运用向经济社会全域转变、标准化工作向国内国际相互促进转变、标准化发展向质量效益型转变，为实现党的第二个百年奋斗目标做出新的更大贡献，以优异成绩迎接党的二十大召开！

 **首届全国工业设计职业技能大赛在深圳圆满举办**

2021年12月16日，由人力资源和社会保障部、中国轻工业联合会主办的首届全国工业设计职业技能大赛在深圳龙华隆重开幕。此次大赛由中国轻工业联合会轻工业职业能力评价中心、深圳市龙

华区政府、深圳市人力资源和社会保障局、深圳市工业和信息化局承办,深圳市龙华区人力资源局、深圳技师学院、深圳鹏城技师学院协办。中国轻工业联合会会长张崇和致辞。深圳市龙华区委副书记、区长雷卫华致辞。中国轻工业联合会党委副书记徐祥楠主持开幕式。本次大赛共设置鞋类设计师、陶瓷产品设计师、首饰设计师、家具设计师以及无损检测员五大赛项。12月19日,首届全国工业设计职业技能大赛完成各项赛程,圆满闭幕。人力资源和社会保障部副部长汤涛出席闭幕式并宣布大赛闭幕。中国轻工业联合会会长张崇和致辞。中国轻工业联合会副会长何烨主持闭幕式。闭幕式上,深圳市人力资源和社会保障局等21家单位获得突出贡献单位奖、北京代表队等22个团体获得优秀组织单位奖,王成钢等55名选手荣获一等奖、黄波林等141名选手荣获二等奖、龚如梅等33名选手荣获三等奖。本次大赛还评选出深圳技师学院等10家冠军选手单位、禹诚等33名优秀教练以及裴继刚等15名优秀裁判员。

 **家具行业七家企业入选工业和信息化部第三批绿色设计示范企业**

家具行业是与社会生产和人民生活息息相关的行业,绿色低碳的家具产品关乎生态环境保护与人民健康安全。多年来,中国家具协会与会员企业携手各级政府部门、科研机构、大学院校,通过标准、联盟、认证、论坛等多种形式,聚合行业绿色共识,探索健康、稳定、可持续的发展路径。2021年底,工业和信息化部发布《工业和信息化部办公厅关于公布工业产品绿色设计示范企业名单(第三批)的通知》,公布了117家企业为第三批工业产品绿色设计示范企业,其中家具行业7家企业入选,中国家具协会号召广大会员企业向示范企业看齐,加快推进绿色设计与绿色制造,为推动家具行业高质量发展、建设家具强国贡献力量!

### 入选工业和信息化部第三批绿色设计示范企业的家具企业汇总表

| 序号 | 企业名称 | 细分行业（产品） | 推荐单位 |
| --- | --- | --- | --- |
| 1 | 曲美家居集团股份有限公司 | 家具 | 北京经济和信息化局 |
| 2 | 美克国际家私（天津）制造有限公司 | 家具 | 天津市工业和信息化局 |
| 3 | 江山欧派门业股份有限公司 | 家具 | 浙江省经济和信息化厅 |
| 4 | 顾家家居股份有限公司 | 家具 | 浙江省经济和信息化厅 |
| 5 | 恒林家居股份有限公司 | 家具 | 浙江省经济和信息化厅 |
| 6 | 江西卓尔金属设备集团有限公司 | 家具 | 江西省工业和信息化厅 |
| 7 | 广州诗尼曼家居股份有限公司 | 家具 | 广东省工业和信息化厅 |

# 2021年国内外行业新闻

## 产业集群再发力，发挥重要行业推动作用

产业集群是推动中国家具行业发展的一支重要力量，各地发挥传统优势、紧抓新兴机遇，通过多种平台服务企业，形成了多彩纷呈的中国家具产业集群格局。2021年，南康、海安、厚街、龙江、佛山等产业集群或举办行业活动，或实施发展规划，都取得了重要的发展成果。

◆ **南康家具秋季订货会成功举办** 10月28—30日，2021年南康家具秋季订货会在家具新中心成功举办。本次秋季订货会由中国家具协会销售商委员会和赣州市南康区政府共同主办，由南康区家具协会、南康家具新中心承办。家具订货会有6000多家家具企业参展，采取"线上+线下"，旨在拓宽南康家具的销售渠道。

◆ **中国（海安）家居艺术小镇高铁冠名列车首发** 1月20日，"中国（海安）家居艺术小镇"盐通高铁冠名列车G8354从上海虹桥站首发。借力八纵八横高铁时代，东部家具产业基地开启品牌提速之旅，不仅能够在更快更强地提升品牌曝光度上大有所为，释放更强大的品牌势能，而且随着盐通高铁正式通行，海安家具产业将积极融入长三角一体化发展，为产业高质量发展集聚更多动能。

◆ **厚街镇60家家具企业年产值同比增长** 广东省东莞市厚街镇60家规模以上家具制造企业实现工业产值79.63亿元，增加值25.80亿元，同比分别增长21.3%、17.2%。厚街镇拥有家具制造及批发零售企业约1000家，其中，规模以上家具制造企业60家；自有家具品牌2000多个，家具类有效专利达6000多件；建有各类家具原材料及家具材料配套市场10个、大型家具产品营销中心4个。

◆ **南康家具加速向5000亿产业集群迈进** 11月23日，江西省第十五次党代会在南昌隆重开幕。南康区委书记何善锦表示，南康家具产业实现逆势增长，年均增长25%，成为赣州首个突破2000亿元产值的产业集群，成为名副其实的中国实木之都、家具之都、家居之都。今后将进一步做大增量、做优存量、做活营销、做响品牌，全面提升南康家具的生产效率、产品品质和品牌价值，加速向5000亿产业集群迈进。

◆ **崇左人造板产量567.26万立方米，成品家具超10万套** 广西崇左已培育起木单板、锯材、集成材、人造板、木门、木地板、家具智能制造等多个行业。截至2021年，崇左高端家居产业企业达130家，实现产值151.46亿元，人造板产量567.26万立方米，成品家具超10万套，从业人员已有2万多人。新型建材产业规模以上企业有近50家，2021年贡献产值102.07亿元，占全市2021年规模以上工业总产值的10.9%。

◆ **顺德龙江政府将投入110.4亿元打造"中国家居名镇"** 6月3日，顺德区政府网站发布了首批市级特色小镇名单之一的佛山家居名镇的财政扶持资金使用情况，披露了佛山家居名镇的规划范围。这次文件披露

意味着投资110.4亿的家居名镇真正落地。

◆ **佛山家居名镇规划范围图公布** 根据公示，佛山家居名镇位于顺德龙江，核心区地处天湖森林公园北侧，片区范围内有亚洲国际家具材料交易中心、世博汇全球软体软装设计选材城等。佛山家居名镇规划范围图按照计划，片区首期将投入3719万元，涵盖打造家居名镇产业服务平台、家居生产性服务业商圈建设、龙江镇新华西村前进-利保人行天桥建设工程、龙江镇东涌居委会冠业路路口人行天桥建设工程、龙江镇世埠居委会龙首新路路口亚洲国际人行天桥建设工程、龙江镇朝阳工业园市政道路项目"海天路（一期）建设工程"等在内的共计九大项目。

## 家具企业扩大覆盖面，行业深化变革

随着市场竞争越发激烈，家居企业纷纷更改经营范围，一个很重要的原因就是行业的边界越来越模糊，家居企业需要通过整合家电等关联品类，在终端扩充品类，扩大单值，也可以更好地提高成交率。欧派家居子公司成都欧派已完成工商变更经营范围，新增房产租赁、电器等；金牌厨柜成立玛尼欧电器科技有限公司，金牌厨柜品牌矩阵为金牌专注高端厨柜、桔家主推衣柜、定制家居、木门，桔家云是整装品牌；还有志邦、好莱客、皮阿诺都纷纷将大家居触角涉足厨电电器、净水器等关联产业。

◆ **索菲亚发布"整家定制战略"** 12月19日，索菲亚"向新而行，索定整家"发布会在广州举行。发布会现场，索菲亚将"整家定制"楔入品牌LOGO和品牌定位，首次真正从"用户需求"的出发，从设计、环保、品质和服务等六大维度定义了整家定制，并立足索菲亚的既有优势及全球优势供应链，发布了"整家定制"新战略。2021年，索菲亚衣柜焕新出发，在首次全维定义中国整家定制的标准同时，引领中国定制家居行业正式迈入整家定制时代。与此同时，在索菲亚的推波助澜下，整家定制赛道的竞争，将从粗暴的"营销战"，升级为PK企业综合运营能力的"系统战"。对于即将迎来百亿新起点的索菲亚来说，整家定制战略或将为品牌迈入全新发展阶段开拓新局面、制造新增长曲线。

◆ **恒林股份收购厨博士** 恒林股份与厨博士、格罗利、翟麟签订收购协议，以4.8亿元的现金对价购买格罗利持有的厨博士100%股权。交易完成后，厨博士将成为公司全资子公司。这几年里，出口型家居企业大多发展得不错，但受到贸易战等多种因素影响，未来的不确定性还是比较大。这次收购厨博士，如果顺利，可以帮助恒林在精装修配套市场打开局面。恒林表示，通过厨博士在工程精装领域丰富的生产制造、施工管理经验和相关业务资源，有利于进一步拓展恒林板式定制家具业务。这就意味着，恒林转战国内市场后，成功布下一枚重棋。

◆ **尚品宅配宣布将全面转型为一站式服务整装公司** 1月底，尚品宅配公开表示，公司明确树立了自营城市要全面转型整装的目标，未来尚品宅配不仅仅是定制家具企业，也会是一站式服务的整装企业。尚品宅配还计划指导、帮助加盟渠道逐步转型整装、逐步增加整装能力、强化本地城市的长期可持续的竞争优势。未来，尚品宅配将持续加大未来面向整个家居空间数字化能力的投入，为公司的长期发展提供持续输出的动力。

◆ **欧派衣柜携手九大物业品牌探索家装消费新路径** 12月9日，欧派衣柜举办"整家定制·美家中国——欧派衣柜&地产物业创新合作暨美家高峰论坛"。期间，欧派衣柜宣布携手保利发展、时代中国、中海地产、金地集团、龙光地产、绿城中国、合景泰富、雅居乐、富力地产九大头部地产物业品牌，联合启动"中国美家创新合作"，共同商议中国美家服务合作的新路径，探讨消费者、欧派衣柜、地产物业三方共赢合作新模式。

# 家具消费持续升级，政府关注度不断提升

新冠肺炎疫情下，直播带货、跨境电商、网络营销、体验店等新消费手段进入家具行业，在以"618、双11、双12"等电商平台大促为代表的节点中，家具行业表现亮眼。另一方面，政府对家具行业消费愈发关注，包括家具下乡、市场规范、国际贸易等方面，既有实际政策支持，也有考察等调研活动。2021年，得益于消费延迟、宅经济兴起、全球居家消费提升等因素，中国家具行业销售情况取得令人满意的成绩。

◆ **顾家家居"双12"累计销售完成率达102%** 2021年"双12"（截至12月14日24:00），顾家家居累计销售完成率102%，同比去年全平台增长69%，销量第一的床品DK.180"双12"销量突破500万元。

◆ **林氏木业"618"销售额** 在"618"大促中，林氏木业全渠道累计成交额达10.6亿元，总访客数突破47644060人次，稳居全网住宅家具行业第一。

◆ **京东×尚品宅配首家线下体验店开业** 11月21日，京东×尚品宅配首家线下超级家居体验店迎来正式开业，总面积近3000平方米，涵盖了尚品宅配最新最全的产品空间、5G智能施工展示、软硬一体的设计服务等。此次落地西安的京东×尚品宅配超级家居体验中心，是双方线下合作门店的第一站。未来双方合作门店还将在广州、北京等城市陆续落地，为更多家庭开启潮流品质生活。

◆ **2021年贵州省家具类消费增长29.1%** 2021年，贵州省社会消费品零售总额比2020年增长13.7%，两年平均增长9.2%。居民生活消费较快增长。全省限额以上单位商品零售额中，建筑及装潢材料类增长31.0%；家具类增长29.1%。

◆ **共同推动家居市场规范化发展，红星美凯龙与居然之家达成战略合作** 7月3日，红星美凯龙与居然之家在北京签署战略合作协议。双方在遵循《反垄断法》《反不正当竞争法》等相关适用法律、法规的前提下，本着推动行业健康发展、更好满足消费者需求的共同目标，将在优化行业竞争环境、维护行业经营秩序、资源共享、数字化等领域展开全面合作。

◆ **再创"双11"新高，TATA木门全网成交额12.5亿** 11月12日零点，TATA木门在"双11"活动期间全网累计成交额定格12.5亿元，同比增长显著。旗下子品牌"锦上宅"入户门也有亮眼表现，累计销量突破10000樘。在参加"双11"狂欢的10年过程中，TATA木门成交额逐年攀升，向行业和市场交出了一份完美答卷，也展现出更大的进取决心。

◆ **挪威大使走进曲美家居** 11月10日，挪威驻华大使白思娜、商务参赞罗尔夫·彼得·安若夫参观了曲美家居厂区及北五环旗舰店，曲美家居董事长赵瑞海陪同参观。会谈中，赵瑞海还与白思娜大使深入交流了Ekornes旗下相关产品三年来在原有市场及中国的销售情况，同时就曲美家居在绿色环保生产和智能生产系统的投入与对方交换意见，这为曲美家居在正在实施的战略举措带来全新的思路和意义。

◆ **林氏木业进驻亚马逊，发力海外市场** 林氏木业副总裁彭涛表示，2021年林氏木业海外业务的销售目标是要同比翻番，同时增加渠道资源和流量投放，重点在亚马逊电商平台上发力。林氏木业从产品端的生产商，到仓储、报关、物流、支付、营销等服务供应商进行新一轮的调整升级，打造高效的跨境供应链和物流服务体系。具体将通过SNS线上营销，增加品牌和产品在Facebook、Twitter等线上平台曝光。此外，会加大海外广告资源的投放。据悉，2020年林氏木业开始发力跨境电商平台，目前已进驻了亚马逊美国站、德国站、英国站以及Wayfair。

◆ **国家发展和改革委员会提出要实施家具家装下乡补贴** 12月8日的国务院政策例行吹风会上，国家发展和改革委员会农村经济司司长吴晓表示，将推动农村居民消费梯次升级，"鼓励有条件的地区开展农村家电更新行动，实施家具家装下乡补贴和新一轮汽车下乡"。消息一出，家居板块应声大涨。尽管还未有具体实施细则落地，但该政策将利好家居行业。

◆ **国家市场监督管理总局发布儿童家具等六类产品消费提示** 6月

1日，国家市场监督管理总局针对儿童家具、塑胶玩具、儿童服装、书写笔、儿童用盲盒、水晶泥和假水玩具6类产品发布消费提示，支招科学选购，提示使用风险。国家市场监督管理总局提示，要确认儿童家具产品的使用年龄段，不要"超龄使用"；选择正规渠道销售、正规厂家生产、品牌信誉度好的产品；索要产品检验报告、使用说明书和安装指引，并认真阅读；观察家具的线条是否圆滑流畅，可接触的外角和边缘是否经倒圆、倒棱处理，观察家具中的孔和间隙是否会卡住孩子的手指脚趾，家具结构是否松动。

## 家具行业绿色发展取得重要成果

近年来，绿色转型成为家具行业主要的发展方向之一，随着我国"双碳"承诺逐步落地，企业积极调整产业链、供应链，减少碳排放，科学处理生产过程中的有害物质及废弃物，2021年，曲美、美克、维尚、顾家、左右、天坛等头部企业取得了一系列绿色发展成果，受到政府和社会的广泛认可。

◆ **7家家具企业入选"工业产品绿色设计示范企业"** 9月14日，工业和信息化部公布工业产品绿色设计示范企业（第三批）名单，117家企业通过评审。其中，轻工类家具领域有7家企业上榜，分别是曲美家居集团股份有限公司、美克国际家私（天津）制造有限公司、江山欧派门业股份有限公司、顾家家居股份有限公司、恒林家居股份有限公司、江西卓尔金属设备集团有限公司、广州诗尼曼家居股份有限公司。

◆ **顾家、索菲亚等多家企业入选"2021年度绿色制造名单"** 根据2021年度绿色制造工厂名单显示，家具行业有7家绿色工厂，分别是北京市龙顺成中式家具有限公司、顾家家居股份有限公司、安徽中至信家居有限公司、龙竹科技集团股份有限公司（原福建龙泰竹家居股份有限公司）、索菲亚家居股份有限公司、玛格家居股份有限公司、金牌厨柜家居科技股份有限公司。

◆ **天坛家具打造360°绿色全产业链，以整装推进发展** 12月18日，金隅天坛家具＆乐卡智能五金＆奥地利爱格＆飞美地板"共筑芯生态·智创新未来"战略合作签约仪式在金隅龙顺成文化创意产业园成功举办。天坛家具与这三家企业进行战略合作，建设天坛家居360°绿色全产业链，打造文化天坛、技术天坛、数字天坛、智慧天坛的战略目标高度契合。天坛家居360°全时全景绿色产业链，是在金隅集团全新设计的家居业态生态圈，以天坛整装拉动天坛全屋定制、天坛实木、天坛软体、天坛软装等业务协调融合发展，用新技术、新产品、新模式，满足消费者多元化、个性化家装需求。

◆ **迪欧家具集团首个光伏项目成功并网发电** 11月12日，迪欧家具集团首个分布式光伏项目顺利并网，成功发出第一度"绿电"。项目全面并网发电后，每年产生约1800万千瓦时绿色电力，将减少约14000吨二氧化碳排放。

◆ **左右沙发荣获"中国绿色产品认证"** 2021年底，左右沙发系列产品荣获绿色产品认证证书，该认证工作由北京中大华远认证中心有限公司和中国家具协会共同开展，旨在完善家具市场体系建设，增加绿色产品供给，增强中国家具行业的国际竞争力。

◆ **掌上明珠家居获重污染天气期间可不停产限产"绿色通行证"** 四川省生态环境厅公布2021年重污染天气重点行业企业绩效评级结果，掌上明珠被认定为四川省2021年重污染天气绩效评级B级企业，在重污染天气期间可不停产限产。据悉，在重点行业中，掌上明珠家居是四川省内唯一一家上榜的家具企业。

## 企业投资持续加大，全面布局海内外生产基地

头部家具企业近年来开始了全国以及全球生产布局，尤其是上市企业融资建设工作大面积开展，顾家、敏华两家企业在2021年投资力度引人注目，随着生产布局的日益完善，中国家具制造将进一步整合，促进行业资源不断聚拢。

◆ **左右家私生产基地落户南康，投资20亿元** 12月17日，江西省对接粤港澳大湾区投资合作推介会、赣州市打造对接融入粤港澳大湾区桥头堡暨"粤企入赣"投资合作推介会先后在深圳举行。江西南康区在省、市推介会上共签约2个重大项目（大自然家居高端智能制造南康基地项目、左右家私南康软体家具制造项目），总投资70亿元。其中，江西南康区领导谭晓芳作为江西南康区代表与左右家私负责人进行了现场签约。该项目总投资额20亿元，选址南康区龙华软体家具产业园，首期厂房建筑面积在10万平方米以上，年产值5亿元以上。

◆ **顾家家居拟10.37亿元投建墨西哥自建基地项目** 12月14日，顾家家居发布公告称，为落实国际化战略，加大市场辐射的深度和广度，拟使用10.37亿元投资建设顾家家居墨西哥自建基地项目。公告显示，该项目拟在墨西哥蒙特雷建设生产基地，投入包括厂房、仓库、生产设备、检测等配套设施，预计于2022年上半年开工，项目建设期为36个月，预计在2023年年中首期工程竣工投产，后期建设将根据市场需求的增长节奏，决定后期工程的开工建设时间。项目整体达纲时预计实现营业收入约30.19亿元，投资回收期（含建设期）为6.08年。

◆ **敏华控股投资50亿建设总部大楼** 4月20日下午，在惠州市政府主办的"深圳—惠州产业协同创新对接交流会"上，敏华控股董事局主席黄敏利与当地政府，正式签约了投资50亿元的敏华控股总部大楼项目。该项目位于惠州大亚湾西区，项目占地5.5万平方米，总投资50亿元，规划建设成敏华中国总部大楼。总部大楼包含商业办公、酒店、家具O2O体验展示中心、高级人才配套商务公寓，家居电子商务、金融创新服务、家居专业服务等。建成后，预计年运营收入约30亿元，年上缴税收超1.8亿元。

◆ **中源家居投资2000万美元墨西哥建厂** 10月29日，中源家居发布关于设立海外子公司投资建设墨西哥生产基地的公告。根据公告，中源家居拟通过全资子公司中源国际及香港凯茂共同出资，在墨西哥设立子公司中源墨西哥有限公司，投资建设中源家居墨西哥生产基地，该项目投资金额为2000万美元。

◆ **麒盛科技将进一步拓展海外市场** 麒盛科技墨西哥工厂于2021年投产，公司将根据订单情况逐步释放产能，公司在海外规划产能除了可以规避关税，也能缩短供应链，及时响应顾客需求，进一步拓展海外市场。

◆ **宜家投资10亿元在佛山建设华南分拨中心** 10月20日，宜家供应链华南分拨中心项目在佛山市高明区杨和镇正式动工，项目位于佛山市高明区杨和镇西江大道以南、杨西大道以东，总投资10亿元，占地面积240亩（1亩=1/15公顷，下同），是2021年广东省重点产业建设预备项目。项目计划于2023年投入运营。

◆ **顾家家居拟投资25亿建新基地** 9月11日，顾家家居公告称，为巩固华东地区的市场，提升公司在家具行业竞争力和市场占有率，公司与杭州钱塘新区管理委员会签署投资协议书，公司拟使用24.96亿元投资建设顾家家居新增100万套软体家居及配套产业项目。顾家家居在项目可行性报告中分析认为，中国家具行业在未来五到十年，必然经历大规模大范围的行业整合，大量的中小企业将被淘汰，少数优秀企业将依靠品牌、质量、服务、规模等在行业中脱颖而出，未来中国家居行业将朝着智能化、规模化、品牌化三个方向发展。

◆ **三棵树拟投资40亿元建设五大涂料及防水项目** 3月1日，三棵树发布关于公司及子公司对外投资及签订协议的公告，三棵树拟在四川、湖北、安徽三地投建五大项目，总投资额约为40.22亿元。其中，为

进一步拓展在华东地区的市场，完善公司的战略布局和产能布局，促进产能分布的持续优化，不断满足客户多元化的产品需求和全国性的供货要求，公司拟投资 83 000 万元在明光市化工集中区新建涂料生产及配套项目，计划分两期建设，用地面积 400 亩。

◆ **敏华控股将在长春投资建设东北生产基地** 继 2021 年 2 月 18 日敏华控股陕西家居智造基地项目正式开工，其东北生产基地投建被提上日程。未来几年敏华控股将在长春投资 15 亿美元，建设东北生产基地与北方销售总部。截至目前，在中国，敏华控股拥有广东惠州、大亚湾、江苏吴江、天津武清、重庆江津的五大超过 180 万平方米生产基地，并同越南平阳、波兰、立陶宛、爱沙尼亚、乌克兰等地的产业园区形成全球化十二大生产基地布局。

## 设计引领，美学营造高端生活

近年来，设计成为企业提高产品附加值、塑造品牌形象的必要因素，我国也在大力推进设计创新，带动产业转型升级，在国际舞台上提高产业竞争力。2021 年，首届全国工业设计职业技能大赛成功举办，为优秀设计人才提供展示的舞台；国际大赛上，中国作品也取得良好成绩；家具企业通过设计管理和设计合作提升产品美学价值。

◆ **首届全国工业设计职业技能大赛成功举办** "2021 年全国行业职业技能竞赛——全国工业设计职业技能大赛"在深圳成功举办。此次大赛是我国工业设计领域首次举办的国家一类职业技能大赛，分为首饰、家具、陶瓷、鞋类、无损检测五大领域。家具设计师赛项把创意设计、结构设计和产品成品制作整个过程，全部纳入技能竞赛中；要求选手在 17 小时之内，比拼理论、设计、制作各环节的能力；共有 50 多个评分标准点，将设计作品实物化呈现。

◆ **梦洁家纺聘任 LV 前设计总监，冲击高端市场** 梦洁董事长姜天武表示，未来梦洁将进入三年战略变革期，从产品升级、渠道升级、运营升级、传播升级四个维度开启全新战略布局，聚焦高端床上用品，稳扎稳打前进，业绩增量可期。聘任 LV 前设计总监 Vincent Du Sartel，为其冲击高端市场铺路。

◆ **慕思沙发与 Pantone：一场色彩空间探寻之旅，看见艺术落进生活里的颜色** 8 月 29 日，慕思沙发携手 Pantone 开启色彩空间探寻之旅。在发布会现场，一款应用了全新品牌色"慕思 CALIASOFART 红"的贝鲁吉诺沙发惊艳亮相。这款沙发的设计灵感源自文艺复兴时期的画家贝鲁吉诺，其作品追求精致与美的和谐；而设计师又赋予这款沙发舒适的工艺设计，美学与舒适完美相融，搭配低调优雅的"慕思 CALIASOFART 红"，意式简奢气质迎面扑来，为家居空间注入一份沉稳与安心，仿佛不经意间寻找到一处舒适的港湾。而高端设计师渠道——知识宇航家设计师代表和慕思沙发品牌代表举行的合作授牌仪式，更是将本次发布会推向了高潮。慕思沙发将从专业度质量、IP 活动打造、多元化资源以及定向化渠道加速发展，未来必将共同书写艺术人居新篇章。

◆ **"定艺生活，向美而居"美克家居 A.R.T.2021 设计师中国之旅再写新篇** 2021 年秋季，以"定艺生活，向美而居"为主题的美克家居 A.R.T.2021 年设计师中国之旅盛赫启程，带着全新的产品设计、艺术理念、生活美学思潮巡礼合肥、广州、成都、杭州、重庆等全国 14 个城市，以艺术精神审视世界，构建向美生活。从 2016 年起，美克家居 A.R.T. 设计师中国之旅已连续举办 6 年，并逐渐树立起强大的家居文化 IP，为消费者带来全新的生活方式理念及富有仪式感的家居生活。时至今日，A.R.T. 品牌旗下超 300 家品牌门店已经遍及中国 200 多个城市，总面积超过 30 万平方米，成为家居艺术文化的行业领航者。

◆ **"设计上海"2021 盛大开展** 6 月 3 日，亚洲领先国际设计盛会"设计上海"于上海世博展览馆隆重开展，将为设计领域从业者和社会各界带来为期4天的世界一流水准的设计盛会。第八届"设计上海"以"再生设计"为主题,从八大主题版块、"科勒精选·设计上海"设计论坛、创新工作坊,以及各类现场设计活动等维度,向公众展现"再生设计"时代下设计力量所创造的美好生活革新。2021年"设计上海"继续扩大逾25%的展览面积,汇集来自全球逾30个国家和地区的400多个国内外高端设计品牌和独立设计师作品。

◆ **穆德设计成为2021美国IIDA国际室内设计大奖中国唯一获奖设计企业** 7月,著名的国际设计大奖IIDA Interior Design Competition(IIDA国际室内设计大奖赛)公布了本届的获奖作品,MOD穆德设计凭借作品"恒邦双林·峨眉高桥小镇售楼处"荣获IIDA全球唯一销售中心大奖。据悉,IIDA室内设计大赛奖项历来以公开、公正、严苛著称,每届大奖赛均从全球数以千套的设计作品中臻选,最终入围12套作品,并在12套作品中评选6套最终优胜作品。MOD穆德设计成为本届唯一获奖的中国设计企业。

## 智能家居新布局,打造美好生活

随着华为、小米、阿里等互联网企业渗透人们的室内家居生活,智能家居成为家具行业的新兴竞争领域,既有接入华为HiLink生态圈的融合式发展,也有强强联手的生态搭建战略,为便利消费者生活的方方面面提供了多样化的解决方案。

◆ **东易日盛全资子公司5000万元设立子公司,深化布局智能家居** 5月17日,东易日盛发布了关于全资子公司对外投资设立子公司并完成工商注册登记的公告。基于公司业务发展需要,为进一步增强智能家居业务的整体服务能力,东易日盛家居装饰集团股份有限公司全资子公司东易日盛智能家居科技有限公司使用自有资金在山东省枣庄市设立全资子公司"东易日盛智能家居科技(枣庄)有限公司"。

◆ **华为深入布局"未来家"全屋智能方案** 10月22日,华为在HDC开发者大会上发布了基于鸿蒙系统的升级版"1+2+N"华为全屋智能解决方案,通过全新的底层逻辑及思路,为智能家居品牌、行业产业链以及诸多的用户提供了一种全新的家居空间发展方向,让全屋智能能够以更简单的方式走进人们生活。目前,华为在包括北京、长沙、成都、武汉、南京等全国多个城市布局了全屋智能家居线下体验门店,让用户能够更方便的体验华为全屋智能解决方案带来的家居生活体验提升。

◆ **喜临门携手华为推出首款老年智能床垫** 喜临门旗下新品智能关怀垫(GHD-C20A),正式在华为商城(VMALL)上线众测。此款新品床垫提供了老年智能睡眠关怀解决方案,在接入HUAWEI HiLink生态基础上,通过智慧卧室终端为老年用户提供最新的智能睡眠关怀场景,全方位满足老年群体的睡眠需求。截至目前,喜临门已有300多家线下网点入驻HUAWEI HiLink生态接入产品,真正落地实现并让消费者切身体会到智能睡眠场景。

◆ **海尔北京首家三翼鸟001号店在望京开业** 5月22日,海尔宣布北京首家三翼鸟001号店在望京开业。这是自2020年9月11日海尔智家在北京发布了三翼鸟品牌后,又一象征着海尔集团从家电品牌向场景品牌以及物联网时代的家庭生活解决方案供应商转型升级的标志。

◆ **苏宁、国美"家居家装"战场角逐升级** 家电、家居、家装一体化是两大零售巨头公认的战略发展方向。虽然两家都以厨房板块为核心,整合家装供应链,并大力投入智能家居,但是苏宁是围绕其定位之一"全渠道平台商"的角色来经营商户。在线上开通"家装频道",引进家装企业入驻,并为装企提供引流及相关服务。除装企外,还引入家装建材品牌商。而国美在确定"家·生活"战略后,重点打造的是自己面向C端的供应链体系、融合了家居生活空间的体验式、场景化门店体系、到家服务体系等。

## 智能制造继续深入，企业现代化进程加速

在我国人口红利下降、生产成本上升等一系列因素影响下，智能制造成为家具企业保持市场竞争力的重要战略方向，融合大数据、物联网、人工智能等生产实践越来越普遍，尤其在定制企业中更为广泛。2021年，工厂智慧升级以及新建智能工厂更为企业所偏重，麒盛、志邦、顾家等大动作频出，率先探索行业新业态。

◆ **七家家具企业入选2021年度智能制造示范工厂揭榜单位和优秀场景名单** 工业和信息化部办公厅、国家发展和改革委员会办公厅、财政部办公厅、国家市场监督管理总局办公厅四部门公布的"2021年度智能制造示范工厂揭榜单位名单""2021年度智能制造优秀场景名单"中，家具行业共有7家企业入选，分别是曲美家居集团股份有限公司、美克国际家私（天津）制造有限公司、佛山维尚家具制造有限公司入选"2021年度智能制造示范工厂揭榜单位名单"；江苏无锡欧派集成家居有限公司、江西金虎保险设备集团有限公司、赣州市南康区城发家具产业智能制造有限责任公司、湖南梦洁家纺股份有限公司入选"2021年度智能制造优秀场景名单"。2021年度智能制造试点示范行动是落实"十四五"智能制造发展规划的重要举措，中国家具协会作为家具行业唯一的评审单位，受邀参与这次专项行动，积极推进优秀家具企业进入名单，发挥引领示范作用，助力高质量发展。

◆ **麒盛科技冬奥智能床正式上线投产，生产自动化水平可达70%** 全球电动床产品制造商麒盛科技与北京冬奥组委签约，成为北京2022年冬奥会和冬残奥会官方智能床供应商，为北京、延庆和张家口冬奥村（冬残奥村）住宿运行提供智能床及相关服务。据了解，2020年8月，麒盛科技计划总投资37亿元建设的智能产业园完成一期项目，年产200万套智能床的智能工厂正式建成投产，工厂生产线自动化水平可达70%，实现了从"中国制造"到"中国智造"的转型升级。

◆ **志邦家居南下广东，投资16亿建设清远智能基地** 6月16日，广东清远志邦智能家居生产基地正式签约落地。志邦家居计划投资16亿元，新建华南生产总部。预计项目将在2～3年内完成建设，建成后年产70万套定制家居产品。志邦家居股份有限公司总裁许帮顺表示，未来十年，志邦家居将扎根大湾区，从营销、研发、生产等方面，扩大对华南区域市场的影响，在此打造志邦智能家居华南地区生产总部、设立公司研发中心华南分部。

◆ **顾家集团与三维家合作，打造整装数字化新模式** 顾家集团与三维家就旗下家装家具一体化战略下的整装业务的系统化链路达成战略合作，旨在夯实顾家集团在家装家具一体化战略下的整装系统化、数字化能力，为顾家集团家装家具一体化战略下的整装业务扩张奠定坚实的交付体系。

◆ **敏华陕西开建家居智造基地总投资40亿元** 2月18日，陕西敏华家居智造基地已正式开工，项目总投资40亿元，预计2022年9月建成，建成后年销售收入约20亿元。该项目计划建设集研发、制造、销售和服务于一体的智能家居生产线，产品涉及多功能沙发、智能按摩椅、床垫、板式家具等高端家具及配套延伸产业。项目建成后，预计年销售收入约20亿元，新增就业岗位5000个，亩均年产值285万元。敏华陕西基地将满足快速增长的中国市场需求，弥补公司在西北地区等地的产能空缺，以及本地对沙发零件的生产需求，提升国内市场竞争力。

# 国际资讯

2021年，全球兴起家具消费热潮，带动生产同比大幅增长，同时，物流困难、原材料价格上涨、用工短缺等问题给许多国家带来了挑战。整体来看，全球家具产业格局在2021年没有显著变化，但新兴市场和发展中经济体的潜力正在凸显，成为各国在未来关注的重点地区。

◆ **美国对8国床垫征税，加拿大对中国和越南征税** 4月21日，美国正式对进口自中国、柬埔寨、印度尼西亚、马来西亚、塞尔维亚、泰国、土耳其和越南的床垫，征收反倾销或者反补贴税。其中越南税率为144.92%～668.38%，打破了中国床垫企业借道越南进入美国市场的计划，对中国的反补贴税则为97.78%。另一方面，加拿大对中国和越南的软垫家具，分别征收最高295%和101%的关税，此次反倾销、反补贴调查主要针对的是软体、智能和办公相关家具产品。

◆ **美国超三分之一的家具经销商产品库存告急** 紧张的产能、断裂的供应链导致美国家具经销商的货物库存情况不容乐观，根据今日家具战略研究中心发起的调查，近40%的家具经销商表示，他们的库存情况"紧张"或"短缺"。与此同时，美国市场和展览环境受到新冠肺炎疫情影响，改变了行业商务对接模式，产品采购链不断调整。从高点家具展快闪活动"首个星期二（First Tuesday）"，到线上展会和展厅，家具经销商和制造商开发了一系列新的商务对接模式来应对不稳定的市场情况。今日家具战略研究中心调查的家具经销商中，有近60%参与过这类新兴的行业活动。

◆ **美国高端家居巨头威廉姆斯—索诺玛2021年营收创历史新高** 2021年，美国高端家居巨头威廉姆斯—索诺玛全年总收入达到82.5亿美元，高于2020年的67.8亿美元。营业利润率同比增长超过17.6%，达14.5亿美元，摊薄后每股收益增至14.75美元（上年同期为8.61美元）。

◆ **宜家品牌的控股集团购买5500公顷新西兰农地用于林木种植** 零售巨头宜家的控股集团英格卡在新西兰购买了5500公顷农地用于森林种植，计划在未来五年陆续在3000公顷农地上完成300万株以上树苗的种植，2200公顷用于自然生长当地的灌木。英格卡集团现有美国、爱沙尼亚、拉脱维亚、立陶宛、罗马尼亚等国共24.8万公顷林地。

◆ **"美式宜家" West Elm 进军印度** 全球家居设计零售商 West Elm 已经进入印度市场，于2021年10月在信实工业集团开发的市中心高档零售商场 Jio World Drive 里开设了其在印度的第一家实体店，随后在古尔冈的 Ambience Mall 购物商场里开设了第二家店。

◆ **宜家联手洛克菲勒基金会，投资10亿美元发展绿色能源** 6月21日，宜家基金会和洛克菲勒基金会联合宣布，他们将各自出资5亿美元，共同投资一个价值10亿美元的基金平台，旨在支持印度、尼日利亚和埃塞俄比亚等发展中国家的可再生能源项目。目前，全球有8亿人无法用上电，28亿人无法获得可靠的电能。在两家基金会联合声明中称，该平台在2021年内启动，为10亿人提供可再生的电力来源，同时减少10亿吨温室气体的排放。

◆ **越南木材制品在美国市场大受欢迎** 越南家具行业依靠良好的生产优势和市场机遇，在疫情期间稳定运行，不断提升在国际市场上的地位，尤其在美国市场大受欢迎。过去的两年多时间里，美国政府对中国出口的几乎所有家具产品加收了25%的关税。在一次越南线上商业会议中，美国经销商表示，由于政府提高关税，他们开始寻找其他的替代供应商，越南是比较好的选择。根据美国今日家具网站数据，2020年越南对美国家具出口额达到74亿美元，同比上升31%。如今，美国市场上的大多数卧房家具、厨房家具、办公家具由越南供应。

◆ **越南家具业瞄准澳大利亚市场** 根据越南《新报》4月19日报道，在澳大利亚人专注于购买房地产和修复房屋的背景下，越南企业正在促进相关产品的出口。越南驻澳大利亚经商处表示，澳大利亚的建筑和材料市场正在蓬勃发展，部分原因是政府的经济复苏计划。经季节性调整的住房总数增长了 18.6%，达 51055 套。新开工的私人住房项目增长 26.6%，达 33761 套，而其他私人的住房项目也增长 4.1%，达 16049 项。已完工的住房总金额增长 0.1%，达 294 亿澳元（约 227 亿美元）。因此，在澳大利亚人急于购买房屋的情况下，预测房屋维修、装修和完善等项目也会增多。越南驻澳大利亚经商处上周已与企业和协会合作，以进一步促进建筑材料、装饰品、家具、外墙漆、花园用品的出口。目前，越南对澳大利亚相关产品的出口强劲增长，其中木材和木制品增长 34.4%。

◆ **越南 2021 年木制品和家具出口达 145 亿美元**　尽管越南 2020 年受新冠肺炎疫情影响严重，但 2021 年越南木材和林产品出口预计达到 156 亿美元，比 2020 年增长 18%。其中，木制品及家具出口价值高达 145 亿美元，比 2020 年增长 17.2%。越南木材和林产品 2020 年共出口到 140 多个国家和地区，主要市场为美国、日本、中国、欧盟和韩国，出口总额估计为 139.8 亿美元，占越南林产品出口总额的 89.5%。

◆ **南非 2021 年家具行业概况**　南非家具制造业包括数家大型具有完整产业链的企业，但剩余 90% 以上的企业为中小型企业。南非低迷的经济情况导致消费者支出主要集中在必需品上，南非家具计划（SAFI）显示，随着当地家具需求减少，出口量下滑，南非家具制造业已收缩了长达二十多年。南非家具行业近年来出现了一系列问题，包括新冠肺炎疫情暴发、资本投资低迷、进口产品价格竞争、设计能力不足、研发投入较少、消费支出下降、技能培训缺乏、生产成本上升、中小型企业竞争困难等。而且过去一年，由于居家办公兴起，同时为满足健康安全规定，南非企业减少了办公场所面积，从而调整了家具采购预算。

◆ **进口二手家具横扫非洲市场，加纳家具人呼吁政府禁止**　受新冠肺炎疫情的影响，非洲家具行业十分低迷，不仅生产投入成本高，惠顾率低，许多家具企业也不堪重负，纷纷倒闭。近日，为保护当地家具行业的发展，数十家加纳（非洲西部国家）家具制造商已呼吁政府禁止进口二手家具。目前，加纳的家具行业资金流动十分困难，并且家具企业同银行签订的贷款利息越来越高。家具企业的大多数顾客都来自酒店业、娱乐业等。然而，由于酒店业和娱乐业也十分不景气，导致他们也不再进行家具和其他手工制品的定期更换。除此之外，生产材料成本的增加也是个大难题。

◆ **意大利托斯卡纳推出线上交易平台**　意大利托斯卡纳是欧洲文艺复兴的发源地，几百年来这里汇聚欧洲乃至世界的能工巧匠，一直是传统的手工艺生产中心。很多闻名世界的奢侈品品牌源自托斯卡纳，产自托斯卡纳的家居产品也总是每年米兰国际家具展上受公众追逐的目标。受新冠肺炎疫情影响，许多正常的展会被迫中断，这给供需双方的业务带来了很大的影响，为了恢复和促进托斯卡纳商家与贸易伙伴的商务往来，意大利对外贸易委员会和托斯卡纳大区联合推出了一个联结供需双方的交易平台。

◆ **欧洲软体家具行业依靠创新不断提高竞争力**　根据意大利工业信息中心（CSIL）数据，欧洲软体家具产值达 140 亿欧元，在过去十年里增长了近 10%。欧洲软体家具企业致力于在消费者购买每一款产品时，提供尽可能多的个性化选择，通过不同的颜色、面料、风格、功能等贴近个人需求。能够适应消费者变化的生活习惯和需求，给居家空间带来新意的产品是市场的趋势，这一趋势在疫情期间有所加强。另一个产品创新的方向是产品的可回收利用和可持续性，设计出耐用不过时的家具是实现循环经济的重要途径，这为创新公司带来了挑战，也带来了机遇。

◆ **埃及海关采用 ACI 预登记系统**　为提升政府服务电子化水平，更好履行世贸组织《贸易便利化协议》，埃及推出货物预登记系统（Advance Cargo Information, ACI），作为该国外贸促进统一窗口（Nafeza）的重要组成部分，用于货运登记注册，该系统已于 2021 年 10 月 1 日正式启用。

◆ **世界家具行业展望**　当前，全球经济复苏水平高于预期，尤其是欧洲和亚洲形势良好，据意大利工业信息中心（CSIL）初步预测，2021 年世界家具产值将超过 5000 亿美元，其中，一半以上由亚太地区贡献。2021 年，世界主要家具生产国依次为中国、美国、德国和意大利。过去十年中，国际家具贸易增速高于生产增速，尽管 2020 年受新冠肺炎疫情影响贸易有所停滞，但 2021 年明显回弹，未来两年将继续保持增长，潜在风险主要集中于供应链和物流两个方面。从全球来看，家具产品主要由中国、越南、波兰、德国和意大利等国销往美国、德国、法国、英国和荷兰等地。

◆ **新加坡家具工业理事会开放首个电商采购平台**　新加坡家具工业

理事会创新性加快行业电子化进程，推出 Creative-Space.com 网络平台，新加坡文化、社区及青年部部长，贸易与工业部部长 Low Yen Ling，新加坡家具工业理事会会长 Mark Yong，Creative-Space.com 委员会主席 Phua Boon Huat 出席平台发布仪式。近年来，一些新加坡家具企业已经开始尝试线上渠道，但是买家基础有限，流量较小。此次新加坡家具工业理事会推出的电子采购和电子市场平台，吸引了 20 多家家具生产商和出口商加入，理事会希望未来能有更多的品牌加入进来，第一年的目标是邀请东盟国家的设计师和生产企业展开对接，营造良好的商务生态。

◆ **知名家具企业赫曼·米勒并购 Knoll** 赫曼·米勒公司与 Knoll 公司的并购交易于 4 月 19 日宣布，预计将于 2021 年第三季度结束。交易完成后，赫曼·米勒股东将拥有合并后公司约 78% 的股份，Knoll 股东将拥有约 22% 的股份。

◆ **韩国高端卫浴品牌迎上市潮** 随着韩国卫浴市场进入狭窄的增长轨道，汉森卫浴、LX Hausys、Livat 等专注卫浴的高端品牌如雨后春笋般陆续上市。由于大流行延长，卫浴产品需求快速增长，市场规模从 2006 年的 2.8 万亿韩元（约 155 亿元人民币）增长到 2021 年的 5 万亿韩元（约 277 亿元人民币）。

◆ **澳大利亚线上家具销售额保持上升趋势** 以往澳大利亚经销商主要从海外进口家具，由于新冠肺炎疫情导致国际物流延迟，工厂停产，其他国家的货物供应减少，刺激了澳大利亚本地生产的家具扩大市场份额。但随着互联网的普及和消费者对网络购物信任感的增强，促进了澳大利亚线上家具销售的快速增长，在未来五年的年均增长率将达到 12.3%。不过，随着参与的竞争者不断增多，产品价格将逐渐降低，压缩了店铺的利润空间。

◆ **巴西家具在海外市场的份额情况** 截至 2021 年，巴西家具累计出口量同比增长，表现出较强的国际竞争力。分品类看，木质家具占比最大，主要销往美国、智利、英国。排在第二位的是软体家具，其余主要包括铁质家具和床垫。整体来看，美国仍是巴西最大的出口市场，其次是智利，不过巴西在波多黎各的市场份额增速最快，但与其他国家相比仍然不高，巴西将有进一步的增长空间。

◆ **邱耀仲先生连任马来西亚家具总会总会长** 12 月 20 日，亚洲家具联合会会员单位马来西亚家具总会在吉隆坡成功举行新一届理事（2021—2023）就职宣誓典礼。新一届理事都希望马来西亚家具总会能够秉持当前的计划和倡议，继续争取进一步的成功，为家具业服务和奋斗。

◆ **宜家在美国推出二手家具回购和转售服务** 宜家在美国试点推出二手家具回购和转售服务计划，尔后取得良好的用户体验反馈，并证实该计划具有可行性。该计划仅适用于已完成组装且功能齐全并且个人使用过的二手宜家家具，不接受经过修改组装的产品。此外，任何属于宜家召回的产品也不包括在内。

◆ **美国恢复部分中国进口商品关税豁免** 美国贸易代表办公室发布声明，宣布重新豁免对 352 项从中国进口商品的关税，该新规定将适用于在 2021 年 10 月 12 日至 2022 年 12 月 31 日之间进口自中国的商品。豁免关税清单有：

| 序号 | 关税清单 | 序号 | 关税清单 |
| --- | --- | --- | --- |
| 1 | 木制框架的软垫座椅（藤条、柳条、竹子或类似材料制成的椅子除外） | 9 | 用于折叠椅基座的由金属和橡胶制作而成的组件 |
| 2 | 用于宗教礼拜场所的可堆叠的软垫金属椅 | 10 | 金属椅架，每个都有一体式书架，可堆叠 |
| 3 | 带有金属框架的未组装软垫椅子及未组装无软垫椅子（住宅椅子除外），其座椅和椅背的外壳为塑料或木材 | 11 | 固定式、手持式、可调节高度或其组合的塑料淋浴头，以及此类淋浴头的部件 |
| 4 | 儿童安全座椅的零部件 | 12 | 婴儿床衬垫 |
| 5 | 胶合板椅子的半成品部件，包括扶手、椅身和椅腿 | 13 | 专为床褥和枕头设计的针织聚酯织物防尘罩 |
| 6 | 金属和高压层竹制压板的住宅家具（不包括儿童家具或儿童用的床架、熨衣板） | 14 | 棉质枕套 |
| 7 | 钢或铝制框架的可折叠桌子，桌面为铝制 | 15 | 金属框架上的织物灯罩 |
| 8 | 铸铝的长凳框架 | | |

# PART 4

# 数据统计 Statistics and Data

# 全国数据

### 2021年家具行业规模以上企业营业收入表

| 行业名称 | 2021年营业收入（亿元） | 2020年营业收入（亿元） | 增速（%） |
|---|---|---|---|
| 家具制造业 | 8004.58 | 7052.37 | 13.50 |
| 其中：木质家具制造业 | 4621.31 | 4115.95 | 12.28 |
| 竹、藤家具制造业 | 99.25 | 90.32 | 9.89 |
| 金属家具制造业 | 1784.27 | 1547.31 | 15.31 |
| 塑料家具制造业 | 108.22 | 87.14 | 24.19 |
| 其他家具制造业 | 1391.53 | 1211.65 | 14.85 |

### 2021年家具行业规模以上企业出口交货值表

| 行业名称 | 2021年出口交货值（亿元） | 2020年出口交货值（亿元） | 增速（%） |
|---|---|---|---|
| 家具制造业 | 1826.30 | 1626.00 | 12.32 |
| 其中：木质家具制造业 | 655.49 | 601.17 | 9.03 |
| 竹、藤家具制造业 | 31.97 | 25.76 | 24.10 |
| 金属家具制造业 | 660.25 | 573.07 | 15.21 |
| 塑料家具制造业 | 44.19 | 34.13 | 29.48 |
| 其他家具制造业 | 434.42 | 391.87 | 10.86 |

### 2021年规模以上企业主要家具产品产量表

| 产品名称 | 2021年产量（万件） | 2020年产量（万件） | 增速（%） |
|---|---|---|---|
| 家具 | 111993.72 | 98228.04 | 14.01 |
| 其中：木质家具 | 38002.12 | 33311.56 | 14.08 |
| 金属家具 | 48566.48 | 41253.44 | 17.73 |
| 软体家具 | 8566.44 | 8071.33 | 6.13 |

## 2021年家具商品出口量值表

| 出口商品名称 | 出口量（万件） | 2020年同期出口量（万件） | 出口量同比（%） | 出口额（万美元） | 2020年同期出口额（万美元） | 出口额同比（%） |
|---|---|---|---|---|---|---|
| 94011000-飞机用坐具 | 0.86 | 10.60 | -91.89 | 9453.28 | 11655.90 | -18.90 |
| 94012010-皮革或再生皮革制面的机动车辆用坐具 | 22.22 | 18.90 | 17.60 | 4550.55 | 3560.54 | 27.81 |
| 94012090-非皮革或再生皮革制面的机动车辆用坐具 | 335.92 | 272.55 | 23.25 | 20938.95 | 12873.47 | 62.65 |
| 94013000-可调高度的转动坐具 | 9627.18 | 8339.94 | 15.43 | 514976.98 | 401326.34 | 28.32 |
| 94014010-皮革或再生皮革制面的能作床用的两用椅（但庭园坐具或野营设备除外） | 8.94 | 26.78 | -66.62 | 2048.60 | 2948.63 | -30.52 |
| 94014090-非皮革或再生皮革制面的能作床用的两用椅（但庭园坐具或野营设备除外） | 677.56 | 596.09 | 13.67 | 64848.98 | 61835.67 | 4.87 |
| 94015200-竹制的坐具 | 169.03 | 102.33 | 65.19 | 2348.12 | 1330.68 | 76.46 |
| 94015300-藤制的坐具 | 8.00 | 5.21 | 53.61 | 377.69 | 188.93 | 99.91 |
| 94015900-柳条及类似材料制的坐具 | 8.68 | 7.66 | 13.32 | 1099.69 | 966.61 | 13.77 |
| 94016110-皮革或再生皮革制面带软垫的木框架坐具 | 1019.19 | 948.78 | 7.42 | 252255.25 | 201057.12 | 25.46 |
| 94016190-非皮革或再生皮革制面带软垫的木框架坐具 | 8085.64 | 7135.49 | 13.32 | 729812.61 | 561926.27 | 29.88 |
| 94016900-其他木框架坐具 | 3430.72 | 3170.36 | 8.21 | 76213.74 | 55007.97 | 38.55 |
| 94017110-皮革或再生皮革制面带软垫的金属框架坐具 | 1575.47 | 1648.46 | -4.43 | 51820.21 | 47081.98 | 10.06 |
| 94017190-非皮革或再生皮革制面带软垫的金属框架坐具 | 20578.25 | 16916.62 | 21.65 | 890413.49 | 703266.20 | 26.61 |
| 94017900-其他金属框架坐具 | 29329.63 | 23224.40 | 26.29 | 437488.75 | 309264.73 | 41.46 |
| 94018010-石制的坐具 | 1.53 | 1.27 | 20.30 | 216.65 | 184.03 | 17.72 |
| 94018090-其他未列名坐具 | 10149.59 | 8685.22 | 16.86 | 216366.11 | 169730.59 | 27.48 |
| 94019011-机动车辆用座椅调角器 | 2698.79 | 2230.02 | 21.02 | 13659.59 | 10540.24 | 29.59 |
| 94019019-机动车辆用坐具的其他零件（吨）* | 141971.69 | 106081.20 | 33.83 | 147398.13 | 111905.99 | 31.72 |
| 94019090-非机动车辆用坐具的零件（吨） | 781790.28 | 678793.78 | 15.17 | 313138.51 | 247016.18 | 26.77 |
| 94021010-理发用椅及其零件 | 563.22 | 319.94 | 76.04 | 21791.41 | 16777.62 | 29.88 |
| 94021090-牙科用椅及其零件；理发用椅的类似椅及其零件 | 1466.35 | 573.10 | 155.86 | 5291.98 | 3081.98 | 71.71 |
| 94029000-其他医用家具及其零件（如手术台、检查台、带机械装置的病床等） | 4544.57 | 4362.87 | 4.16 | 89949.91 | 81195.36 | 10.78 |

续表

| 出口商品名称 | 出口量（万件） | 2020年同期出口量（万件） | 出口量同比（%） | 出口额（万美元） | 2020年同期出口额（万美元） | 出口额同比（%） |
|---|---|---|---|---|---|---|
| 94031000-办公室用金属家具 | 1589.96 | 1456.89 | 9.13 | 74608.71 | 66778.94 | 11.72 |
| 94032000-其他金属家具 | 40745.16 | 34879.62 | 16.82 | 1221096.82 | 1000568.57 | 22.04 |
| 94033000-办公室用木家具 | 3115.44 | 2699.56 | 15.41 | 136558.70 | 114104.74 | 19.68 |
| 94034000-厨房用木家具 | 2082.59 | 1970.46 | 5.69 | 93147.61 | 86211.08 | 8.05 |
| 94035010-卧室用红木家具 | 0.30 | 0.00 | 9042.42 | 7.62 | 3.48 | 118.89 |
| 94035091-卧室用漆木家具 | 0.16 | 0.09 | 74.89 | 26.89 | 8.90 | 202.26 |
| 94035099-卧室用其他木家具 | 3580.76 | 3306.19 | 8.30 | 292419.49 | 259703.81 | 12.60 |
| 94036010-其他红木家具 | 0.51 | 0.78 | −34.82 | 61.91 | 106.21 | −41.71 |
| 94036091-其他漆木家具 | 2.47 | 0.67 | 269.79 | 122.37 | 89.65 | 36.50 |
| 94036099-其他木家具 | 23841.30 | 19422.74 | 22.75 | 979622.55 | 722418.58 | 35.60 |
| 94037000-塑料家具 | 8474.01 | 10113.84 | −16.21 | 157871.21 | 134300.13 | 17.55 |
| 94038200-竹制家具 | 1177.57 | 888.12 | 32.59 | 17955.43 | 12932.40 | 38.84 |
| 94038300-藤制家具 | 12.61 | 5.43 | 132.26 | 355.35 | 115.36 | 208.04 |
| 94038910-柳条及类似材料制家具 | 12.98 | 10.28 | 26.26 | 362.58 | 337.92 | 7.30 |
| 39263000-塑料制家具、车厢或类似品的附件（吨） | 130015.34 | 115559.98 | 12.51 | 64049.82 | 48877.39 | 31.04 |
| 94038920-石制家具 | 150.87 | 105.19 | 43.43 | 37456.44 | 28049.68 | 33.54 |
| 94038990-其他材料制家具 | 3990.11 | 3666.80 | 8.82 | 196111.40 | 160736.48 | 22.01 |
| 94039000-家具的零件（吨） | 1554418.65 | 1374962.17 | 13.05 | 621841.98 | 489636.42 | 27.00 |
| 94041000-弹簧床垫 | 970.97 | 1001.54 | −3.05 | 85150.61 | 80010.52 | 6.42 |

注：*部分产品进出口按"吨"计量，而非"万件"。

### 2021年家具商品进口量值表

| 进口商品名称 | 进口量（万件） | 2020年同期进口量（万件） | 进口量同比（%） | 进口额（万美元） | 2020年同期进口额（万美元） | 进口额同比（%） |
|---|---|---|---|---|---|---|
| 94011000-飞机用坐具 | 0.70 | 0.54 | 30.99 | 13117.78 | 9395.92 | 39.61 |
| 94012010-皮革或再生皮革制面的机动车辆用坐具 | 2.21 | 1.62 | 36.63 | 1636.54 | 1255.11 | 30.39 |
| 94012090-非皮革或再生皮革制面的机动车辆用坐具 | 3.32 | 6.81 | −51.34 | 1721.77 | 2166.87 | −20.54 |
| 94013000-可调高度的转动坐具 | 19.53 | 17.50 | 11.59 | 3715.87 | 2788.03 | 33.28 |
| 94014010-皮革或再生皮革制面的能作床用的两用椅（但庭园坐具或野营设备除外） | 0.01 | 0.00 | 1525.00 | 21.54 | 1.99 | 981.03 |
| 94014090-非皮革或再生皮革制面的能作床用的两用椅（但庭园坐具或野营设备除外） | 0.11 | 0.20 | −42.52 | 55.22 | 50.70 | 8.92 |
| 94015200-竹制的坐具 | 1.43 | 1.78 | −19.77 | 29.09 | 34.44 | −15.54 |
| 94015300-藤制的坐具 | 3.26 | 3.08 | 5.84 | 155.97 | 153.21 | 1.80 |
| 94015900-柳条及类似材料制的坐具 | 0.02 | 0.61 | −96.13 | 7.10 | 7.59 | −6.36 |

续表

| 进口商品名称 | 进口量（万件） | 2020年同期进口量（万件） | 进口量同比（%） | 进口额（万美元） | 2020年同期进口额（万美元） | 进口额同比（%） |
|---|---|---|---|---|---|---|
| 94016110-皮革或再生皮革制面带软垫的木框架坐具 | 17.90 | 14.88 | 20.32 | 14959.54 | 11223.97 | 33.28 |
| 94016190-非皮革或再生皮革制面带软垫的木框架坐具 | 35.22 | 40.61 | −13.26 | 10286.60 | 8068.46 | 27.49 |
| 94016900-其他木框架坐具 | 104.61 | 124.36 | −15.88 | 5660.42 | 5234.58 | 8.13 |
| 94017110-皮革或再生皮革制面带软垫的金属框架坐具 | 8.05 | 6.81 | 18.17 | 6205.92 | 4645.20 | 33.60 |
| 94017190-非皮革或再生皮革制面带软垫的金属框架坐具 | 16.10 | 15.40 | 4.55 | 5930.49 | 4104.93 | 44.47 |
| 94017900-其他金属框架坐具 | 58.73 | 76.40 | −23.13 | 1874.94 | 1498.91 | 25.09 |
| 94018010-石制的坐具 | 0.01 | 0.01 | −36.11 | 4.93 | 15.20 | −67.58 |
| 94018090-其他未列名坐具 | 87.42 | 109.14 | −19.90 | 5499.39 | 4793.11 | 14.74 |
| 94019011-机动车辆用座椅调角器 | 829.41 | 981.59 | −15.50 | 3901.13 | 5050.94 | −22.76 |
| 94019019-机动车辆用坐具的其他零件（吨）* | 34245.25 | 33632.60 | 1.82 | 35796.42 | 33005.38 | 8.46 |
| 94019090-非机动车辆用坐具的零件（吨） | 16409.08 | 15333.17 | 7.02 | 14729.66 | 13226.08 | 11.37 |
| 94021010-理发用椅及其零件 | 0.36 | 0.26 | 38.22 | 91.25 | 62.48 | 46.05 |
| 94021090-牙科用椅及其零件；理发用椅的类似椅及其零件 | 9.53 | 6.01 | 58.76 | 520.14 | 375.22 | 38.62 |
| 94029000-其他医用家具及其零件（如手术台、检查台、带机械装置的病床等） | 82.63 | 94.39 | −12.46 | 12063.68 | 13247.53 | −8.94 |
| 94031000-办公室用金属家具 | 15.18 | 11.64 | 30.40 | 1717.60 | 1435.85 | 19.62 |
| 94032000-其他金属家具 | 68.32 | 81.94 | −16.62 | 10175.96 | 9007.04 | 12.98 |
| 94033000-办公室用木家具 | 16.98 | 30.14 | −43.68 | 1810.99 | 2502.16 | −27.62 |
| 94034000-厨房用木家具 | 129.41 | 122.53 | 5.61 | 17137.53 | 17463.25 | −1.87 |
| 94035010-卧室用红木家具 | 4.82 | 11.74 | −58.90 | 1305.43 | 1686.98 | −22.62 |
| 94035091-卧室用漆木家具 | 0.00 | 0.00 | −55.81 | 3.27 | 5.86 | −44.19 |
| 94035099-卧室用其他木家具 | 38.73 | 44.71 | −13.39 | 14709.54 | 12393.82 | 18.68 |
| 94036010-其他红木家具 | 16.89 | 21.92 | −22.98 | 2738.16 | 3012.35 | −9.10 |
| 94036091-其他漆木家具 | 0.04 | 0.00 | 1064.52 | 9.63 | 6.58 | 46.27 |
| 94036099-其他木家具 | 331.98 | 391.85 | −15.28 | 30900.82 | 29554.65 | 4.55 |
| 94037000-塑料家具 | 40.11 | 89.33 | −55.10 | 1598.98 | 1547.72 | 3.31 |
| 94038200-竹制家具 | 0.52 | 0.30 | 70.58 | 18.64 | 9.48 | 96.64 |
| 94038300-藤制家具 | 2.74 | 1.89 | 45.10 | 61.95 | 56.74 | 9.18 |
| 94038910-柳条及类似材料制家具 | 0.00 | 0.00 | −75.00 | 0.77 | 7.49 | −89.76 |
| 39263000-塑料制家具、车厢或类似品的附件（吨） | 2925.09 | 2254.67 | 29.73 | 8281.25 | 6159.63 | 34.44 |
| 94038920-石制家具 | 1.23 | 1.13 | 9.06 | 2999.74 | 1905.09 | 57.46 |
| 94038990-其他材料制家具 | 7.96 | 13.42 | −40.70 | 3529.80 | 4567.99 | −22.73 |
| 94039000-家具的零件（吨） | 62822.68 | 63347.66 | −0.83 | 18217.76 | 16219.11 | 12.32 |
| 94041000-弹簧床垫 | 14.38 | 10.18 | 41.26 | 5584.05 | 3459.52 | 61.41 |

注：*部分产品进出口按"吨"计量，而非"万件"。

# 地方数据

2021年家具行业规模以上企业分地区家具产量表

| 地区名 | 2021年产量（万件） | 2020年产量（万件） | 增速（%） |
| --- | --- | --- | --- |
| 全国 | 111993.72 | 98228.04 | 14.01 |
| 北京市 | 402.04 | 389.05 | 3.34 |
| 天津市 | 957.94 | 840.36 | 13.99 |
| 河北省 | 7908.32 | 6982.73 | 13.26 |
| 山西省 | 6.57 | 6.39 | 2.73 |
| 内蒙古自治区 | — | — | — |
| 辽宁省 | 1819.04 | 1583.41 | 14.88 |
| 吉林省 | 74.44 | 69.18 | 7.61 |
| 黑龙江省 | 252.16 | 236.88 | 6.45 |
| 上海市 | 1485.00 | 1479.11 | 0.40 |
| 江苏省 | 6283.68 | 4957.90 | 26.74 |
| 浙江省 | 29385.47 | 26034.08 | 12.87 |
| 安徽省 | 1376.48 | 1283.43 | 7.25 |
| 福建省 | 16855.81 | 14564.70 | 15.73 |
| 江西省 | 6131.19 | 4718.73 | 29.93 |
| 山东省 | 5341.09 | 4760.90 | 12.19 |
| 河南省 | 4309.78 | 4111.82 | 4.81 |
| 湖北省 | 919.71 | 902.53 | 1.90 |
| 湖南省 | 1049.66 | 961.66 | 9.15 |
| 广东省 | 22661.35 | 19756.21 | 14.70 |
| 广西壮族自治区 | 189.60 | 209.59 | −9.53 |

续表

| 地区名 | 2021年产量（万件） | 2020年产量（万件） | 增速（%） |
|---|---|---|---|
| 海南省 | — | — | — |
| 重庆市 | 1040.93 | 808.80 | 28.70 |
| 四川省 | 2939.20 | 2995.94 | −1.89 |
| 贵州省 | 209.67 | 247.40 | −15.25 |
| 云南省 | 80.73 | 54.73 | 47.52 |
| 陕西省 | 280.15 | 228.73 | 22.48 |
| 宁夏回族自治区 | — | — | — |
| 新疆维吾尔自治区 | 33.73 | 43.79 | −22.97 |

注："—"表示该地区暂无完整数据。

# PART 5

# 行业分析 Industry Analysis

# 无界：家具行业未来趋势

世界家具联合会秘书长
亚洲家具联合会副会长兼秘书长　屠祺
中国家具协会理事长兼秘书长

培根曾经说过："黄金时代在我们面前，而不是身后"。历史虽然偶有倒退，但整体上总是螺旋上升。虽然世界过去两年因新冠肺炎疫情面临着许多挑战，但是现在，全球经济正在寻求高质量复苏，一个新的时代即将来临。本文将从四个方面探讨中国家具行业未来的发展方向。

## 一、全球化

杰克·韦尔奇曾说过："随着市场开放，国家的概念在地理层面逐渐模糊，全球化已不再是一个目标，而是必须要做的事情。"这是本文探讨的第一个趋势——全球化（图1）。

1600年，英国东印度公司成立，后来一度发展成为世界最大的贸易组织，也是经济全球化早期最突出的代表。随着交通和信息技术快速发展，全球化发展出六种成熟模式。可以从表1看到，越是复杂的价值链，发达国家参与程度越高，家具行业属于中间的加工制造类。

我国工业起步晚，人均资源水平不高，近年来，家具行业在全球化过程中，出现了一些变化：

首先，由于国内人口红利下降、自然资源收紧、市场竞争加剧，传统的出口比较优势面临挑战，这就需要行业向中高端价值链转型；其次，在一些重要的出口国，本地产业保护主义兴起，世界贸易组织治理失灵，跨境贸易出现障碍，这就需要中国

图1　全球化定义

企业做出改变,从当前单一的产品出口模式,向出口品牌、管理、技术等要素的方向转变;最后,就是新冠肺炎疫情带来"黑天鹅"式冲击,全球产业链薄弱环节问题凸显,导致原材料价格大涨、物流运转不顺畅,这要求国内提高抗风险能力。

要适应这些变化,进一步加深全球化趋势在必行,那么家具行业如何实现全球化呢?以下有两个方向值得关注:

第一,供应多元化。2021年,美国大量新建房屋,其国内出现了木材的短缺,美国作为一个传统的木材出口大国,开始大量进口木材。由于供应紧张,美国木材出口价格不断创下新高。在最严重的时候,联邦储蓄银行发布的木材价格指数一路飙升至125,是近三十年来最高水平。这对依赖美国木材的中国家具企业产生了很大的影响(图2、图3,表2)。

表1 全球化典型的六大模式对比(资料来源:世界银行)

| 价值链复杂程度 | 全球化模式 | 行业 | 出口排名前五的国家 | 显性比较优势前五的国家 |
| --- | --- | --- | --- | --- |
| 复杂 ↑ 简单 | 知识密集型商品 | 汽车、交通设备、计算机及电子器件、电气机械及设备、化学品及药品 | 德国、美国、日本、墨西哥、法国 | 斯洛伐克、日本、捷克、德国、法国 |
| | 知识密集型服务 | 研发、IT、专业技能、教育 | 美国、德国、日本、英国、法国 | 美国、日本、德国、法国、英国 |
| | 本地加工制造 | 食品饮料、金属制品、橡胶及塑料、玻璃、水泥及陶瓷、家具 | 德国、美国、荷兰、法国、中国 | 马拉维、佛得角、塞舌尔、伯利兹、科特迪瓦 |
| | 劳动密集型商品 | 纺织、服装、玩具、皮革 | 中国、孟加拉国、越南、德国、意大利 | 巴基斯坦、柬埔寨、贝宁、萨尔瓦多、毛里求斯 |
| | 劳动密集型服务 | 批发及零售、运输及仓储、旅游、卫生及社会服务、个人服务、租赁、其他 | 中国、美国、德国、日本、英国 | 百慕大、开曼岛、阿鲁巴、格鲁吉亚、博茨瓦纳 |
| | 大宗商品 | 农业、煤炭、矿物 | 俄罗斯、美国、沙特阿拉伯、加拿大、伊拉克 | 科威特、文莱、阿塞拜疆、刚果、阿联酋 |

图2 2021年美国木材出口价格指数

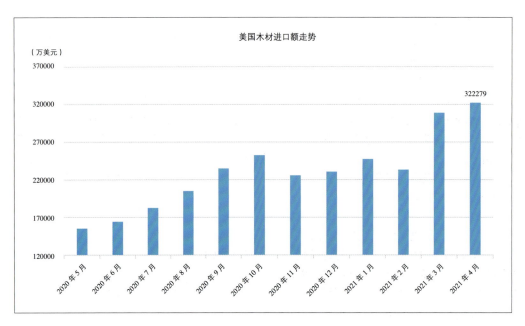

**图 3　美国木材进口额走势**

表 2　2021 年 5 月中国木材市场价格主要数据

|  | 指数（%） | 环比涨跌幅（%） | 同比涨跌幅（%） |
|---|---|---|---|
| 中国木材市场价格综合指数 | 121.9 | 0.3 | 12.5 |
| 原木 | 108.5 | 0.9 | 10.9 |
| 锯材 | 125.0 | −1.1 | 9.2 |
| 国产木材 | 105.5 | −0.1 | 7.2 |
| 　其中：原木 | 88.4 | −0.2 | 5.1 |
| 　　　　锯材 | 131.1 | 0.0 | 10.2 |
| 进口木材 | 133.6 | 0.5 | 16.3 |
| 　其中：原木 | 148.2 | 3.1 | 22.4 |
| 　　　　锯材 | 111.7 | −3.4 | 7.0 |
| 分类别 |  |  |  |
| 一、国产针叶原木 | 82.0 | 0.2 | −0.1 |
| 二、国产阔叶原木 | 89.1 | −0.2 | 5.7 |
| 三、国产针叶锯材 | 110.7 | −0.7 | −6.7 |
| 四、国产阔叶锯材 | 133.3 | 0.0 | 12.0 |
| 五、进口针叶原木 | 153.9 | 3.8 | 26.9 |
| 六、进口阔叶原木 | 118.6 | 0.0 | −1.0 |
| 七、进口针叶锯材 | 115.0 | −4.4 | 7.4 |
| 八、进口阔叶锯材 | 100.1 | 0.3 | 6.1 |

对于其他生产材料和需要国外进口的设计、技术等生产要素，都存在类似问题。这就需要企业在供应链布局时，放眼全球，利用不同国家各自的优势，实现供应多元化，提高抗风险能力。

**第二，全球化方向是开展海外经营。** 我们知道，企业经营全球化呈现三方面优势：降低成本、减少风险、扩大市场，向海外输出产能和品牌，就可以实现这些目标。

2014年，我国对外投资已经超过同期吸收外资规模，据商务部和国家外汇管理局统计，2014年我国共实现全行业对外直接投资1160亿美元，同比增长15.5%，其中金融类131.1亿美元，同比增长27.5%，非金融类1028.9亿美元，同比增长14.1%。全国对外直接投资规模与同期我国吸引外资规模仅差35.6亿美元，这也是我国双向投资按现有统计口径首次接近平衡。目前，我国已实现了资本净输出，这说明国外的生产和市场优势吸引了国内企业纷纷走出去。

近年来，家具行业也有很多对外投资的案例（表3），其中有的企业能在疫情下逆势增长，正是得益于在海外的布局。中国家具协会会员企业梦百合从2013年已经开始全球布局，通过五大工厂、海外仓储等投资项目，建立海外产业链，保持了高增长态势。

顾家、永艺、敏华等副理事长企业，都选择了在越南投资，越南近年来经济发展态势比较好，在地理位置、国际贸易协议等方面利好明显。同时，如果把视野放在全球家具产业，波兰、土耳其、墨西哥，都是具有极大潜力的地方。这些快速发展的国家，在地区市场、生产成本、贸易政策等方面都具有优势。

全球化将是中国制造业的大趋势，无论是从成本、风险，还是市场的角度来看，制定一个合理有效的全球化发展规划，都有助于企业的长期发展。

## 二、工业4.0

世界经济论坛创始人施瓦布曾说："工业4.0带来了人类历史上的深刻变革，它的潜力是前所未有的。"这是本文将探讨的第二个关键词——工业4.0（图4）。

这个概念最早是在2013年的汉诺威工业博览会上，由德国正式推出，迅速引起世界广泛重视。中国在2014年，与德国签订了《中德合作行动纲要》，就共同开发工业4.0达成若干共识，在2015年制定的《中国制造2025》中，已经把这一点纳入

表3 中国家具企业海外投资（不完全统计）

| 企业 | 投资项目 |
| --- | --- |
| 顾家家居 | 拟4.5亿元建设越南软体家具项目 |
| 梦百合 | 收购美国家具零售商MOR不超过85%股份 |
| 大自然家居 | 拟以不超过1866.2万欧元收购波兰复合地板制造商 |
| 永艺股份 | 以1506.5万美元在越南收购资产 |
| 兔宝宝 | 在柬埔寨设立工厂 |
| 北新建材 | 拟投资约1.86亿元在埃及建投装饰石膏板生产线 |
| 敏华控股 | 将工厂搬迁至越南 |
| 美克家居 | 以2600万美元增资越南木曜三公司 |
| 诗尼曼 | 与跨国集团萨莱玛签署战略合作协议 |
| 曲美家居 | 境外发行15.6亿元公司债券 |
| 恒林股份 | 以2080万美元收购越南工厂 |

人类历史上的第四次工业革命，意味着中国将在工业化与信息化同步发展的战略中，更快地促进两者的融合

图4 工业4.0 定义

| 《中德合作行动纲要》要点 | 《中国制造2025》要点 |
| --- | --- |
| • 中德两国开展"工业4.0"合作，建立中德"工业4.0"对话<br>• 更多关注未来领域，如高能效智慧能源控制、智慧家居、供水及污水处理<br>• 进一步深化两国在移动互联网、物联网、云计算、大数据等领域合作<br>• 中德将在电动汽车领域开展深度合作 | • 到2025年迈入制造强国行列<br>• 到2035年我国制造业整体达到世界制造强国阵营中等水平<br>• 到新中国成立一百年时，中国的制造业大国地位更加巩固，综合实力进入世界制造强国前列 |

图5 《中德合作行动纲要》及《中国制造2025》要点

进来（图5）。如今，中国已成为全球人工智能、云计算等工业4.0关键技术的领先者。

工业4.0常被称为智能化时代，它的核心或者说基础设施是数字技术。中国科学院院士褚君浩指出，动态感知、智慧识别、自动反应是工业4.0的先决条件。需要配套多种传感器，收集关键数据，再搭配大数据系统，进行算法设计和数字分析，最后，把有价值的结果，反馈到生产过程当中，形成闭环机制，让工厂高效运转。

本文总结了世界各国在工业4.0上的发展目标（表4），可以看到数字技术都是战略核心部分。

此外，世界经济论坛启动了名为"灯塔"的项目，他们搜集了世界上领先的工业4.0转型企业，分析成功经验。

德国西门子进行了系统性的数字工厂升级，采用智慧机器人进行生产，人工智能控制流程，算法预警设备故障，成功在产品复杂性翻倍的情况下，把产能提高40%，同时不增加电力和其他资源的成本。强生在监管严、迭代快的消费品行业，通过使用数字孪生技术、工业机器人和高科技溯源系统，把产量提高，产品研发时间缩短，销售成本降低（图6）。

在中国家具行业，有一些企业已经开始了工业4.0的探索：尚品宅配把车间机器人和来自客户、自动化物流系统的实时数据融合到一起，只增加1倍人力，而将产量增加3倍，生产率提高了40%。喜临门开发了具有完全自主知识产权的精益制造系统，建设了基于5G的工业物联网。还有很多定制企业进行了多方向的建设。

在这个过程中，"人"的转型是基础。德勤曾

表4 各国工业4.0发展目标

| 政策名称 | 国家 | 时间 | 政策目标 |
|---|---|---|---|
| "再工业化"计划 | 美国 | 2009年 | 发展陷阱制造业,实现制造业的智能化,保持美国制造业价值链上的高端位置和全球控制者地位 |
| "工业4.0"计划 | 德国 | 2013年 | 由分布式、组合式的工业制造单元模块,通过组件多组合、智能化的工业制造系统,应对以制造为主导的第四次工业革命 |
| "新机器人战略"计划 | 日本 | 2015年 | 通过科技和服务创造新价值,以"智能制造系统"作为该计划核心理念,促进日本经济的持续增长,应对全球大竞争时代 |
| "高价值制造"战略 | 英国 | 2014年 | 应用智能化技术和专业知识,以创造力带来持续增长和高经济价值潜力的产品、生产过程和相关服务,达到重振英国制造业的目标 |
| "新增长动力规划及发展战略" | 韩国 | 2009年 | 确定三大领域17个产业为发展重点,推进数字化工业设计和制造业数字化协作建设,加强对智能制造基础开发的正在支持 |
| "印度制造"计划 | 印度 | 2014年 | 以基础设施建设、制造业和智慧城市为经济改革的三根支柱,通过智能制造技术的广泛应用将印度打造成新的"全球制造中心" |
| "新工业法国" | 法国 | 2013年 | 通过创新重塑工业实力 |
| "中国2025" | 中国 | 2015年 | 通过"三步走"实现制造强国的发展目标 |

| 工厂 | 五大用例 | 影响 | |
|---|---|---|---|
| 强生消费者保健<br>瑞典赫尔辛堡<br>Johnson's 强生 | 用于产品设计和测试的3D仿真、数字孪生 | ▲ 25% | 上市速度 |
| | 协作机器人和自动化 | ▲ 16% | 毛利润提高 |
| | 基于传感器的数据收集用来进行能源管理 | ▼ 18% | 二氧化碳排放 |
| | 数字跟踪和追溯 | ▼ 15% | 销货成本 |
| | 数字化赋能的批量方行 | ▼ 90% | 劳动力成本 |
| 西门子<br>德国安贝格<br>SIEMENS | 机器人技术促进物流运营 | ▲ 50% | 劳动效率 |
| | 数字工程 | ▼ 30% | 工程措施 |
| | 人工智能驱动的过程控制 | ▲ 20% | 半成品 |
| | 基于历史和传感器数据的预见性维护数据整合 | ▲ 13% | 设备综合效率 |
| | 用于远程质量优化的高阶分析平台 | ▲ 13% | 流程质量提升 |

图6 西门子与强生灯塔案例

采访了全球四十家成功转型的企业,提出他们的一个重要的共通点是把人放在工业4.0时代的中心位置。主要包括三个方面:一是制定转型战略,考虑一线工作实际需求,实现有效的人机协作;二是统一各部门思想和行动,达成转型共识,充分发挥员工能动性;三是紧抓专业技术人才,通过校企合作、支持研发、定期培训等方式,形成稳定的人才输血机制,长期保持企业的转型优势。

工业4.0之所以可以大幅提升企业竞争力,就在于它形成了一种新的组织模式,更好地发挥出人的价值。新一代工业正在形成,提早布局才能抓住先发优势,中国家具行业需要在这一轮变革中实现弯道超车,引领全球家具制造业的发展。

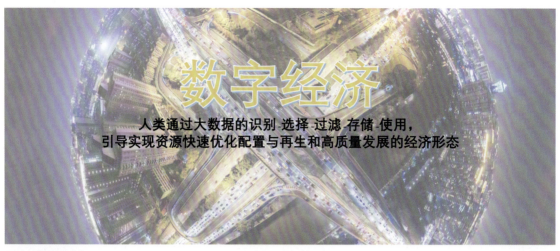

图7 数字经济定义

## 三、数字经济

2021年7月16日，习近平总书记在亚太经合组织领导人非正式会议上强调"全球数字经济是开放和紧密相连的整体"，并指出"要加强数字基础设施建设，努力构建开放、公平、非歧视的数字营商环境。"这是本文将探讨的第三个关键词——数字经济（图7）。

从20世纪起，信息产业取得了长足发展，极大地改变了人们的生产和生活方式。互联网的出现进一步推动数字技术从信息产业外溢，影响到社会的方方面面，如今一个全新的社会形态开始显现，数字经济时代已经到来。

中国信通院把数字经济的模式概括为四种（图8），根据最新测算的47个重点国家数字经济规模，2019年达到了32万亿美元。

数字产业化，是数字经济基础部分，具体包括电子、信息、软件等行业；产业数字化，是数字经济融合部分，包括传统产业由于应用数字技术，带来生产数量和生产效率提升，刚刚提到的工业4.0

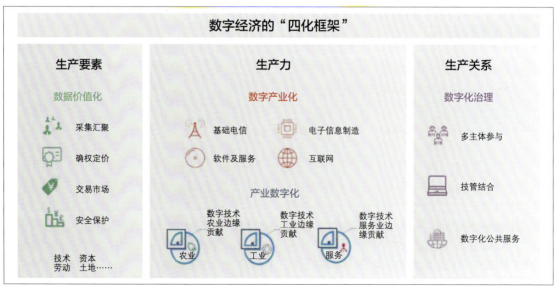

图8 中国信通院提出数字经济的"四化框架"

就是这方面的典型业态；治理数字化，主要是政府利用数字技术不断提高公共服务供给能力以及构建新型智慧城市；数据价值化，是在数据管理和数据应用方面形成产业，通过非实体的数据资源创造价值。

近年来，数字经济通过数字产业化和数据价值化为促进消费发挥了明显作用，这也是与家具行业息息相关的两个方面。

首先，数据创造了增值空间。作为重要的新生产要素，数据的有效开发可以提高产品附加值，增强企业在市场上的竞争力。电商平台和企业自建商城通过数据研究进行趋势分析，指导商品开发和广告营销的策略，从而改善了供需匹配的问题。

其次，技术提升了消费体验。数字产业的技术日益成熟，开始融合到实体行业，尤其是虚拟现实、视觉搜索、3D打印等有了广泛应用。在家具行业，酷家乐、三维家等设计软件，就是融合虚拟技术，让消费者更直观地看到产品在家中的效果，加快购买决策（图9）。同时，一些新的技术前景也很广阔，包括服务机器人、AI、自动配送等，在其他行业已经开始了尝试，家具企业应予以关注。

还有，社交颠覆了品牌渠道。随着各大社交媒体兴起，这些平台大众特点使其成为最有潜力的商业渠道，麦肯锡的一项调查显示，社交电商创造的市场在五年内出现三位数增长。品牌影响力对广告的依赖有所下降，内容输出成为一个重要趋势。例如视频博主李子柒，她在线上平台上创作出很多大火的美食制作视频，吸引大量粉丝，从而带动同名产品热销不止（图10）。

面向未来，人们生产和生活的数字化程度不断加深，数字经济也将成为企业要长期研究的课题，积极拥抱数字化，才能抓住下一个时代的机遇。

视觉搜索应用　　　3D建模布局应用

AR增强现实示意效果

图9　数字技术在家具行业的应用

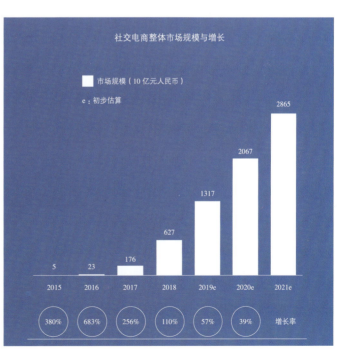

图10　社交电商规模

## 四、可持续发展

2015年联合国大会上，各国元首发表宣言："我们决心让人类摆脱贫穷和匮乏的桎梏，让地球得到治愈和保护。我们决心大胆采取迫切需要的变革步骤，让世界走上可持续的、有复原力的道路。在踏上这一共同征途时，我们保证，不让一个人掉队。"这份宣言正式开启了宏伟的全球可持续发展计划，致力于团结力量，创造平等、富裕、安全的世界。这是本文将探讨的最后一个关键词——可持续发展（图11）。

早在20世纪商业蓬勃兴起的时候，人们看到了一味追求经济增长的局限性，尤其是两次世界大战结束后，让世界深刻反思现代模式的缺陷。随着社会和自然问题愈发突出，寻求一个可持续发展的模式成为国际社会的普遍关切。

经过几十年的探索，2015年世界各国在联合国大会上共同提出可持续发展倡议，制定了十七项全球可持续发展目标。中国一直是践行2030可持续发展目标的先锋，为世界和平与繁荣做出了重要贡献，并且承诺将继续在这一方向上努力。

同时，消费者、投资者对企业的可持续效益越来越重视，在资源、就业、教育、城镇化、能源、减贫等方面，家具行业将在社会约束、法律法规等框架下面临更高要求。对环境有破坏、对社会有影响、对人类发展有威胁的企业将难以为继，满足可持续发展目标是企业未来成功的必要条件。

针对企业如何实现可持续转型，联合国提出了系统性的指导战略，主要分为五个部分，其中评估、量化、实施是核心环节（图12）。该战略旨在根据企业自身特点，将十七项可持续发展目标与公司运作相融合，从而制定合适的行动方案。需要指出，对不同的企业，十七项目标所占的比重或有不同，需要长期的探索与调整。

在我国家具行业，已经有可持续发展转型的先锋取得了初步效益。例如，曲美在2019年发布的《家居社会责任报告》中，系统性制定了可持续转型发展（图13），从公司治理到合作伙伴，再到社会公益，都有明确指标，并通过外界反馈不断完善可持续进程，在品牌和国际影响力方面有显著提升。

可持续发展是面向未来的全球战略，为创造人类共同福祉提供了明确指引。在这个充满挑战的时代，生存问题比以往更加紧迫和深刻，作为全球家具行业的重要贡献者，今天的每一位企业家，都应以超越国界、打破行业的魄力，推动世界家具业系统性的变革。

面对浩瀚深邃的宇宙，人类的痕迹，就如同最亮的那一颗星星，在沉寂的夜空中闪闪发光。站在广袤的时空维度，思考人类的进步，共同在蔚蓝色的星球上，创造更美好的家园，是全世界的奋斗目标。霍金说："过去和未来没有边界，充满无数可能。"

图11　可持续发展定义

图 12　联合国提出的可持续转型方法论

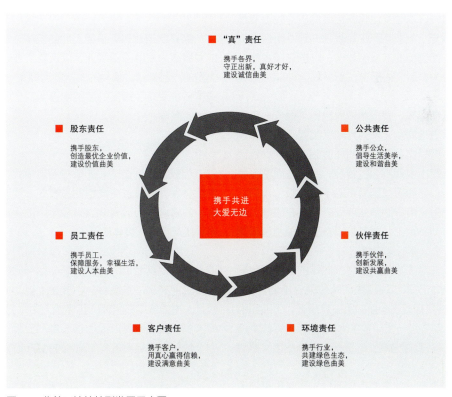

图 13　曲美可持续转型发展示意图

# 我国家具智能制造高质量发展之路

中南林业科技大学家具研究所所长、教授、博士后 陶涛

经历了三次工业革命的洗礼，制造业已经进入了智能制造的时代。工业和信息化部在《智能制造发展规划（2016—2020年）》将智能制造定义为：基于新一代信息通信技术与先进制造技术深度融合，贯穿于设计、生产、管理、服务等制造活动的各个环节，具有自感知、自学习、自决策、自执行、自适应等功能的新型生产方式。随着新一轮科技革命不断推进以及国际环境的日趋复杂，大国战略博弈下制造业的竞争不断加剧，智能制造作为新一轮工业革命的核心技术受到了各制造强国的广泛关注。美国、德国、日本等发达国家相继提出"先进制造业领导力战略""国家工业战略2030""社会5.0"等面向新一代制造业的发展战略，以信息技术赋能的智能制造为抓手，力图抢占新一轮全球制造业竞争的制高点。

改革开放以来，我国制造业经历了很长一段高速发展的历史机遇期，有力推动了我国工业化和现代化进程，但相比发达国家的先进制造水平，我国制造业还呈现出大而不强的特征，许多方面都存在明显的差距。伴随着我国消费的不断升级、人口红利的逐步消退，传统制造业转型升级迫在眉睫，在这一关键时间节点上，国务院印发了我国制造强国战略的第一个十年行动纲领——《中国制造2025》，明确智能制造是主攻方向。经过数年的发展，我国供给侧结构性改革步伐加快，两化融合不断深化，"双碳"战略目标提出的新的历史节点上，工业和信息化部等八部委进一步印发了《"十四五"智能制造发展规划》，对我国制造业的进一步发展提出了更高的要求。

作为我国制造业重要组成部分，同时也是与人民生活息息相关的产业，家具制造业在四十余年的高速增长后逐步趋于平稳。在当前买方主导、供过于求的新常态，国内大循环为主体、国内国际双循环相互促进的新发展格局，以及新冠肺炎疫情冲击的三重背景下，粗放的经营模式已难以为继，家具制造业也在不断融合与借鉴中通过数字化、网络化、智能化"并行推进、融合发展"的技术路线迅速成长，头部家具企业尤其是部分定制家具企业已经建立起了智能制造基地，展开了大量探索。

## 一、家具制造的基本特征

家具制造业隶属于轻工业的范畴，对比当前智能发展更为成熟的重工业，以及轻工业领域中其他类型的产品制造，家具的生产制造具有一系列特征，这些特征决定了家具的智能制造同其他制造业存在较大的差异。

### 1. 多种生产模式混合

相较其他制造企业的单一制造模式，家具制造企业往往同时具备离散型制造模式、混流型制造模式、网络协同制造模式、大规模个性化定制模式等多种生产模式。具体如下：

①离散型制造模式。通过原材料的物理形状改变与组装使其增值。特点是产品结构明确；生产流程按工序布局；多品种、小批量；自动化程度相对较低，主要集中在具体的工序单元中；劳动力密集。绝大多数成品家具产品的核心生产流程、定制家具中个性化程度较高的非标部件的生产过程基本都属于这种制造模式。

②混流型制造模式。通过对原材料进行混合、重组、变形等方法，以多流程、多批量的方式进行

零部件组合而使原材料增值。主要特点是：资源和技术密集；生产规模大；产品种类繁多；加工工艺路线将依照不同产品而发生显著变化；设备生产难以平衡。在家具制造业，这类制造模式体现在制材、备料、机加工、装配、涂装与包装等家具制造各环节。

③网络协同制造模式。通过互联网技术实现生产线、供应链之间的协同的制造模式。特点是：系统规模大、组成元素多；系统任务复杂；分布式特点显著；对于数据的实时性要求高。家具制造业中，网络协同体现在企业内部各不同类型零部件的专业化生产线配合、企业供应链管理等方面。

④大规模个性化定制模式。在系统思想的指导下，以整体优化的观点，充分利用企业资源，在先进制造技术的支撑下，根据客户的个性化需求，以大批量生产的低成本、高质量和高效率提供定制产品和服务的生产方式。主要特点是：专业化产品制造、模块化产品设计、伙伴化合作企业关系与网络化生产组织和管理。这种模式在家具制造业最集中的体现就是定制家具，成品家具中也有部分零部件采用这种制造模式。

在同一个家具制造企业中，这些生产模式长期并存，且彼此之间的耦合度高，带来了生产管理的难度急剧增加，构建智能制造所需的信息物理系统（cyber-physical systems, CPS）的复杂度呈几何式增长。

### 2. 细分领域差异明显

随着家具消费者需求的不断提高以及专业化程度的逐步加深，家具制造业的行业细分越来越清晰。从批量规模和标准化角度，可以划分为定制家具与成品家具；从材料与工艺的角度，可以划分为实木家具、板式家具、软体家具、竹藤家具、塑料家具、金属家具等；从使用场景角度，可以划分为民用家具（卧房家具、两厅家具等）、公共家具（办公家具、酒店家具、学校家具、展示家具等）与户外家具等；从目标用户群体角度，可以划分为儿童家具、适老家具、宠物家具等。不同细分领域的家具产品，其材料、结构、工艺、设备以及经营模式上的差异明显，因此转型升级的路径也各不相同，智能制造模式的复制难度大。

### 3. 企业规模差别较大

家具制造业总体门槛较低，因此家具制造企业的规模差别较大。头部企业原材料基地与生产基地遍布全球，生产面积数百万平方米，员工数万人，产品线数十条，技术比较先进，年产值达数十亿甚至百余亿元；数量上占大多数的中小型家具企业，仅有几个生产工厂，员工百余人，产品线3～5条，年产值数千万元；更有难以统计的作坊式、家庭式家具企业，员工不到十人，仅辐射本地市场，多采用半自动的方式开展生产加工。在如此大的规模差异面前，家具的智能制造很难形成全行业标准化的一种或多种范式，并且由于不同规模的企业经济实力、认知水平、技术实力都存在很大的差异，实现数字化、智能化必然存在先后、程度上的显著差别。

### 4. 产业分工趋势明显

与汽车制造业类似，规模以上家具制造业也逐步呈现出清晰的产业分工态势。围绕一些大型家具制造企业，或者在中小型家具企业聚集地周边都形成了专业化分工家具制造配套企业，有的技术要求较高、通用型较强的零部件甚至独立形成了一些子产业，这些企业虽然不以完整的家具作为产品，但仍然属于家具制造业的范畴，同家具制造企业存在相互依存的关系。例如家具原辅材料企业、五金企业、包材企业、设备和维修企业、设计企业、物流企业、展示销售企业等，定制家具领域更进一步析出了板材企业、饰面纸企业、压贴企业、台面企业等。这些企业与家具制造企业一同组成了家具制造产业集群，彼此之间存在错综复杂的合作关系，跨企业的协同成了家具智能制造需要研讨的关键课题。

### 5. 多重技术体系交融

传统的家具制造底层技术主要包括材料科学、家具制造工艺、家具结构、机械制造、数据分析、工业工程、物流科学、管理科学等，是一个典型的跨学科技术体系。随着新科技革命的不断推进，大量新技术赋能制造业，家具制造业的技术内涵也在传统家具制造技术的基础上融入更多计算机、数学、通信、自动化等学科门类的技术体系，技术复杂度进一步提高，在带来制造模式升级的同时，也对家具制造企业管理人员的思维方式和跨学科综合应用能力提出了更高的要求。

## 二、智能制造的困境

智能制造的概念经过三十余年的发展，其内涵已经由数字化、信息化、网络化向智能化过渡。随着整个制造业在智能制造领域的探索进入高潮，家具智能制造也在不断模仿、创新中曲折前进，取得了一些成果，也面临着许多问题。从当前家具企业智能制造实践的现状来看，主要陷入了八大困境。

### 1. 整体局限性比较大

工业和信息化部对于"智能制造"的概括，涵盖了设计、生产、管理和服务，囊括了制造系统层级与产品生命周期两个维度。相比于过去的精益生产、柔性制造等技术进步，智能制造不仅是生产技术的变革，还上升到了企业经营全过程的高度。当前家具制造业对于智能制造的理解还比较狭隘，多数企业仅仅着眼于家具的"生产制造"这一过程，忽视了智能制造与家具制造其他环节之间的关联关系，没有上升到企业战略的层面，这种理解在思维层面上制约了家具企业智能制造的发展。

### 2. 基础数据质量堪忧

如果将智能制造比作高楼大厦，基础数据就是这栋大厦的砖瓦，数据质量的好坏，直接决定了智能制造这栋大厦是否稳定。从实践情况来看，当前家具制造业在智能制造的探索过程中，对于数据质量的重视程度严重不足。这种现象集中体现在数据缺失、数据精度不足、数据时效性不强等方面。例如在自动化、柔性化程度都比较高的定制家具领域，生产路径规划已经达到工序级，甚至板件级精度的情况下，绝大部分家具制造企业进行生产调度时"加工时间"仍然沿用"平均工时"这一比较粗放的概念，极易频繁出现产线波动和拥堵现象，只能依靠增加宽放系数来提高系统的容错，严重限制了产能的实现。

### 3. 数据孤岛现象严重

家具制造业大数据类型多种多样，且来源于不同的业务流程，许多家具企业通过自建或引进的方式，根据各个环节的业务需求建立起了信息系统或数据平台，这些系统和平台在早期对于其业务范围内的生产活动的提质增效起到了明显的推动作用，但在智能制造转型的过程中也引发了严重的数据孤岛问题。据了解，一些大型家具企业所应用的各类系统和平台多达二百余个，其中大部分都自成体系。大量不同来源的平台与系统，直接造成了数据口径不一致、系统编码不统一、生产数据调用困难等一系列问题，大量的数据局限于某个系统或部门内部，无法有效组织，数据的价值体现受到了严重影响。

### 4. 数据应用能力低下

许多家具企业、软件供应商、咨询机构都采用了"电子看板"的形式，将采集到的实时生产数据以各种可视化方式在生产现场或调度中心的大屏幕上进行呈现，然而这些数据对于实际生产并未起到指导作用，实际生产现场的管理、调度与协同，还是依托车间管理人员的经验和操作人员的主观能动性。究其原因，在于软件供应商和咨询机构往往不具备家具生产的底层知识，家具企业又难以将生产逻辑转变为具有指导意义的可视化的呈现形式，导致难以对采集到的生产数据进行科学建模与分析，未能形成具有指导意义的结论从而无法支持现场进行更精细的过程管控。

### 5. 模型构建精度不足

智能制造依赖于数据驱动，数据对生产进行指导就需要依托模型。现实情况表明，无论是学界还是产业界，进行数据分析与建模时都过于理想化，考虑的因素比较单一，构建的模型拟合不足，许多分析和研究都未能充分考虑低权重因素对结果的影响，导致这些因素的量变引起了未能预估的质变；建模与分析仅仅围绕主要生产流程来开展，忽视了次要流程对主要流程的干涉作用，导致次要流程成为瓶颈。此外，低精度的数据分析与模型构建，还将造成工艺改良、精益改善、产线规划等生产活动的预先验证困难，理论研究与实际生产之间的偏差超出预期。

### 6. 人机协同问题严峻

劳动力成本日益高企的当下，通过智能制造实现少人化是家具制造业缩减人力成本的重要手段，但在当前加工设备与生产模式存在局限的现实条件下，大规模生产与定制化需求的矛盾始终难以调和，不论哪一个细分领域的家具制造，始终存在部分产品或零部件需要采用人工的方式来进行生产，也总有部分设备需要依赖人工进行现场操作。大多数家具企业在生产现场人员与设备协同、人工与自动化加工任务分配等方面都缺乏必要的研究，导致人与设备的优势都无法得到充分的发挥。

### 7. 智能装备短板明显

近年来，随着人工智能技术的不断发展，家具高端制造装备也取得了长足进步，许多新型装备能够实现工序级的自动化、柔性化生产，但从智能制造的角度来看，短板也比较明显，例如：设备内部的自感知、自学习、自决策、自执行、自适应能力还明显不足，耗材使用状态、设备工作状态、产品加工质量等监控内容有限；跨设备的信息交互难度较大，工序间难以实现数据驱动的智能调度与协同生产；智能装备的加工质量和稳定性方面，国产设备同进口设备相比还存在较大差距，国外设备供应商的商业壁垒又制约了家具智能制造体系的构建；自动化与工装设计水平明显不足，大大提高了家具智能制造实现的难度。

### 8. 制造高端人才匮乏

家具制造业实践智能制造，有赖于一批高水平、高素质、创新型、复合型专业人才，这一类人才不仅需要具备坚实的家具设计与工程专业基础，并且善于学习，不断吸收计算机科学、工业工程、通信技术、数据科学等跨学科领域前沿知识，同时还要拥有极高的实践智慧，能够实现智能制造前沿理论与家具制造实际生产力之间的相互转化。然而，在家具制造领域，这样的人才目前还相当匮乏，一方面原因是当下的家具专业教学在跨学科与实践培养方面还有待突破，另一方面的原因在于家具企业对于人才的重视程度不足，后备力量培养与人才待遇还有待提高。

上述这些困境造成了目前家具智能制造尚且停留在设备级、工序级，而无法上升到产线级和工厂级，并且智能制造相关的核心技术并没有被家具制造企业所掌握，企业得到的仅仅是多个系统供应商拼凑而成的整体解决方案，智能制造是一项持续的过程，因此一旦企业的产品、生产模式或工艺技术发生革新，前期固化下来的智能制造产线更新成本将非常昂贵。

## 三、家具智能制造的实践路径

智能制造是家具制造业在新技术革命和经济新常态下转型发展的必由之路，在全行业如火如荼地开展智能制造探索的进程中，针对当前家具企业实践智能制造中陷入的困境，可以构建起"3+1"实

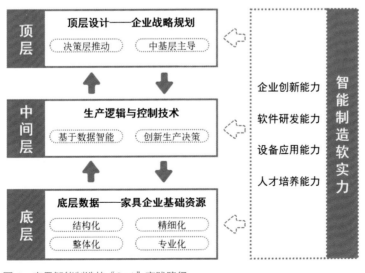

图1 家具智能制造的"3+1"实践路径

践路径。其中,"3"指的是智能制造实践路径的三个层次,即顶层、中间层与底层,"1"指代支撑智能制造的企业软实力。如图1所示。

### 1. 构建贯穿企业生产全过程的顶层设计

智能制造是今后相当长的一段时间内,家具制造业转型发展的主旋律,这种新的生产模式不仅指传统意义上的生产加工,还涵盖了设计、管理、服务等广义上的生产过程。家具企业首先要意识到,智能制造转型与升级,不仅仅是生产系统的革新,还关系到整个企业生产活动的重构,是企业最高级别的战略规划,需要统揽全局,全盘考虑,充分调动企业各项资源,因此必须由家具企业的最高决策团队大力推动,中基层管理和技术人员主导开展。顶层设计中,应当对企业智能制造系统需要涉及哪些生产环节,各业务环节之间的接口形式,数据、逻辑与应用应当达到何种目标等关键问题形成明确的思路。由于对新模式的认知是一个不断深入的过程,在顶层设计中还需要为智能制造系统的更新预留充足的扩展空间,以发展的眼光来看待新的生产模式。

### 2. 重点研究中间层生产逻辑与控制技术

相比传统制造,智能制造的核心目标是通过更精确和完整的实时数据来支撑科学决策,对生产制造过程进行科学管理。如何应用大量的基础数据对实际生产进行指导,让大数据资源转变为生产力和实际的经济效益,是家具智能制造当前需要解决的关键问题。长期以来,传统家具制造走的是以人工为主的生产模式,生产逻辑建立在管理和操作人员的经验和主观能动性之上,这种模式大多数情况下都难以适应万物互联时代下的智能制造系统,因此家具企业需要立足于数据,将互联网思维和家具生产制造的基础相结合,重新梳理生产逻辑,全面实现生产过程的数字化与网络化。在此基础上,重点研究基于数据的生产过程控制技术,以人工智能为抓手,将车间级生产运行管理推进到工序级、零件级、设备级、工人级,实现以数据智能为核心,"关联+预测+调控"的生产决策新模式。

### 3. 完善符合家具制造实际的底层数据

智能制造依赖于数据驱动,数据结构与数据质量直接决定了家具智能制造实现的可行性。针对家具制造业智能制造探索过程中暴露出来的种种数据问题,要以精细化、系统化的观念来审视企业当前的数据体系。对现有数据结构进行优化,基于家具企业生产全过程来构建完整的数据链条,完善数据项目和采集方式,并尽可能实现数据的结构化;基于人工智能对于产品工艺数据、加工过程数据、设备故障数据、质量数据、人力数据等生产基础数据进行细化,避免大量应用精度较低的平均值作为底层数据;对现有各类数据库、平台和系统中存储的数据进行全面整合,形成"数据湖(Data Lake)",从而以统一的口径实现数据的高效调用;弱化各项前台应用、BI系统的数据存储职能,重点强化前端作为操作界面的数据分析、可视化呈现以及生产过程控制能力。

### 4. 重视智能制造软实力建设

家具企业智能制造的软实力主要包括企业创新能力、软件研发能力、设备应用能力与人才培养能力四个方面。智能制造是一个长期的过程,家具企业通过外包、引进、模仿等形式,可以在短期内达到初级形态的智能制造,一旦智能制造转型向更深层次推进,要想进一步提升,无论是从技术难度还是企业核心竞争力,都需要以企业自身的软实力为基础。提升企业创新能力,是家具制造业由要素驱动、投资驱动向创新驱动转换的必然要求,也是家具企业核心竞争力的根本体现;强化软件研发能力,主要是以更高的效率、更稳定的形式实现对数据的模型化处理与生产过程管控;重视设备应用能力,实质上是通过增强智能制造所需的各类装备的研发、改进、调节与维护水平,达到提质增效的目的;全面深化高端人才培养体系,需要以产教融合为基础,建立跨学科领域、强调实践应用、循序渐进的高端人才储备与培养机制,为家具产业长远发展奠定基础。

## 四、家具智能制造的重点研究方向

家具的智能制造,除了依托合理的实践路径,还需要在技术层面取得一些突破性进展。从应用的角度来看,今后可以从以下六个方向展开深入研讨:

### 1. 家具产品制造工艺优化

建立在落后的工艺基础上的智能制造是没有价

值的，工艺优化是开展智能制造的前提条件，工艺的先进性直接决定了智能制造的成败。针对大规模生产的家具产品，需要从原辅材料、结构形式、工艺流程等方面进行技术优化，在保留产品造型和功能的基础上，使产品的生产加工过程能够适应智能制造的要求，进而超越传统生产模式制造的同类产品。

2. 家具生产过程多源异构数据采集

为了突破家具生产大数据的瓶颈，需要构建符合家具智能制造需求的基础数据架构体系，在边缘层基于各种直接或间接手段，对生产过程数据进行全面而精准的采集，打破设备之间实现通信的各项壁垒，并通过边缘计算进行数据的预处理，运用物联网实现数据完整、及时的传递。

3. 家具制造装备与生产过程数字孪生

数字孪生（Digital Twin）是以数字化的方式建立物理实体的多维度动态虚拟模型。家具智能制造是多种制造模式复合的复杂生产问题，所涉因素众多，且各因素之间耦合关系复杂，简单模型难以通盘考虑并解决此类科学问题，数字孪生技术是处理该问题的重要手段。建立家具智能制造装备与生产过程的数字孪生模型，就是为家具智能制造建立了面向服务的信息物理系统，能够为后续的其他研究和试验打下坚实的基础。

4. 家具制造过程精准调控

人工智能的快速发展为实现家具生产过程的精准调控从批次级向零件级推进提供了更多的可能，同时也为生产过程扰动现象的预测、监控、处理提供了更多的手段，依托人工智能技术对研发设计、计划调度、质量优化、运行维护、扰动监测、产线协同等管理决策过程进行深度研究，实现家具制造过程的精准控制，能够有效提高生产效率，缩减制造周期和成本。

5. 家具制造原材料高效利用

充分利用家具材料，减少原材料浪费，从宏观层面有利于家具制造业实现节能减排和"双碳"目标，有利于整个产业的绿色和科学发展；从微观层面来看有利于企业节约成本，有利于增强企业的核心竞争力，因此一直以来都是家具生产制造优化的重要方向，人工智能与物联网技术为家具材料高效利用提供了粒度更细、效果更好的规划方法，有助于家具材料综合利用率进一步提升。

6. 家具制造过程人机协作

智能制造推动家具制造向少人化发展，随着人效的不断提升，个人在智能制造系统中的作用越来越重要。有限的人力在制造过程中任务的合理分配，管理和操作人员与智能设备之间的协同配合，都需要依托人因工学研究成果来解决。这一技术的目的在于基于现实技术条件下如何通过合理的人机分工与协同，处理家具制造过程中日益加剧的规模化与个性化矛盾，推动生产过程的稳定与高效运行。

## 五、结语

智能制造是家具制造产业高质量发展的必由之路，在家具制造业广泛探索智能制造的实践过程中，面对家具企业面临的困难，在实施层面，可以通过"3+1"的实践路径来全面思考和解决问题，即构建贯穿企业生产全过程的顶层设计、完善符合家具制造实际的底层数据结构、重点研究中间层生产逻辑与控制技术、重视智能制造软实力建设。在技术层面，工艺优化、数据采集、数字孪生、精益管控、原材料利用、人机协作六个方面是家具智能制造实践的关键。站在新一轮科技革命、产业变革与我国加快高质量发展的历史性交汇点上，我们必须立足现实，着眼长远，将家具制造的基本逻辑与新兴技术进行有机融合，以创新求发展，挖掘自身潜力，推动更高水平、更高层次、更高质量的发展。

# PART 6

# 地方产业 Local Industry

# 北京市

## 一、行业概况

2021年是家具制造业推动改革转型、实现高质量发展的关键之年，受北京市首都功能定位以及新冠肺炎疫情影响，近几年北京家具行业发展趋势放缓，2020年达到低谷，2021年出现增长态势，行业发展主要特点包括留存企业数量逐步减少、高质量发展理念增强、合作共享推动业态繁荣、智能制造引领智慧家居。

## 二、行业纪事

### 1. 参与标准制定工作，引导规范发展

北京家具行业协会联合中国建材市场协会组织专家制定团体标准《适老家具通用技术要求》，预计将于2022年发布实施，此标准的出台将会规范适老家具市场，为适老家具产品的规范健康发展提供技术支撑；联合多家组织制定了团体标准《智能产品评价指南》，规定了家用和类似用途场景下的智能家电、智能硬件、智能器材、智能家居等产品的智能化水平评价方法，进一步促进产业和消费双升级，助力北京建设国际消费中心城市。

团体标准立项讨论会

### 2. 建立文化创意产业，推动绿色发展

为顺应北京建设全国文化中心、博物馆之城

2017—2021年北京市家具行业发展情况汇总表

| 主要指标 | 2021年 | 2020年 | 2019年 | 2018年 | 2017年 |
| --- | --- | --- | --- | --- | --- |
| 企业数量（个） | 299 | 324 | 450 | 880 | 900 |
| 工业总产值（亿元） | 295 | 223 | 300 | 320 | 385 |
| 规模以上企业数（个） | 35 | 35 | 50 | 50 | 59 |
| 规模以上企业工业总产值（亿元） | 168 | 117.5 | 163.7 | 185.2 | 200.3 |
| 出口值（万美元） | 15771.4 | 21509.5 | 19170.7 | 21836.9 | 21200.5 |
| 内销额（亿元） | 276.0 | 260.4 | 280.0 | 305.8 | 372.5 |
| 家具产量（万件） | 1988.8 | 1750.5 | 1948.3 | 2403.7 | 2500.3 |

资料来源：北京海关、北京家具行业协会。

等发展目标，金隅龙顺成文化创意产业园、京作非遗博物馆顺利落成面世，产业园内全面展示京作硬木家具文化及制作技艺，为龙顺成转型升级为家具文化创意型企业打下基础。同年，曲美家居顺利入选工业和信息化部第三批"工业产品绿色设计示范企业""2021年度智能制造示范工厂揭榜单位"，在绿色低碳发展与智能制造方面获得国家认可。黎明文仪获评北京市2021年度第一批专精特新"小巨人"和北京市2021年度第二批拟认定"专精特新"中小企业名单，专业化发展成就获得北京市经济和信息化局认可。

京作非遗博物馆

### 3. 北京家具行业协会换届大会召开

2022年1月6日，北京家具行业协会第九届会员代表大会暨第九届一次理事会在北京召开，大会分别听取并审议通过了北京家具行业协会第八届理事会工作报告、财务报告、监事会工作报告、章程（草案）、会费收取及管理办法，选举产生了第九届理事会会长、执行会长、副会长、秘书长、监事长、理事、监事，第九届理事会会长何法涧表示将带领第九届理事会恪尽职守，忠诚履责，为行业发展做出贡献。

第九届会员代表大会

## 三、家具流通卖场发展情况

### 1. 居然之家

2021年，居然之家入选北京市工商联"北京民营企业百强榜单"及"北京民营企业社会责任百强榜单"，品牌实力与大企担当整体显现。2021年，居然之家正处于数字化变革中，逐渐实现线上线下融合的数字化转型，打通线上售卖与线下服务的闭环。前三季度，公司营收实现97.7亿元，同比增长56.4%；净利润实现17.2亿元，同比增长87.9%。7月，集团向郑州市红十字会捐款1000万元，分公司积极配合当地政府部门实行救助工作，投身公益事业。年末，居然之家智慧物流园在天津宝坻正式开园，实现设计、施工、销售、物流配送、后端服务这一完整家居闭环链条。

### 2. 红星美凯龙

2021年，红星美凯龙获评中国消费者协会3·15"凝聚你我力量，让消费更温暖"大型社会公益活动十大优秀案例,在消费者口碑榜中拔得头筹。年中,红星美凯龙与敦煌研究院合作升级,红星美凯龙成为其独家设计战略合作伙伴,同时向全球发布设计召集令,以 2021 年 M+ 中国高端室内设计大赛为平台,全面启动敦煌莫高窟的公共空间改建工程。同时,红星美凯龙与巨量引擎&火山引擎达成深度合作,依托抖音等字节系产品的营销和技术服务平台,在用户运营、内容沉淀、场景开拓等方面探索数字化之路。

### 3. 蓝景丽家

2021 年,蓝景丽家凭借不间断的运营活动方案支持,一年间开展丰富多样的家居活动,包括家居诚品节、品质装修月、理想家居节、家居改变计划、家居嗨购节、一年一度家装改造节等,增强线上线下门店活跃度与客户黏合度。除此之外,蓝景丽家积极拥抱新零售数字领域,引入互联网家装平台——齐家·共享家装体验馆,实现实体卖场与互联网家装平台深度合作。

### 4. 城外诚家居

2021 年 4 月,城外新城入驻雄安新区,成为当地首家一站式家居购物及服务平台,为消费者提供更加全面的家居购物服务、支持和保障,响应国家号召,助力新区发展。5 月,城外诚两大新板块"五金""酒店用品"正式对外亮相,形成了以精品家具馆、家装建材馆、中式红木馆、家居饰品馆、五金交电馆、酒店用品城六大场馆为主题及 DXD 北京设计互联中心、广场独立店、特色美食城为一体的一站式家居购物及服务平台。

## 四、重点企业情况

### 1. 天坛家具

2021 年 4 月,天坛家具成为 2022 年北京冬奥会和冬残奥会官方生活家具供应商,携手北京冬奥组委、特邀嘉宾春妮公布品牌战略升级计划,全新品牌宣传语"因做好,而美好"对外发布。6 月,天坛家具迎来 65 周年华诞,天坛家具博物馆正式开馆,馆内展示了天坛家具从 1956 年创建发展至今的重要历史物件和重大历史事件,其中,展示了以 7469 椅为原型设计的 7 款新产品,以此致敬经典。

7 月,继天坛与北京林业大学共建"北林天坛家居工程联合研发中心"之后,再次探讨申请"废弃木质材料回收再利用工程技术研究中心"事宜,为国家实现"双碳"目标、践行绿色发展理念、促进高质量发展做出贡献和努力。8 月,龙顺成王府井文创复合式体验馆正式开业,以"探索的宫殿"为主题,打造文创复合式体验馆。11 月,天坛家具全新布局整装业务领域,以天坛整装品牌正式对外亮相,提供一站式装修设计服务。12 月,金隅龙顺成京作非遗博物馆正式开馆,并以此拉开第十届京作文化节序幕。

### 2. 曲美家居

2021 年,曲美家居入选北京市工商联"北京民营企业百强榜单"及"北京民营企业社会责任百强榜单",总体实力逐步增强。一年间,曲美积极承担大企社会责任,切实履行环保义务,将绿色低碳写入企业发展战略中。年初,发起以"环保·爱家"为主题的公益倡议,向市场提供更环保低碳、更节能耐用的产品,号召消费者树立正确的环保生活理念。6 月,"以旧换新"活动走进第 9 年,在"环保家·碳未来"的发布会上,曲美家居成立了"可持续环保新型材料研究中心",将新环保理念根植于产品中。7 月,北京消费季信息消费节上,曲美家居作为 11 家信息消费体验中心之一,全面向公众展示了以"家居+科技"的数字服务,包括场景化购物、智能家居样板间等。11 月,挪威驻华大使、商务参赞在曲美家居董事长赵瑞海的陪同下参观了曲美家居厂区及北五环旗舰店,见证以"挪威躺"为

曲美董事长同挪威驻华大使交谈

代表的挪威生活方式在中国的市场表现。年末，曲美家居入选工业和信息化部"工业产品绿色设计示范企业""2021年度智能制造示范工厂揭榜单位"，绿色发展与智能制造再获国家认可。

## 五、行业重大活动

### 1. 推动家居品质消费，举办2021北京消费季

为满足新消费需求，把握并适应现阶段绿色、智能和在线消费的发展大趋势，推进智能家居品质消费，在北京市商务局支持下，联合北京青年企业家协会策划并举办了2021北京消费季之智能消费节。消费节围绕场景发布、探秘体验、新品推介、产品惠购、团体标准认定五大板块，联动全市10余个重点商圈、300余家家具和电器品牌企业参与，开展百余项促消费活动，累计发放各类折扣券超过10亿元。连续5年举办的"家居品质消费"活动，规模不断扩大，为繁荣市场和促进消费带来了积极有效的影响，真正成为"有助于市场、普惠于消费者"的标杆性家居消费类品牌活动。

### 2. 加强区域交流互动，开展京津冀企业调研

2021年协会开启新一轮的家具产业园考察交流活动，邀请办公家具领域企业代表前往曹妃甸工业园区中拥有先进生产线的两大制造企业——天坛木业及傲威环亚，打开了家具产业上下游资源充分融合的共享之路，为家具研发、木材加工、生产制造等环节提供了合作的契机；走进黎明文仪总部基地召开执行会长会议，在金隅天坛召开了设计研讨会，在嘉利信得公司召开设计创新示范研讨会等，通过参观、交流、研讨等系列活动，加强民用领域与办公领域之间的深度交流合作；邀请广州市政府及广州家协领导参观考察了国家级非物质文化遗产传承单位龙顺成及北京著名古典红木家具企业元亨利，共同探寻传统非遗技艺弘扬工匠精神，为下一步跨区域协会企业的联动合作打下基础。

"北京设计+OFFICE DESIGN"办公空间展

### 3. 打造北京设计名片，助力企业开拓市场

在第47届中国（广州）国际家具博览会办公环境展上，协会推出"北京设计+"共享平台，共有11家企业加入，其中，强力家具、时代文仪、傲威环亚、柏林锐木四家企业以"北京设计+OFFICE DESIGN"联展形式参展，黎明文仪、京泰控股、嘉利信得、京师傅、富都华创、预见sitstar、谛力泰克各自独立展出。联展以新产品、新工艺展示出了办公生态的多元化，也从不同维度打造出办公空间的陈列艺术，现场人气爆棚，吸引了海量专业观众前来洽谈合作。

（北京家具行业协会　何法涧）

# 上海市

## 一、行业概况

2021年,上海市"十四五"规划将时尚产业(时尚家居)列入"3+6"重点行业,对提振上海家具制造业的信心至关重要,尤其在后疫情时期,企业克服种种困难,充分发挥主观能动性,紧紧把握时尚家居定位,让设计引领、高端定制成为上海家具行业的利好。

## 二、行业纪事

### 1. 养老家具加快发展

上海新冠美家具有限公司成立于1997年,主营业务为办公、酒店、医养家具等,后疫情时代,该公司在大项目上保持了良性循环。2021年,上海新冠美家具有限公司与华为科技展开深度合作,以"美勒森"品牌在养老家具领域,服务了泰康之家的全国社区布局。另外,太保家园成都颐养社区和当代置业成功交付。其养老家具产值达1.8亿元,占全年总产值的22%,同比增长20.3%。2021年,在技术研究和标准化建设上,作为主要起草单位,上海新冠美家具有限公司与上海市家具行业协会合作完成了团体标准《适老家具通用技术指南》,与上海市质量监督检验技术研究院合作完成了行业标准《老年公寓家具通用技术要求》。企业自主研发的"智能老年椅"也荣获了中国红棉设计奖。企业还与京东健康平台展开了合作,预示着新冠美将以"美勒森"品牌跻身智慧养老的大健康产业链。

### 2. 智能制造显著发力

上海文信家具(集团)有限公司是一家专注全屋定制、商业空间家具、系统办公家具的制造企业。2021年,上海文信家具实现产值同比上升46%,其秉承品质为先、兼顾效率的理念,逐步迈向工业4.0,从信息化、自动化升级至数字化、局部智能化,从接单到设计到销售,打通软件的数据壁垒,完成软件系统一体化,告别CAD下单时代;突破工序瓶颈的MES系统,在计划、排产、机加、分拣、

2017—2021年上海市家具行业发展情况汇总表

| 主要指标 | 2021年 | 2020年 | 2019年 | 2018年 | 2017年 |
| --- | --- | --- | --- | --- | --- |
| 规模以上企业工业总产值(万元) | 3102532 | 2769218 | 2973800 | 3272300 | 3220400 |
| 出口值(万元) | 384363 | 360760 | 509300 | 585100 | 670200 |
| 销售产值(万元) | 3097315 | 2799267 | 3038600 | 3303900 | 3231400 |
| 利润总额(万元) | 399475 | 415774 | 354800 | 398000 | 376000 |
| 税金总额(万元) | 85121 | 64300 | 64900 | 85100 | 114000 |

资料来源:上海市经济和信息化委员会。

质检、包装、齐套等方面打出了一套组合拳，并主导设计了符合自身特点的全套软件系统。2021年，上海文信家具向全国进军，完成了北京、武汉、广东、重庆工厂的建设和投产，形成了东、西、南、北、中的中心工厂布局。上海文信家具以工匠精神打造生产的每一个环节，总经理王健也在2021年获得了"上海轻工工匠"的称号。公司践行中国智造的理念，创造高效和健康的家居及办公产品，追求极致，破界新生。

## 三、家具流通卖场发展情况

### 1. 红星美凯龙

2021年，红星美凯龙自营商场实现营收同比增长20%，利润同比增长18.4%。家装业务营收连续3年保持50%以上高速增长，天猫同城站全年线上UV达1.03亿人次，带佣GMV达成率118%，全年营收目标达成率162%。2021年，红星美凯龙在全国开出智能电器生活馆104家，合作的电器品牌超1400家，成为高端电器消费首选渠道。2021年，红星美凯龙打造了"金字塔"型商场结构，陆续发布一号店、至尊Mall、标杆商场战略，并在这一年先后入选"凝聚你我力量，让消费更温暖"大型社会公益活动十大优秀案例，获得上海市场监督管理局颁发的"2020年上海市放心消费创建优秀单位"称号，拿下"全国国标五星级售后服务企业""全国售后服务行业TOP10"两项大奖。

### 2. 上海喜盈门建材有限公司

公司总部位于上海的喜盈门集团创立于1997年，专业从事建材家具广场和城市综合体项目的开发与运营管理。业态涵盖建材家具、公寓式酒店、甲级写字楼、餐饮美食、儿童游乐主题购物中心等，业务遍布全国36个城市的39个大型高端商业项目，总营业面积超500万平方米，年营业额超500亿元。以"倡导国际生活观"为理念，深耕家居产业20年。喜盈门每年主办或协办各类设计大赛数百场，引进国内外优质家居品牌达千个，开展各类家博会、新品展、体验展、线上直播近万场，全方位传递美好生活的理念和方式。2021年，喜盈门建材家具（福清）总部店、喜盈门（榆林）建材家具广场、喜盈门（龙港）建材家具广场强势开启，亲子主题业态的体验式购物中心喜盈门范城（重庆）焕新升级，开启儿童购物中心商业新纪元。

### 3. 上海莘潮国际家居

2021年，上海莘潮国际家居凭借34年丰富的家居卖场营运经验，各大商场出租率保持在95%以上，客流同比增长30%，销售额摸底增长20%～30%。上海莘潮对多店进行了硬件及软件升级，启动了店铺4.0的商场升级改造，独创了"莘管家"模式，整合了家政服务、物业维修、除螨、测甲醛等一系列服务项目，重点服务卖场周围5千米内的消费群体，锁定目标，精准施策。此外，上海莘潮启动"大商培育计划"，针对有意愿的经销商给予招商落位、活动营销、装修贴补等支持，使其快速成长，并协调品牌工厂一起孵化培育，造就了一批年轻的大商伙伴。

## 四、重点企业情况

### 1. 上海亚振家具有限公司

亚振家居历经三十年发展与沉淀，每一步都走得踏实而坚定，回顾2021年，亚振秉持"追求卓越，永无止境"的理念，在变革与创新的路上继续砥砺前行。这一年，亚振坚持设计引领：AZ1865定制空间新品发布代表亚振海派美学新高度；浦发壹滨江、上河印巷经典案例为亚振海派家居注入新元素；凭借匠心工艺获评大世界基尼斯"中国之最"。这一年，亚振顺应跨界融合：成功举办"海·尚"艺术沙龙；巧妙借助电影《日不落酒店》体现海派优雅时空；精准借力奥运冠军书写亚振超级生活节；亚振丝路椅亮相上海中心云锦艺术展、亚振定制陈列103层锦筵中餐厅，展现海派气质和海派技艺。这一年，亚振彰显文化自信：亚振海派本色登陆首届消博会；亚振海派之韵进入第四届中国国际进口博览会；亚振海派非遗续缘五届世界博览会，弘扬海派文化。这一年，亚振跨越时空对话：以初心为使命，开展"心向党100年系列活动"，凝聚企业心力，实现企业、社会、员工共赢。

### 2. 上海爱舒床垫集团有限公司

诞生于1993年的上海爱舒床垫，主营业务为床垫、软床、沙发、皮床及生活家具等，以床垫为主导产品,包括超级白金系列、棕立方系列、舒适自由系列等,定位中高端年轻时尚品牌。爱舒营销体系是以各大直辖市、省会城市为中心,辐射各地级城市和经济发达的县级城市,拥有一支实力雄厚且极具忠诚度的加盟商团队。截至2021年,爱舒线下直营店达300余家,经销商2000多位,并与红星、居然、月星等确立了长期战略合作关系。不仅在天猫、京东、拼多多开店,也开启了抖音、快手等电商模式,助力终端销售。2021年,爱舒与刘涛续签形象大使,携手谢娜、胡可、叶一茜、设计师阿爽、设计帮帮忙等明星达人联合开办多场直播,展现了爱舒独特的品牌魅力与过硬的品牌实力。

## 五、行业重大活动

### 1. 品牌建设

2021年3月30日,上海市家具行业协会启动了"2020上海市品牌培育试点示范培训家协专场",通过4个月的培育,老周红木等3家企业获"2020上海市品牌引领示范企业"称号,让上海家协的品牌示范企业数量增至16家;10月21日,再次举办"2021上海市品牌培育试点示范培训家协专场",玛祖铭立等5家企业提交申报。

2021年5月12日,上海市家具行业协会带领亚振等10家优秀企业的20多位高管进入工业和信息化部品牌示范企业——青岛酷特智能、青岛啤酒2家企业完成品牌之旅考察学习。

### 2. 团体标准建设

2021年,上海市家具行业协会组织编制了团体标准《适老家具安全技术指南》,历经一年的启动、调研、编制、研讨、修订并成功申报完成,启动了团体标准《家具采购实施指南》编制工作,从供应链角度探讨家具采购的团体标准。

### 3. 创新论坛

2021年9月24日,上海市家具行业协会召开了"品质时代"质量月主题沙龙,上海市经济和信息化委员会都市产业处领导出席,并作了《发展品牌经济、推动高质量发展》主题分享。11月18日,第三届办公论坛——"办公新循环"在800秀举行,上海市经济和信息化委员会都市产业处领导出席并致辞,嘉宾郭政博士作了《走以质取胜之路,打造上海制造品牌》演讲并与现场进行了互动,嘉宾周虹教授的《植物染在可持续发展上的应用与研究》演讲带来了可持续的新认知。

老周红木、港大、发力荣获"2020上海市品牌引领示范企业"称号

"办公新循环"上海市家具行业协会第三届办公论坛在800秀举行

### 4. 成立人才教育专业委员会

2021年5月21日,上海市家具行业协会组织院校、企业代表召开了人才教育研讨会,共同探讨校企合作、企业人才培养等问题;6月26日,上海市家具行业协会人才教育专业委员会筹备会在杭州圣奥举行;7月28在上海市家具协会第七届二次理事大会上,通过了人才教育专业委员会可行性报告;在上海市家具行业协会第七届三次会员大会上通过并正式成立上海市家具行业协会人才教育专业委员会。

(上海市家具行业协会　李霞)

# 重庆市

## 一、行业概况

2021年以来,重庆市家具生产及销售企业,积极开展各项活动,采取措施,大力挖掘潜力,积极谋求转型升级,狠抓技术创新,内销增速延续。据重庆家具行业协会对部分会员单位的抽查数据显示,部分会员单位2021年销售收入及利润均实现了同步增长。

## 二、重点企业情况

### 1. 重庆佳梦家具有限公司

公司是重庆乃至西南地区最早生产弹簧软床垫的专业厂家,1986年公司率先在西南地区引进第一条瑞士床王许佩尔弹簧床垫生产线,产品注册商标为"佳梦"。2021年,公司提出了新的营销体系,大力发展网络销售,并在京东、天猫等各大商城建设了网络店面,采取实体加网络的营销模式,线上线下同步建设,消费者在线上比较后选择心仪产品,到线下获得参与体验,再线上下单。与此同时,公司也与各大物流公司进行深度合作,对消费者所选产品进行远程精准配送,以此来满足消费者高性价比和高体验感的消费需求。公司在2021年取得巨大突破,与2020年相比整体销售额上涨了17%,其中网络销售的贡献巨大,由原来10%总销售占比直接提升到了20%,网络销售翻倍,同时也带动了实体经济的提升,更多消费者选择了该公司的产品。此外,公司在技术革新和产品研发方面加大投入,取得积极成果。

### 2. 重庆市朗萨家私(集团)有限公司

公司创建于2000年,是一家集两厅活动家具、软体家具、定制整装家具等研发、设计、制造与销售为一体的民营企业。2021年营收总额22190万元,税收941万元。近三年朗萨集团荣获纳税信用等级评定A级、重庆市优秀民营企业、渝北区重点工业企业中国家居产业家具领军品牌大雁奖、突出贡献企业、全国家具标准化先进集体以及国家重点研发计划项目"应用示范单位"等荣誉。随着家具市场的快速发展,公司也加快结构调整的步伐。一方面,朗萨集团凭借研发、设计、制造、销售为一体的整合优势,打造可持续发展的品牌目标,致力成为美好生活设计家。另一方面,朗萨集团拥有全套欧洲原装进口的先进机械设备,以原创的时尚设计和优质的制造工艺、良好的渠道管理和完善的售后服务体系赢得了市场的广泛认可,努力早日实现"做领先的全屋家居服务商"的美好愿景。目前,公司拥有3个子公司,4个营销分公司,50多个自营专卖店和400多家代理商分布全国,部分产品已远销国外。随着市场的变化,个性化需求越来越强,公司正在由传统套房家具向全屋定制转变。企业定位以"定制+两厅家具"为主,销售以"线上引流+实体店体验"为主,同时与房地产行业、建材行业、装修行业、设计公司、物业管理等跨界合作。生产利用大数据和软件平台系统(MES系统、ERP系统、CRM系统、酷家乐软件、字木软件)指导智能化设备进行定制家具生产。

### 3. 重庆宏宇家具有限公司

公司成立于1993年，自留厂区50余亩，注册资金5500万元，是一家专业生产人体工程学类教学家具、学生公寓、实验室家具及食堂家具，拥有省级研究院和检测中心的高新企业，年销售产值达到2亿，每年拿出销售产值的5%作为研发经费。2018年，宏宇公司主导成立了重庆市惟精智能家居研究院，主要与中国科技大学、美术类院校等高校合作，对新型材料、智能教学家居的研究及人体工程类家居产品的设计。新产品于2019年投放市场，2021年获得重庆市消费品工业培育品牌试点企业，得到高校的一致好评。截至2021年，公司已在北京、广州、浙江、贵阳、安徽、甘肃、陕西、内蒙古建立营销分公司及售后服务中心。

## 三、行业重大活动

### 1. 落实"三品"战略

为深入贯彻"创新""绿色"发展理念，践行国家消费品工业"增品种、提品质、创品牌"三品战略、互联网+战略，落实《重庆市以大数据智能化为引领的创新驱动发展战略行动计划（2018—2020年）》《重庆市发展智能制造实施方案（2019—2022年）》和《重庆市推动制造业高质量发展专项行动方案（2019—2022年）》，努力推动重庆家居行业实现高质量发展，不断满足人民群众高品质生活需要，不断提升重庆家居行业品牌影响力、竞争力，重庆家具行业协会继2020年"渝派家居·精工智造"后，在2021年9月，又开启了第三届的"渝派家居·精工智造"。本次活动的目的，旨在推动渝派家居企业加速完成"增品种、提品质、创品牌"的发展计划，推动渝派家居企业走上更大的舞台。本次活动得到了中国家具协会、重庆市经济和信息化委员会、重庆市商务委员会、重庆市知识产权局的全力支持，由重庆市厨柜衣柜定制协会、重庆市建筑装饰协会、重庆市家居行业商会、重庆市涂料涂装行业协会的联合主办，囊括了民用家具、教学家具、办公家具企业及配套企业等。重庆家具行业协会秘书长丁华带领团队对参与企业进行逐一走访，深入了解他们的发展现状、发现他们的发展短板、为他们在发展过程中遇到的问题出谋划策，并组织企业家对在本次活动中发现的优秀企业进行参观学习交流，共谋行业未来发展。相信在这些企业的引领下，能带动更多渝派家居企业朝着更高的目标奋进。

### 2. 开展行业宣传

2021年12月3日，由重庆市经济和信息化委员会、重庆市商务委员会指导，重庆家具行业协会、重庆市定制家居协会、重庆市建筑装饰协会、重庆市家居行业商会、重庆市涂料涂装行业协会、重庆市地板行业协会、重庆市陶瓷协会、重庆市暖通及管道安装行业协会、重庆市家用电器服务企业联合会共同主办的"重庆家居三十年"大型主题活动正式启动。人民网、重庆日报、第一眼新闻、重庆晨报·上游新闻、实况时报、中国质量新闻网、重庆都市热报、新浪家居、消费日报网、腾讯家居|贝壳、泛家居网等各大主流媒体共同出席会议，共话重庆家居三十年行业发展历史。将行业共建者、30年30人、行业传播使者的专访集结成册，编撰成为行业发展史，同时在市内各大家居卖场、书店、咖啡馆等多渠道、多方面进行传播，让重庆市民了解重庆家居行业的发展，了解重庆家居历史，具有文化价值。

（重庆家具行业协会　曹选利）

# 河北省

## 一、行业纪事

### 1. 庆祝中国共产党成立100周年

在建党100周年之际,河北省家具协会、各家具企业党组织深入开展了学党史活动。协会党支部专程赴《没有共产党就没有新中国》词曲作者曹火星的纪念馆参观学习、参观三江集团董事长任智需等创作的"党史百年百幅红色剪纸"展览,东明公司组织赴革命圣地延安学习,新凯龙公司赴抗大陈列馆学习,华日家居开展"百年初心·风华正茂"党史学习主题实践活动等。"七一"前夕,河北省家具协会党支部受到上级党委表彰。企业开展了丰富多彩的庆祝活动,如蓝鸟组织了表彰党员及文艺演出活动,力军力家居组织"红心向党·歌颂党恩"红歌比赛,新凯龙集团举办"颂党恩·铭初心"朗读比赛,等等。

### 2. 专业委员会工作有序开展

河北省家具协会于4月召开了主题为"育先机开新局"的专业委员会专题工作会议,对推动流通、人造板、定制等8个专业委员会深入开展工作的方向、途径、措施等进行了仔细研讨,确定了一段时期内专委会的重点工作。此后,由各专业委员会牵头,分别在正定县、无极县等地组织了"如何实现组织变革——板材&家具企业研习沙龙""融合创新·携手发展——定制、木门企业对接交流会"等活动,在涞水举办了全国技能大赛京津冀鲁分赛区比赛,不断将专业委员会工作导向深入。

2017—2021年河北省家具行业发展情况汇总表

| 主要指标 | 2021年 | 2020年 | 2019年 | 2018年 | 2017年 |
| --- | --- | --- | --- | --- | --- |
| 企业数量(个) | 5300 | 5300 | 5400 | 5400 | 5200 |
| 工业总产值(亿元) | 925.0 | 836.2 | 815.0 | 766.7 | 715.2 |
| 规模以上企业数量(个) | 169 | 162 | 155 | 173 | 179 |
| 规模以上企业主营业务收入(亿元) | 193.8 | 151.0 | 139.0 | 125.2 | 158.1 |
| 出口值(亿元) | 90.5 | 84.4 | 71.2 | 62.2 | 61.2 |
| 内销额(亿元) | 781.7 | 706.8 | 688.9 | 648.1 | 604.0 |
| 家具产量(万件) | 1546.2 | 1398.9 | 1363.4 | 1283.9 | 1187.7 |

资料来源:河北省家具协会、石家庄海关。

2021 北方整装定制及门业博览会

组织考察围场家具产业园

### 3. 2021 北方整装定制及门业博览会成功举办

5月22—24日，河北省家具协会主办的2021第六届北方整装定制及门业博览会、第11届北方木工机械展览会在石家庄国际会展中心隆重举办。本次展会总面积4万平方米，500多个品牌参展。展会期间，来自各地的5万余名专业观众到场参观、采购，省民政厅、省工业和信息化厅等多个政府部门的领导到现场参观并指导工作。

为了给全屋整装、定制家居行业提供更为丰富、更为优质的原材料，推动整装定制行业高质量发展，本届展会大幅增加了家具材料和木门的展示。由于会前组委会与各地专业观众进行了精准对接，展会期间人流如织，洽谈、交易热烈，签约及意向签约3亿元，展会取得了非常好的效果。为了深入解读定制家居行业的发展趋势和方向，研讨定制家居企业的发展路径及方法，展会期间还举办了"定制方法论"系列主题论坛活动。

### 4. 产业集群与各地展览融合发展

三才正定家具市场第36届、第37届家具灯饰博览会成功举办，每届总展出面积约30万平方米、展位数2000余个，近千家厂商参展，展会为正定及周边家具产业树立品牌、扩大销路发挥了积极作用。

中国（胜芳）全球特色定制家具国际博览会暨国际家具原辅材料展的春秋两展成功举办，展会规模50多万平方米，参展企业2200家，全方位展示了胜芳家具8大品类8万多种佳品，日均观众8万人，进一步提升了"胜芳家具"的影响力。此外，香河、涞水京作古典家具等产业集群在河北省家具协会的支持下稳定发展。

在年底召开的中国家具产业集群大会上，中国特色定制家具产业基地（胜芳）被授予示范产业集群，香河县政府、霸州市胜芳镇政府被授予产业集群共建先进单位，李万青、王宏乐被授予产业集群突出贡献个人，华日家具、蓝鸟家具被评为领军企业，古艺坊等一批企业被授予产业集群品牌企业。

### 5. 开创助力园区招商

河北省家具协会组织有意向的企业，分别到围场满族蒙古族自治县智能家居产业园、怀来县环京津经济技术合作产业园进行了细致考察，并与当地政府领导座谈，深入了解当地的经济环境和产业政策。协会还邀请相关园区负责人参加中国家具协会的重要活动，向全国各地企业介绍园区情况，邀请各地行业人士到园区做客、考察。协会还多方向全国各地家具企业积极推介深州家具产业园、南宫市冀南家具产业园、正定现代智能家居产业园等河北省园区。协会还组织多家企业参加中国陶瓷城集团任丘东星家居广场招商发布会等活动。

### 6. 第五届全国家具职业技能竞赛京津冀鲁赛区比赛成功举办

经河北省家具协会与河北省人社厅职业技能鉴定中心筹备，在涞水县古典艺术家具协会的具体操办下，10月21—22日，2021年中国行业职业技能竞赛·第五届全国家具职业技能竞赛京津冀鲁分赛区选拔赛在涞水县圆满举办。该竞赛是经国家人力资源和社会保障部批准的国家级二类竞赛，是家具行业首个列入国家级别的技能大赛。经角逐，丁建芝等6人分获一二三等奖，并作为河北省代表参加全国总决赛。该比赛为弘扬工匠精神、培养职业技能人才、提升家具行业技能素质发挥了重要作用。

### 7. 职业技能等级认定取得良好开端

为适应家具行业职业技能培训需求和技能人才队伍建设需要，经河北省人社厅严格考核，河北省家具协会被评为职业技能等级认定社会培训评价机构。开展职业技能等级认定培训和评价工作，将推动形成以市场为导向的技能人才培养评价使用新机制，为培养行业技能人才、建设一支强大的技术人才队伍产生积极作用，推动产业升级和高质量发展。

### 8. 知识产权保护服务工作深入开展

在河北省家具协会的邀请下，河北省知识产权保护中心工作人员进驻北方整装定制及门业博览会、三才正定家具市场家具及灯饰博览会，现场为厂商提供知识产权服务；积极解答企业知识产权相关问题，自身难以解答的问题，则邀请省知识产权保护中心专家提供支持。此外，协会协助正定振宇公司解决了知识产权遭受外地企业侵犯的事项，被侵权企业对处理结果非常满意。

### 9. 行业数字化转型增进交流

12月，大家居数字化转型沙龙举办，河北省家具协会领导、数字化转型导师、企业代表围绕数字化转型领域展开了交流探讨，共议新发展理念下，家具行业借助数字化打造高质量发展引擎的对策与路径。沙龙内容向行业发布后，深受企业好评，不少企业家在收听音频后专门致电协会表达个人看法和积极参与数字化转型的意愿。

## 二、家具流通卖场发展情况

目前，河北省内有影响力的家具销售市场和卖场主要有：香河国际家具城、河北东明国际家居博览有限公司、三才正定家具市场、霸州胜芳国际家具博览城、邢台新凯龙家居商贸有限公司、秦皇岛旭日家居广场、石家庄世纪明月家具有限公司、正定金河家居基地、邯郸亚森家具集团、石家庄怀特家居城、石家庄创典居、保定七一路家具商场等大型销售商场。居然之家、红星美凯龙、月星家居等全国性连锁企业多年来在河北开设了多家分店，2021年受到市场制约，连锁发展、渠道下沉等步伐减缓。

在家具销售呈现渠道多元、零售分流的态势下，家具卖场发展受到较大影响，空置率有所上升，大型卖场连锁化发展趋缓。为解决空置问题，一些家具卖场利用空置场地提供健身、教育等生活服务。受环保政策影响，一些小微型家具生产企业放弃家具生产，转而在乡镇农村地区开设小型家具卖场。为增加获客能力，家具销售普遍开展了线上推介、直播销售等线上引流活动。场景化营销、数字化营销逐渐受到重视。

## 三、重点企业情况

蓝鸟公司积极推动工业互联网发展，"家具制造智能化升级改造项目"被河北省工业和信息化厅列为河北省2021年工业互联网创新发展试点示范项目，该项目可促进企业向生产智能化、营销精准化、运营数据化、管理智慧化发展。

华日家具成为国家发展和改革委员会家具领域评价中独获好评的企业，该公司双向异步实木压缩弯曲定型技术经评审达到国际先进水平。

依丽兰家居在《家具行业绿色工厂评价规范》起草工作中发挥重要作用；汇丰集团采用新工艺15项、新技术8项，有效提升和改善了生产质量。

宝珠公司加大科技投入，全年研发经费总额890万元，取得外观专利3项、实用新型专利6项，获得"河北省企业技术中心""河北省专精特新示范企业"称号，在《皮革制作与环保科技》等期刊上发表家具设计制作等相关内容论文4篇，与中国林业科学研究院合作建立的"重点实验室"进入调试阶段。

双李家具集中喷涂中心项目建成并投入运行，可每年集中处理当地多个家具厂家木质家具21万套。

现代钢木公司钢制床荣获河北省制造业单项冠军，并参与家具结构安全技术规范国家标准的修订。

（河北省家具协会　李凤婕）

# 内蒙古自治区

## 一、行业概况

2021年，内蒙古自治区党委和政府为了促进内蒙古自治区经济发展，全面贯彻新发展理念，坚持生态优先、绿色发展，坚持扬长避短、培优增效，找准服务和融入新发展格局的有效路径。着力转变经济发展方式，加快构建绿色特色优势现代产业体系，全力以赴把结构调过来、功能转过来、质量提上来。坚持稳字当头、稳中求进，积极推出有利于稳经济、过关口的政策措施。坚决稳住经济基本盘、稳定社会基本面，扎实推动经济发展质量变革、效率变革、动力变革，确保实现经济量的合理增长和质的稳步提升。动真碰硬优化营商环境，坚持以打好整体攻坚战为牵引，制定优化营商环境3.0方案，实施"一网通办"2.0建设，开展"蒙速办·四办"服务，让企业和群众感受到环境在变化、服务在优化。持续促进消费扩容升级，改善消费结构，提升消费质量。延续和完善对中小微企业、个体工商户、相关服务业的支持政策，制定促进消费增长若干措施，分行业完善疫情防控与服务运营操作规程。加强新型商圈、县城综合商业体、社区商业配套设施建设，促进消费线上线下融合发展，打击侵权假冒，营造良好消费环境。大力推进数字内蒙古建设，健全信息基础设施，建设呼和浩特市、包头市"千兆城市"和煤炭、稀土、化工等工业互联网标识解析二级节点，打造全国一体化算力网络国家枢纽节点，新建5G基站1万个。推进产业数字化，分行业制定数字化转型路线图，加快传统产业全方位、全链条数字化改造，提高重点领域关键工序、数控化率和数字化研发设计、工具普及率，推进5G+工业互联网融合应用，推进数字产业化。以呼包鄂乌、赤峰为重点打造各具特色的数字产业园区，加快发展云计算、区块链、人工智能、软件开发等数字产业。通过这些一系列政策优势转化为发展优势，对内蒙古自治区家具行业的整体发展起到了一定的支持和推进作用。

由于受2020年新冠肺炎疫情影响，内蒙古家具市场格局悄悄发生变化。传统家居经营模式日渐需要转变，大家居、全屋定制、整装、智能家居、互联网新零售异常火热，行业发展迅速，经营者的思维方式也逐步有了新的转变。与2020年相比，消费需求平稳。但是家装市场竞争愈演愈烈，地产、电商向家装不断渗透，"跨界经营"为企业提供了更多的可能。比如一些原来的家具企业重新转变思路，经营方面增加了百货行业、餐饮行业、超市购物、易货行业等，这些增加也让整个家居圈更具活力。未来企业不再只扮演一种角色，不同领域的企业通过跨界合作，强强联合形成"战队"，也会让这个行业更加品牌化和规范化。另外家装迭代升级、定制向整装发力。消费者的选择从单一装修到整装占到了近80%。不仅装修公司朝整装转型，定制企业也发力整装。家具行业一路从半包、套餐、全包、整装，不断迭代升级，一步步向省心、高效、省钱、便捷上靠拢。而成品家具全面向定制转型也是行业趋势。还有智能化家居已经渗透到生活中，定制与智能家居的合作推动整装全程数字化、智能化，让用户得到更全面、更省心的一站式服务，让全屋整装如虎添翼。随着5G技术的普及，智能家居必然成为家居行业新的竞争热点，智能家居的发展必将对家居、家装市场的现有格局形成冲击，所以，加大科技投入与研发力度也越来越成为家居企业增强市场竞争力的关键所在。

内蒙古家具行业未来随着京津冀一体化形成"大北方"规模。京津冀一体化包括北京市、天津市以及河北省，涉及北京、天津和河北的11个地级市的80多个县（市）。这一地区庞大的人口数量决定了"大北方"需要"大制造"。还有京蒙合作为"大北方"提供制造支撑。国家相关规划提出支持乌兰察布融入京津冀协同发展战略，并明确在产业承接等方面打造协同发展区。未来，随着北方（乌兰察布）家居产业园的建成落地，乌兰察布会成为"大北方"最大的家居供应基地。另外，俄罗斯木材将为"大制造"提供强大支撑。俄罗斯靠近中国东北部，生产的木材与国内需求的木材品种类似，再加上俄罗斯木材出口具有长期性，木材资源丰富，有利于占据地缘优势的乌兰察布进口俄罗斯木材。基于上述原因的出现，将来会形成了"大北方、大制造、大未来"的历史格局。

## 二、重点企业情况

### 1. 包头市深港家具有限责任公司

公司自2000年成立以来，是内蒙古自治区本土最具发展潜力、销售能力最强的专业家具营销卖场。公司于2003年在服务质量方面顺利通过了ISO9001国际质量管理体系认证，使公司的管理、经营、品质更具科学性、专业性、规范性。多年的辉煌发展历程，使深港家具公司获得了中国家具协会，包头市各局、各部委授予的多项荣誉称号，如："2011年中国家具行业优秀企业奖""包头百姓最满意品牌""AA诚信品牌单位""消费者最喜爱家具卖场""优秀家居市场"，并当选为内蒙古家具行业协会常务理事单位。

### 2. 内蒙古华锐肯特家具有限公司

公司成立于2003年，是内蒙古自治区一家集研制、开发、生产、销售、售后服务为一体的家居产业集团。公司始终以创建和谐企业为己任，努力打造良好的职工生产生活环境，保障职工的合法权益。积极与职工签订劳动合同，并严格按照合同内容履行职责，使职工各项权益得到保障。按照多劳多得的分配原则和董事长提出的"职工利益高于一切"的工作指导思想，公司实行了计件工资、提成工资、平均提成工资、保底工资相结合的工资管理模式，全方位地保障了职工收入，充分调动了职工积极性和主观能动性。

### 3. 赤峰白领家私有限责任公司

公司成立于2001年10月，家居商场2004年底建成，是内蒙古自治区家具行业的知名品牌。白领丽家家居商场以品牌经营为核心，以"一站式"购物为特色，以中高档家具为主力卖点，以环保、绿色家具为依托，以"先行赔付"为准入前提，以优良的售前、售中、售后服务为保障，以宽敞、明亮、舒适的购物环境为亮点，真诚为广大顾客服务。

（内蒙古家具行业协会　赵云、秦超）

# 辽宁省

## 一、行业概况

2021年是"十四五"的开局之年，同时又是建党100周年之际。辽宁省家具行业以党的十九大和十九届历次全会精神为引导，全面贯彻新发展理念，笃定高质量发展不动摇，同心协力，攻坚克难，实现行业平稳健康发展，迈出"十四五"可喜的第一步。

辽宁省家具行业2021年1—11月规上企业41家，主营业务收入61.5亿元，比2020年增长3.9%；资产总计103.1亿元，增长4.8%；用工人数1.4万人，增长7.7%。辽宁省家具全产业企业2000家，主营业务收入600亿元。2021年辽宁省家居建材商场（市场）为557家，经营面积781.6万平方米。

## 二、特色产业发展情况

铁岭县家居产业集聚区，是聚生产、研发、销售为一体的现代化大型家居产业集聚区，规划面积1.66平方千米。产业集聚区以尼尔科达为依托，在中华路两侧形成家居产业核心区，临近集聚区102国道两侧现有木材加工企业为核心区进行配套生产，形成外延区。产业定位以提高家庭居住质量为中心，满足家庭生活现代化、个性化、时尚化、低碳化、舒适化需求，实现品牌集聚、资源整合与产业集聚，形成家居展销、制造基地的完整产业链。

## 三、重点企业情况

### 1. 沈阳新松机器人自动化股份有限公司

公司成立于2000年，隶属中国科学院，是一家以机器人技术为核心的高科技上市公司。在沈阳、上海、杭州等七地建有产业园区，在济南设有山东新松工业软件研究院股份有限公司。在韩国、新加坡、泰国、德国、中国香港等地设立多家控股子公司及海外区域中心，现拥有4000余人的研发创新团队，出口40多个国家和地区，形成以自主核心技术、核心零部件、核心产品及行业系统解决方案为一体的全产业价值链。主要应用于家庭、医院、养老院、社区等机构，拥有语音识别、视觉识别、云平台、大数据处理、远程监护等核心技术。涵盖健康云平台、行走辅助机器人、床椅机器人、多功能护理床、物流配送机器人、商用机器人、清洁机器人等多系列产品。公司是工业和信息化部、民政部和国家卫生健康委员会认定的智慧健康养老应用试点示范企业。

### 2. 大连金凌床具有限公司

公司始建于1985年，是生产床垫、沙发的专业公司，是重点出口创汇企业。公司占地面积8万平方米，建筑面积5万平方米，400多名员工，引入180多台来自美国、日本、意大利和国产的先进设备，以及立式床垫和卧式沙发生产流水线，年生产能力达到50万张，85%以上产品销往日本、美国、澳大利亚、法国、英国等34个国家和地区，是中国家具协会副理事长单位、辽宁省家具协会副会长单位。

### 3. 沈阳市舒丽雅家居制造有限公司

公司始建于1984年，拥有实木家具、沙发家具、软体床垫三大生产基地，引进多条先进的德国、意大利专业自动生产线，是集研发、设计、生产、销售和服务于一体的现代化大型家具企业。公司产品涵盖沙发、软床、床垫和实木、板式家具等多个系列，万余种款式。舒丽雅品牌先后荣获中国驰名商标、全国用户满意产品，2017年该公司顺利通过国家级安全生产检查验收。

### 4. 沈阳市东兴木业有限公司

公司是美国欧林斯家具中国生产基地，集家具生产和销售为一体的多元化、国际化企业。2020年开始，为了满足更多高品位生活家居爱好者定制需求，推出大宅定制项目，欧林斯大宅定制家居集木门、墙板、衣柜、橱柜、活动家具等产品于一体。从设计入手，协调设计、固装、活动家具、软装等施工环节之间的关系，以达到整体装修风格一致。

### 5. 沈阳宏发企业集团家具有限公司

公司创建于1981年，隶属于沈阳宏发企业集团，位于沈阳高速公路北李官收费站东500米处。公司总投资规模为2.3亿元，拥有完善齐全的设计能力，配套的CAD、3D设计，可根据客户的要求及现场尺寸设计出平面布置和立体效果图，让客户提前欣赏到宏发家具所带来的风格独特、构思新颖、生机勃勃的办公、居家环境。近年来，家具市场大环境不太乐观，小型家具厂日渐崛起，对公司冲击很大，但宏发仍然坚持"以德立身、以人为本、以艺为精、以质生存、弘扬宏发、我之责任"的司训，激发着员工们的自我发挥与发展的潜能，促进了为企业奋斗的使命感。

## 四、行业重大活动

### 1. 庆祝党的百年华诞，加强党史学习教育

一是在全行业开展《百年奋斗路，启航新征程，认真学习百年党史》主题党日活动；宣讲《坚定不移听党话、跟党走》主题党课；重温入党誓词，开展党史学习教育心得体会活动；组织参观中共满洲省委旧址纪念馆和收看庆祝中国共产党成立100周年大会实况直播。二是在协会自媒体平台开通"党史百年天天读""数风流人物"栏目。主题鲜明的系列教育，促进行业党建工作开展，让协会工作展现出了勃勃生机。

### 2. 坚持行业自律，促进家居营商环境建设

2021年，辽宁省家具协会联合辽宁省市场监督管理局、省消费者协会开展"守护安全，畅

参观中共满洲省委旧址纪念馆

辽宁省家具协会会长工作会议成功召开

2021沈阳家博会秋展盛大开幕

通消费"活动，走访家具市场，引导科学消费，做到行业自律常态化，力求从源头上遏制假冒伪劣产品入市。组织行业开展"凝聚你我力量，让消费更温暖"保护消费者权益活动，授予50家单位为社会公益活动示范单位，促进良好家居营商环境的建设。

### 3. 攻坚克难，做好春秋双展

在新冠肺炎疫情防控常态化的新形势下，2021年成功举办沈阳家博会春秋双展，规模达26万平方米，2300家企业参展，37万业界人士与会。助推家居产业快速复苏和发展。辽宁省政协副主席赵延庆、中国家具协会理事长徐祥楠和沈阳市政府副市长李松林等领导参观展会。

### 4. 抓点带面，助推产业集群建设

根据行业"十四五"发展规划，沈北、铁岭县家具新兴产业园的建设是新时期工作重点。辽宁省家具协会与两地政府联手，制定招展方案，共同邀请企业到沈北、铁岭家具木业园考察调研；前往上海、浙江企业走访，目前，上海古诺奇家居落户沈北家具园，园区建设招商初见成效。

### 5. 加强与高校联合，推动产学研工作

产学研是创新发展重要组成部分，协会积极开展与高校交流合作。邀请东北林业大学材料科学与工程学院教授张显权博士，教授、博士生导师程万里博士，副教授刘迎涛博士、许雷博士一行来协会座谈交流；加大与辽宁生态工程职业学院木材工程学院的合作，推动辽宁家具产业整体创新水平的提升，推动原创设计品牌的迅速发展。

### 6. 举行职业技能大赛，加强职工队伍建设

2021年，在辽宁省总工会、省人社厅大力支持下，成功举办2021辽宁省职工技能大赛暨全省家具设计、家具制作与木工技能大赛，来自省内各地的90组优秀选手参加。经过5天的紧张赛事，15名优胜者获得省总工会、省人力资源和社会保障厅表彰。其中，什作文化创意有限公司叶青、辽宁格瑞特家私制造有限公司董国、圣象地板安装技师闵佳旭荣获辽宁省五一劳动奖章、辽宁省劳动能手荣誉称号。这次活动有力地推动了职工队伍建设，激励广大职工走技能成才、技能报国之路，推动行业转型升级和高质量发展。

### 7. 热心参与慈善事业，积极承担社会责任

一直以来，辽宁省家具协会把慈善公益事业、引导企业承担社会责任，作为一项重要工作内容，在2021沈阳家博会春季展上，举行慈善义卖捐赠活动；组织会员企业参加"三峰公益林"植树活动，守护绿水青山，共建美好家园；7月，河南省遭遇极端强降雨引发汛情，协会带头第一时间向省慈善总会捐款；11月，组织参与深入藏区开展"情暖高原"帮扶活动。

（辽宁省家具协会　白红）

# 哈尔滨市

## 一、行业概况

2021年哈尔滨市共发生六轮新冠肺炎疫情，哈尔滨市的家具生产经营企业面临着前所未有的挑战和冲击，生产经营急速下滑，全市木制品加工及家具制造企业完成工业总产值16.45亿元，同比下降20.2%，家具出口额3200万美元。

## 二、行业纪事

### 1. 第十七届哈尔滨国际家具展暨精装住宅全屋定制展览会成功举办

本届展会由哈尔滨市政府主办，中国银联黑龙江分公司特别支持，哈尔滨市贸促会、工信局、商务局、市场局、工商联、哈尔滨市家具行业协会、哈尔滨市工商业联合会家居装饰业商会承办。

本届展会以"创新·变革·融合·共赢"为主题，向全国家具产业发出信号和邀请，共同追寻和探讨疫情防控常态下新型展会的多业态、全产业链布局，迎接展会2.0时代，共建多元发展、产业融合、集群配套、功能完备的全方位、多业态、合作双赢的发展格局，打造内涵丰富、品质高端、色彩纷呈的泛家居展览盛会。展览面积达到86000平方米，吸引了来自全国25个省、市560余家家具、机械、材料等知名生产企业参展。

### 2. 哈尔滨家居产业园全面启动

哈尔滨市家具行业协会经过多年努力，成功引进具有家居产业园建设、运营经验的居之谷家居产业有限公司与呼兰区政府合作，结合哈尔滨市自贸区的发展，建设居之谷·呼兰家居产业园，打造立足东三省、辐射全国的家居产业基地。

居之谷·呼兰家居产业园坐落在哈尔滨市呼兰区省级开发区内，项目规划300万平方米，分三期滚动开发，其中一期规划54.68万平方米，整体计划引进家居全链条生产制造及商业服务型

第十七届哈尔滨国际家具展暨精装住宅全屋定制展览会

居之谷·呼兰家居产业园项目签约仪式

企业300家。项目达产后，预期实现年销售收入300亿元，年税收10亿元以上，可为地方提供4万～5万个工作岗位。将成为产学研一体、产业链融合，低碳环保，具有北方特色的家居小镇，实现哈尔滨市家居产业由"制造"向"智造"，由"家具"向"家居"，由"国内线下"向"跨境电商"的转变，成为拉动呼兰区乃至哈尔滨市新的经济增长点。

### 3. 哈尔滨市家具行业协会党支部成立

为加强党的组织建设，发挥集成党组织的战斗堡垒和共产党员先锋模范作用，经哈尔滨市家具行业协会申请，2021年底哈尔滨市直属机关工作委员会批准成立哈尔滨市家具行业协（商）会党支部。

### 4. 开展全行业诚信体系建设活动

2021年，哈尔滨市家具行业协会根据哈尔滨市政府的工作部署，在全行业开展了以"百年辉煌，铸就梦想，诚信创建，家具起航"为主题的诚信体系创建工作。

（哈尔滨市家具行业协会　李永臣）

# 江苏省

## 一、行业概况

2021年，新冠肺炎疫情持续反复，江苏省也受到影响，同时原材料大幅涨价、劳动力成本居高不下、经营模式多变，但是江苏省家具产业保持定力，生产经营正常进行，家具出口相对平稳，部分企业出口有一定幅度的上升，展现了经济强省、家具大省的责任担当。

经调研，江苏全省规模以上家具企业工业产值基本完成全年指标，部分企业同比增长10%～20%。高定市场局面进一步打开，轻奢、新中式、意式极简等风格流行；办公家具通过加大销售投入、整合供应链、扩展与国际一线品牌合作等手段，产量稳中有升；软体家具新品研发和营销模式创新，内外销均有增长；红木家具受新冠肺炎疫情影响较大，基本以销定产；内销企业通过丰富品类、增加设备和信息化投入，提高产量；外销企业由于材料价格上涨、海运价格增长，产值变化不大。受新冠肺炎疫情影响，家具商场营业收入下降，尤其是新建商场招商形势严峻，许多商场采取了线上线下互补的办法保持生存。

## 二、行业纪事

### 1. 抓政治引领，促行业发展

抓好党史学习教育活动。按照省委部署和上级党委的统一安排，江苏省家具行业协会党支部结合家具行业实际做好融合，利用各种会议时机推进党史学习教育工作，在全省家具行业掀起了学习党史的热潮。开展主题党日活动。组织党员和部分企业负责人考察南康家居小镇，并赴井冈山开展以"缅

"缅怀革命先烈、传承红色精神"为主题的党日活动

怀革命先烈·传承红色精神"为主题的党日活动。积极组织庆祝建党100周年活动，举办庆祝中国共产党成立100周年党史知识有奖竞赛活动。组织企业收看庆祝建党100周年大会活动，认真聆听了习近平总书记在庆祝大会上的重要讲话。

### 2. 推荐"江苏精品"培育对象，制定家具行业团体标准

江苏省家具行业协会按照省政府九部门文件要求，为培育"江苏精品"提供技术支撑，先后完成了《苏作红木通用技术条件》《床垫》《木质门》《软体沙发》《板式家具》5项团体标准编制并发布实施，其中《苏作红木通用技术条件》和《木质门》两项团体标准通过了江苏省质量和标准化研究院的先进性评价。

2021年会暨高峰论坛

### 3. 开展"十大工匠"评选活动，树立行业先进典型

江苏省家具行业协会与省总工会联合在家具行业首次开展"十大工匠"评选活动，对入选的"十大工匠"进行了公开表彰和宣传报道。全省家具行业的精气神得到了提升，劳动积极性、创造性较好地得到调动，促进了企业生产。

### 4. 开展校企合作，为企业技能人才培训创造条件

三届省级家具行业职业技能竞赛成功举办，江苏省家具行业协会被中国轻工业联合会授予"轻工技能人才培育突出贡献奖"。协会注重资源整合，加强校企合作，与常熟、扬州等地学院建立合作关系。

### 5. 积极开展协会服务与平台工作，促进行业发展

江苏省家具行业协会先后参加省辖市组织的家居产业链座谈会并为其出谋划策，参加家具产业基地原辅材料、机械设备节暨"一带一路"家具材料贸易洽谈会，为家具企业上市挂牌提供相关技术服务等。协会组织召开2021年会暨高峰论坛，汇报协会年度工作，做好2022年工作计划，总结行业先进经验，论道发展，为产业生态链破局升级提供更多新思路。协会积极组织江苏省家具企业参与各类国际性、区域性、专业性家具展会，做好宣传动员工作，为江苏省企业参展申请好的展位和优惠价格。协会充分利用网站、微信等线上平台，全方位、多角度展示会员企业的品牌和产品，让会员享有最新行业资讯和研究成果，助力企业品牌建设。与江苏省政府有关部门保持紧密联系，反映企业诉求，提出合理化建议，解决部分企业急难愁盼问题。

## 三、特色产业发展情况

中国东部家具产业基地——海安，2021年新建厂房68万平方米、新招租80多家企业、出租厂房

60多万平方米，滨海科创园一期10万平方米建成招商，原辅材料市场新进100多家材料供应商，成立了海安家具质量合作社，东部家具创客空间正式启用，促进海安现代家具产业数字化转型，先后荣获"省级生产性服务业优秀服务机构"、南通市优秀民营企业等多项荣誉。

江苏省常熟、光福、马杭、如皋、海门、宜兴红木家具产业基地，横林金属、钢木家具产业基地，贾汪实木家具产业基地，沙集和耿车家具电商基地，邳州板材、泗阳意杨、淮安家具工业园区等在各地方政府的关心和支持下不断发展壮大。

## 四、重点企业情况

### 1. 海太欧林集团有限公司

2021年，海太欧林集团凭借健全的科技创新管理体系、出众的技术创新影响力，收获满满，被工业和信息化部认定为"国家级工业设计中心"；被中国轻工联合会认定为中国轻工业工业设计中心，授予"'十三五'轻工行业科技创新先进集体"荣誉称号；获2021年中国轻工业两化融合示范案例荣誉证书；获WELL V2铂金认证；入选江苏省"专精特新小巨人企业"；入选南京市创新型库；荣获高淳区区长质量奖。2021年公司举办首届海太欧林空间美学与家具艺术论坛，聚焦空间规划新趋势与家具设计创新。

### 2. 江苏斯可馨家具股份有限公司

2021年，斯可馨公司通过数字化转型为决策提供数据支持，以ERP信息化作为企业门户网站，建设企业私有云，打通主价值链关键业务节点，实现业财一体化；建设B2B经销商在线商城，实现经销商自助在线下单、生产进度在线查询、在线库存查询；全屋定制业务板块进行从门店设计到订单交付的全链路数字化改造，实现柔性化生产；荣获第一批江苏省工业互联网服务应用示范企业。

（江苏省家具行业协会　冯建华、达式孝、丁艳）

# 浙江省

## 一、行业概况

2021年，家具行业内外波动不断，受到原材料暴涨、双碳政策实施、环保标准提高、上游房地产行业变动、海运停航涨价等多方面影响，浙江省家具行业始终以习近平新时代中国特色社会主义思想为指导，全面贯彻党的十九大精神，各细分品类企业博观约取，在原创设计能力、产品方案完善能力、渠道以及品牌升级等各方面提升整合，在大浪淘沙中稳健发展。总体来看，浙江省家具行业具有良好的实力基础与抗风险能力，2021年行业发展稳中向好。

据浙江省经济和信息化厅和省统计局统计，2021年全省规模以上家具企业1070家；实现工业总产值1209.12亿元，同比增长17.68%；实现工业销售产值1189.74亿元，同比增长18.48%；实现出口交货值612.74亿元人民币，折合97.26亿美元，同比增长16.07%；其中，主营业务收入1299.93亿元，增长24.0%；实现利税78.31亿元，下降15.0%；实现利润44.84亿元，下降25.0%；新产品产值503.91亿元，同比增长16.52%；产销率为98.40%，同比上涨0.67%；完成家具产量2.94亿件，累计增长12.9%。

据浙江省家具行业协会估算，2021年全省家具行业工业总产值约为2750亿元，家具出口约为165亿美元。

## 二、行业纪事

1. 设计赋能，夯实发展基础

随着人们生活水平的提高和消费升级，高

2017—2021年浙江省家具行业发展情况汇总表

| 主要指标 | 2021年 | 2020年 | 2019年 | 2018年 | 2017年 |
| --- | --- | --- | --- | --- | --- |
| 企业数量（个） | 4000 | 4000 | 4000 | 4000 | 4500 |
| 工业总产值（亿元） | 2750 | 2502 | 2535 | 2416 | 2256 |
| 主营业务收入（亿元） | 2659 | 2261 | 2291 | 2183 | 2039 |
| 规模以上企业数（个） | 1070 | 1012 | 963 | 870 | 812 |
| 规模以上企业工业总产值（亿元） | 1209.12 | 992.41 | 973.56 | 963.71 | 1037.56 |
| 规模以上企业主营业务收入（亿元） | 1299.93 | 1011.89 | 969.07 | 952.48 | 976.96 |
| 出口值（亿美元） | 165 | 132.33 | 135.03 | 132.64 | 118.2 |
| 内销额（亿元） | 1614 | 1395.27 | 1632.9 | 1539.25 | 1473.51 |
| 家具产量（亿件） | 2.94 | 2.55 | 2.40 | 2.13 | 2.16 |

资料来源：浙江省经济和信息化厅、浙江省统计局、浙江省家具行业协会。

颜值产品逐渐成为大众消费的趋势，新兴消费人群对家具设计重视度也已超过前一代人。有鉴于此，浙江省家具企业在设计、技术、风格等方面不断突破，打造更多美学家具，以此满足年轻人对个性化、高颜值、高品质的需求。2021年，圣奥集团产品沙发凳"鲸鱼"系列B荣膺"中国外观设计优秀奖"；2月，杭州恒丰家具有限公司的"FATA""FLOW""FLX"系列凭借其设计在2020年芝加哥优良设计奖家具类目中荣获大奖，受到主流消费群体喜爱，市场表现喜人；4月20日，喜临门第9次荣获工业和信息化部认证"中国品牌力指数"第一品牌。定制家具企业中，以图森、A8、慕宸、优格等企业为代表，突破产品的常规局限，以系列产品推陈出新。设计师与消费者直接接触、无间沟通，更加清晰地掌握到客户的实际需求，一对一开发出更加贴近消费者家居生活的产品，加强专属、创新、参与感、服务这四个核心要素，策划定制专属于消费者的"私人所有"，更好地落实浙江高端定制品牌理念。

### 2. 科技创新，促进高质量发展

国家"十四五"发展规划中提出了"创新是引领发展的第一动力，抓创新就是抓发展，谋创新就是谋未来"口号，浙江省家具企业积极探索，以科技创新赋予家具工业新活力。2021年3月26日，经过产品检验、第三方严格审查等环节，丽博家居正式获得"浙江制造"认证证书，此证书由浙江制造国际认证联盟颁发，这也意味着丽博家居成功通过了浙江制造业含金量最高的标准认证；2021年1月，浙江省科技信息研究院受浙江省高新技术企业协会委托，组织开展高新技术企业创新能力评价工作，综合对比后评选出2020年浙江省高新技术企业创新能力百强，顾家家居股份有限公司、宁波方太厨具有限公司、麒盛科技股份有限公司、杭州老板电器股份有限公司、喜临门家具股份有限公司、宁波公牛电器有限公司、浙江圣奥家具制造有限公司赫然在列。能够荣获此次殊荣，是社会各界对浙江家具企业的综合能力与影响力充分肯定与认可。经中国轻工业联合会审定，中源家居股份有限公司被认定为2021年中国轻工业工业设计中心，圣奥科技股份有限公司、永艺家具股份有限公司的中国轻工业工业设计中心通过复核。经浙江省经济和信息化厅认定，宁波方太厨具有限公司、乐歌人体工学科技股份有限公司、浙江飞友康体设备有限公司、浙江护童人体工学科技股份有限公司、浙江升华云峰新材股份有限公司、浙江五星家具有限公司为新认定"2021年度浙江省省级工业设计中心"，圣奥集团有限公司、顾家家居股份有限公司、恒林家居股份有限公司、永艺家具股份有限公司、中源家居股份有限公司、浙江大丰实业股份有限公司、德华兔宝宝家居销售有限公司、和也健康科技有限公司、嘉瑞福（浙江）家具有限公司、莫霞家居有限公司等21家省级工业设计中心通过复核。"好家具·浙江造"，相信未来浙江家具企业将继续以健康环保的产品为基石，强化科技创新，不断提质增效，做优做强，为轻工业高质量发展和满足人民美好生活需要做出更大贡献。

### 3. 优化品牌，融合线上线下新营销

受新冠肺炎疫情影响，国内消费群体从消费喜好到消费习惯的变化加剧，这也为家具企业调整营销策略和寻求突破带来灵感。浙江省家具企业通过一系列的新营销活动加速品牌升级：顾家家居、喜临门、索菲莉尔、富邦美品、城市之窗、大风范、莫霞、艾力斯特、安图家等品牌积极参加上海、广州、深圳、东莞、苏州等地举办的家具展览，向每一位经销商、消费者展现"好家具·浙江造"的整体形象。圣奥、顾家、喜临门、科尔卡诺、冠臣等企业通过召开年度经销商大会以及新品发布会，邀请全国优秀经销商到场进行内部培训和分享。东阳市明堂红木家俱有限公司为全国第十四届运动会提供体育馆家具。麒盛科技股份有限公司成为北京2022年冬奥会和冬残会官方智能床供应商。顾家家居股份有限公司成为杭州2022年第19届亚运会官方床垫独家供应商。浙江豪中豪健康产品有限公司与杭州2022年第19届亚运会达成战略合作，旗下品牌艾力斯特产品成为杭州亚运会官方指定按摩器材。

高台起于累土，千里始于足下，浙江家具企业针对消费群体的改变，不断探索市场动向，及时捕捉市场变化趋势，并将企业品牌宣传营销进行及时调整、多渠道引流。"亿田集成灶""中信红木""梦神床垫"多列高铁冠名列车首发仪式在上海虹桥站举行。喜临门家具股份有限公司与浙江卫视展开深

度合作，在综艺、电视剧、宣传片等节目宣传品牌形象。顾家家居股份有限公司全屋定制直播间邀请胡可出席，以230万余在线观看人数刷新顾家全屋定制直播间记录。定制品牌A8空间斥资赞助电影《我和我的父辈》，探索从行业品牌向消费者品牌迈进的新道路。

### 4. 守望相助，践行企业社会责任

饮水思源，不忘初心。浙江省家具企业在发展壮大的过程中，勇于承担社会责任，关爱员工，热心公益。2021年5月20日，第十八届（2021）中国慈善榜发布活动中，圣奥慈善基金会圣奥老年之家项目荣登年度十大慈善项目榜，9月5日，在民政部召开的第十一届"中华慈善奖"表彰大会上，圣奥集团荣获政府最高慈善奖——中华慈善奖（捐赠企业）。浙江圣奥慈善基金会2011年成立至今实施项目250余个，累计捐赠金额超1.8亿元，受益人数超15万人。为解决长期困扰员工的留守儿童暑期安全问题，也为了让偏远地区员工有更多时间陪伴子女，协会理事长、圣奥集团董事长倪良正于2013年7月在圣奥海宁基地开启首届"小候鸟"暑期班，邀请浙江工业大学的学生志愿者及专业机构的教师为孩子们辅导功课。截至2021年，共举办8届，花费近400万元，总计有1400余名小朋友参加。一直以来，顾家集团不断探索脱贫攻坚、教育民生、生态保护、弱势群体保护及抗灾救济等多类型公益领域，2021年顾家联合新潮传媒向西藏自治区区域公用品牌——地球第三极捐赠1000万元公益广告资源；向理塘县捐赠"梯媒"广告，建立长效稳定、全方位、多领域、深层次的帮扶机制。在安吉县2021年"慈善一日捐"活动启动仪式上，恒林家居、永艺股份分别认捐200万元。乐歌股份成立3000万元乐善慈善基金，助力宁波鄞州区发展建设共同富裕示范先行区。

### 5. 标准制定，加快行业标准体系建设

由浙江梦神家居股份有限公司、喜临门家具股份有限公司参与起草的QB/T 5590—2021《婴幼儿床垫》行业标准于2021年10月1日正式颁布实施。德华兔宝宝装饰新材股份有限公司参与制定的《人造板及其制品甲醛释放量分级》《基于极限甲醛量的人造板室内承载限量指南》两项国家标准于2021年10月1日实行。由喜临门家具股份有限公司牵头，浙江省家具行业协会提出归口的国内首个学生用床垫类团体标准T/ZFA 1—2021《学生床垫》于2021年11月24日正式发布实施。浙江省政府采购联合会和浙江省家具行业协会在征集采购单位、代理机构和供应商多方意见基础上，制定《政府采购 家具项目采购需求管理指南》（T/ZJGPA 1—2021、T/ZFA 2—2021），该团体标准于2022年2月1日起正式实施。《政府采购 家具项目采购需求管理指南》是全国首个与政府采购家具项目需求管理有关的团体标准，主要适用于各级国家机关、事业单位和团体组织政府采购家具项目的需求管理，此标准的实施将更有效协调各方利益，营造更加公平、公正的营商环境。未来协会也将力争推进和完善浙江省家具行业各项团体标准化工作，提升浙江省家具行业在全国家具领域内的核心竞争力。

## 四、家具流通卖场发展情况

### 1. 第六空间·国际家居

第六空间创立于2003年，是聚焦全球高端家居建材品牌的整合者与运营商。多年来，坚持以为顾客提供高品质的家居建材产品和服务为使命。历经十余年执着前行，第六空间将品牌定位延伸为"国际、时尚、艺术、生活"四大经营策略，专注高端客群研究、充满耐心精耕细作，目前已在全国23个城市开设33家高端家居建材商场，服务遍及全球百余个国家与地区的优质品牌，将国际美学生活方式传递给追求生活品质的中高端家庭。19年来，第六空间链接了数以千计的全球顶级家居人、知名设计师，累计为超5000个国内外家居品牌提供了千亿级的市场机会。2003年第六空间在杭州平海路开业，成为浙江省第一家纯进口家具集合店。2005年第六空间艺术生活广场开业，迈出了第六空间集团直营体系的第一步，成为浙江省最具实力和特色的高端家居商场、国际家居博览和时尚信息发布中心。2019年全面启动加盟战略，推进加速全国发展布局进程。2020年知嘛家0号店开业，正式进军新零售。

### 2. 锦绣国际家居

锦绣国际家居位居浙江金华，市场创建于1995年，由金华美联商业运营管理有限公司投资管理。

创办二十余年来，锦绣国际家居一步一个脚印，专注市场运营，精耕细作，开启了浙中地区高端家居购物的新模式。目前旗下拥有回溪街江北店、婺州街江南店 1 号馆、江南店 2 号馆三大连锁市场，营业面积 16 万平方米，从业人员 1000 余人。三大市场全线接轨国际国内一线家居品牌，植入大家居理念，以家为主题，涵盖了家具、建材、整屋定制、灯饰软装、智能家电、家居用品等全品类家居。作为浙江中西部地区最具影响力的专业家居市场，锦绣国际家居拥有浙江省首批"省四星级文明规范市场""全国巾帼文明岗""全国文明诚信经营示范市场""全国最具投资潜力市场""浙江省家具行业示范市场""浙江省区域性重点市场""省诚信文明示范市场"等多项殊荣，是浙江省家具市场的行业典范。锦绣国际家居将始终以顾客为中心，合理整合优质家居资源，从产品力、服务力、体验上不断提升，着力打造融合家居美学、空间美学、艺术美学的"锦绣·生活·家"，使之成为金华及周边地区精英阶层优质家居生活的首选。

### 3. 浙江广汇清翔家居有限公司

浙江广汇清翔家居有限公司主要从事市场开发、经营及管理服务，涵盖家具、陶瓷制品、装饰制品、装饰材料、床上用品、家居饰品、木材等各种生态的经营。目前运营的有衢州市广汇名品家具广场、衢州市广汇百姓建材家具广场两大主题商场，已全面打通低中高端家具、建材、装饰行业上下游产业链，实现了一站式购物体验。广汇国际（衢州）家居广场项目位于衢州市柯城区衢化路西侧、福苑新村东侧，占地面积 52589 平方米。本项目总规划建筑面积 156987 平方米，其中项目一期建筑面积 53528 平方米，项目二期建筑面积 103459 平方米。总体规划建筑功能有一站式品牌建材家具卖场、设计师中心、品牌家居展示与体验一体化酒店、婚庆主题酒店、美食广场等综合业态，并规划有 1400 余个机动车车位、800 个非机动车车位，项目预计总投资 5.1 亿元人民币。项目一期于 2020 年 11 月 8 日破土动工，交付使用后整个广场设施配套、功能完善、环境舒适、服务高效，在现代风格和时代动感建筑的映衬下，实现广大市民体验高端定制，家具"一站式"购物服务的全过程。

## 五、重点企业情况

### 1. 圣奥集团

圣奥集团以办公家具为主营业务，是"国内办公家具品牌综合实力第一名"，同时经营置业、投资等，是中国家具协会副理事长单位、浙江省家具行业协会理事长单位。通过 30 多年的持续发展，以人为本，践行健康办公使命，至今已形成了两大总部 + 五大制造基地，总占地面积达 1300 多亩，建筑面积达 100 多万平方米的产业布局。公司作为行业内首家省级专利示范企业，投入巨资成立集团中央研究院致力于产品研发，拥有办公家具行业首个通过 CNAS 认证的实验室，在德国柏林设立圣奥欧洲研发中心，并携手浙江大学成立智能家具研究中心，积极引进、培养国际设计人才。目前，公司累计获得专利 1319 项，并荣获"国家级工业设计中心""省级企业技术中心""省级工程技术研究中心"等称号。公司办公家具国内营销网点达 190 个，覆盖全国 28 个省（自治区、直辖市）。截至目前，公司产品远销世界 115 个国家和地区，服务了 167 家世界 500 强企业、301 家中国 500 强企业，包括中国石油、中国石化、阿里巴巴、腾讯、中央电视台、中国工商银行、可口可乐、法拉利等。

### 2. 顾家家居股份有限公司

顾家家居股份有限公司，致力于为全球家庭提供健康、舒适、环保的家居解决方案。自 1982 年创立以来，忠于初心，专注于客餐厅、卧室及全屋定制家居产品的研究、开发、生产和销售；携手事业合作伙伴，为用户提供高品质的产品、高效率的服务、超预期的解决方案，帮助全球家庭享受更加幸福美好的居家生活。2016 年 10 月在上证 A 股成功上市，股票代码 603816。顾家产品远销 120 余个国家和地区，拥有 6000 多家品牌专卖店，为全球超千万家庭提供美好生活。旗下拥有"顾家工艺""顾家布艺""顾家床垫""顾家功能""睡眠中心""顾家全屋定制""健康晾衣机""顾家按摩椅"八大产品系列，与战略合作品牌"LAZBOY"美国乐至宝功能沙发、收购品牌德国高端家具"ROLF BENZ"、意大利高端家具品牌"Natuzzi"、国际设计师品牌"KUKA HOME"、独立轻时尚品牌"天禧派"、自有新中式风格家具品牌"东方荟"组成了满足不同消费群体需求的产品矩阵，坚持以用户为中心，围绕用户需求持续创新，并创立行业首个家居服务品牌"顾家关爱"，为用户提供一站式全生命周期服务。顾家家居希望通过不断的努力，为大众创造幸福依靠，帮助用户实现理想生活。

### 3. 喜临门家具股份有限公司

喜临门家具股份有限公司是国内床垫行业第一家上市企业。截至2021年底，喜临门共持有全球专利超712项，先后推出净化甲醛（铂金净眠因子）、气体弹簧、抗菌防螨双核技术等多项创新科技。新冠肺炎疫情之下，喜临门厚积薄发，实现逆势上扬，2021年继续实现收入、利润高增长。2021年喜临门持续发力智能睡眠市场，在推出全球首款点状弹簧智能床垫Smart 1基础上，持续升级Smart系列智能床垫，颠覆200年传统床垫技术，正式开启智能深睡时代，同年Smart 1斩获工业设计国际邀请赛产品设计大奖。自2013年起，喜临门每年携手权威机构调研、发布《中国睡眠指数报告》，洞察国人睡眠问题，提供深睡解决方案。2021年4月20日，喜临门第9次荣获工业和信息化部认证"中国品牌力指数"第一品牌。

### 4. 永艺家具股份有限公司

永艺家具股份有限公司成立于2001年，是一家专业研发、生产和销售健康坐具的国家高新技术企业，产品主要涉及办公椅、按摩椅、沙发和升降桌，公司市场遍及70多个国家和地区，并与全球多家专业知名采购商、零售商、品牌商建立长期战略合作关系。包括俄罗斯最大采购商之一Bureaucrat，美国最大采购商Klaussner，加拿大最大采购商之一Performance，日本最大的家居零售商NITORI，世界五百强Staples（史泰博）、Office Depot Max以及全球著名品牌HON（美国）、ITOKI（日本）等。公司是国家办公椅行业标准的起草单位之一，是业内首批国家高新技术企业之一、国家知识产权示范企业、国家级绿色工厂、国家级工业产品绿色设计示范企业、国家级绿色供应链管理企业、中国质量诚信企业、服务G20杭州峰会先进企业、浙江省家具行业领军企业；同时，公司拥有国家级工业设计中心、行业首家省重点企业研究院、省级高新技术企业研究开发中心、省级企业技术中心，获得湖州市政府质量奖等企业荣誉以及中国外观设计优秀奖、中国轻工业优秀设计金奖、德国IF设计奖、红点最佳设计奖、德国设计奖等众多产品荣誉。在内部管理上，公司一直追求卓越绩效，严格执行ISO9001、ISO14001、ISO45001管理体系标准并获得认证。目前，公司累计申请专利1030项，行业领先。

### 5. 恒林家居股份有限公司

恒林家居股份有限公司，建立于1998年，是一家集研发、生产、销售办公椅、沙发、按摩椅等家具产品于一体的国家高新技术企业，是中国最大的办公椅开发制造商和出口商。产品远销全球美国、日本、法国等80多个国家与地区。公司拥有40万平方米主生产基地，5.5万平方米金属生产基地，11万平方米板式家具生产基地，并在越南、韩国成立分公司，收购瑞士系统办公龙头企业Lista Office和知名家居企业厨博士。公司于2017年11月在上交所A股上市，股票代码603661。公司始终坚持将技术创新作为企业发展的核心驱动力，为此公司建立了智能健康坐具省级企业研究院、浙江省博士后工作站，并先后聘请浙江工业大学教授、高级工程师和专家加强研发力度，与浙江大学、西安交通大学、浙江工业大学、国际知名研发机构等国内外多所重点大学及知名机构建立座具研发实验室和创意中心。公司先后参与起草《国家行业标准（办公椅）》《国家行业标准（吧椅）》等多项行业标准。公司累积申报境内外专利700多项，成为国家级专利示范企业与国家级高新技术企业，获评"国家级工业设计中心"。研发设计的产品荣获"红点奖""IF设计大奖""中国家具设计奖"等多个国内外设计大奖。公司关注品牌效应，将良好的用户口碑作为企业发展的无形资产。公司现已获得"G20杭州峰会最佳合作伙伴""华为优质供应商奖""政府质量奖""纳税大户""中国家具行业优秀企业""海关AA类管理企业""浙江省家具行业领军企业"等荣誉。

## 六、行业重大活动

### 1. 举办第四届东作红木文化艺术节

4月30日至5月5日，第四届中国东作红木文化艺术节在东阳红木家具市场隆重举办。同时东阳红木家具市场携手杭州西子画院举办的"大画百年"献礼建党100周年展览——"向人民汇报——西子墨韵中国画作品展"隆重开幕。"东作家具"作为红木五大流派之一，深深根植于东阳的木雕工艺之中，具有深厚的文化底蕴，将雕刻艺术发挥到极致，在各流派红木家具中显得独树一帜。经典红木文化与艺术书画的跨界结合，让经典与潮流巧妙结合，复古和现代相得益彰。既充分体现工匠精神，又着力传承书画、红木艺术，既弘扬传统文化精髓，又体现时代精神。

第四届东作红木文化艺术节

### 2. 2021年全国行业职业技能竞赛——第五届全国家具职业技能竞赛浙江东阳赛区选拔赛开赛

比赛于9月27—29日在浙江东阳木雕小镇顺利开赛。本次选拔赛共67人报名，其中64名参加技能竞赛。9月29日晚，在选拔赛监督组成员的监督下，裁判组裁判员按照竞赛评审标准，对参赛选手的现场操作比赛作品进行评审。根据评审结果，共40名选手获奖，其中，工匠之星·金奖1名，工匠之星·银奖2名，工匠之星·铜奖12名，工匠之星·优秀奖25名。

### 3. 浙江省家具行业协（商）会2021年秘书长工作会议顺利召开

9月2日，浙江省家具行业协（商）会2021年秘书长工作会议在杭州召开。浙江省家具行业协

东阳赛区选拔赛

浙江省家具行业协（商）会 2021 年秘书长工作会议

会名誉理事长蒋鸿源，执行副理事长兼秘书长马志翔，杭州市家具商会、温州市家具商会、浙江省椅业协会、宁波市家居产业协会、宁海县家具产业商会、玉环市家具行业协会、海宁市家具行业协会、浙江省家具行业协会办公家具产业分会、定制家居产业分会各秘书长、副秘书长出席本次会议，交流了各地方的行业发展情况，分享工作经验，并就工作中存在的问题相互进行了探讨，取长补短、互通有无。

（浙江省家具行业协会　顾佳佳、高锦奇）

# 江西省

## 一、行业纪事

### 1. 开展"重振消费引擎，助商惠民家具补贴"活动

根据 2020 年 11 月 18 日国务院常务会议，促进家具家装消费，鼓励有条件地区对淘汰旧家具并购买绿色环保家具给予补贴的指示精神，江西省家具协会 2021 年 1 月以实际行动积极落实国家家具补贴相关政策，精选一批江西省名优品牌家具在江西省范围内开展"重振消费引擎，助商惠民家具补贴"活动，坚定实施扩大内需战略，进一步促进大宗消费、重点消费，释放家具消费力。此活动联合省家具商场联合会各地区会员单位（家居卖场）同时进行，活动取得了骄人的成绩，赢得了广大消费者的赞誉。

### 2. 匠心智造·赣出精彩展会

4 月 26 日，中国第八届家具产业博览会线上家博会在南康跨境电商产业园开幕。这既是家具联手电商、线下联动线上的一次营销盛宴，更是激发市场活力、扩大居民消费、赋能产业发展的一项重要举措。本届家博会专业观展人数超 18 万人，线上线下交易额突破 150 亿元。展会期间，居然之家等 13 个重大项目签约金额达 375 亿元，进一步夯实了南康"家具＋家电＋家装"融合发展的项目支撑。4 月 24 日，中国·江西建博会在南昌绿地国博盛大开展，本次展会展览面积近 4 万平方米，千家品牌展商，全屋定制、系统门窗、吊顶、集成墙面、厨电卫浴、智能家居、木工机械等万种新品齐聚，吸引了 1000 多家国内外品牌企业，来自江西、湖南、湖北、安徽、浙江、福建等地的 5 万余专业买家到场采购。

### 3. 南康家具"百城千店"项目落地

2021 年，南康家具"百城千店"考察团赴湖南长沙、江苏南京及海安、山西太原、贵州贵阳、浙江海宁、江西南昌及上饶等地进行考察交流，与当地机构及商家达成合作意向。其中，南康家具品牌馆在南京、海安、南昌、上饶、太原、成都、贵阳等 13 个重点城市的项目已成功签约落地，南京店于 2021 年 10 月 17 日盛大开业，顺利地迈出重要一步，为南康家具品牌馆在全国开枝散叶积累了宝贵的经验。

### 4. 标准、技术创新亮点频现

由江西省家具协会、江西环境工程职业学院、江西省质量和标准化研究院等单位起草制定的《江西绿色生态餐桌椅》《江西绿色生态课桌椅》《江西绿色生态公寓床》团体标准审查会于 2021 年 1 月 27 日顺利召开并审查通过，随后江西省家具协会组织开展首批江西绿色生态实木餐桌椅品牌产品认证工作。江西樟树金属家具产业基地申报了"金属骨灰存放架技术通用条件"（行业标准），填补国内同类空白；申报建设国家技术标准创新基地（江西绿色生态）区域中心，现已批准成立。标准的形成为行业高质量发展、产业转型升级、搭建交流合作平台具有深远的意义。

### 5. 企业改革创新成效明显

创新项目有新亮点，江西德泰科技有限公司在传统的金属家具基础上，创建新的研发团队，研发了智能全自动医用护理床、智能护士站等大健康产品，一经面世受到了业界一致好评；江西天地人环

保科技有限公司开发创立智慧展馆，并举行了开馆仪式，同时CCTV《实业精神》栏目拍摄了纪录片并在频道黄金时间播放。

### 6. 行业人才建设交流广泛

江西省家具协会邀请行业专家为会员企业80后高管举办专场问答会，解决企业转型升级、营销管理、生产管理、产品研发、财务管理、模式创新等方面的创新思路，以及行业发展存在问题的改进建议，推广创新经验，助推企业优质高效发展。

## 二、家具流通卖场发展情况

2021年，江西省家具产品专业卖场和独立门店在积极探索变革商业模式，主动适应经济新常态下的家具市场变化。江西省各家具专业卖场、独立门店坚持优化供给和拓展渠道相结合。一是与房地产公司联合进小区宣传、促销；二是抓住重大节日及假期时间节点，开展重点促销；三是与家具设计、装饰公司联合，形成战略联盟，跨界进行资源整合与共享，从单一的家具产品经营向与产品售前、售中和售后服务相结合促销；四是涉足互联网＋，探索进行线上与线下相结合的网络促销；五是根据消费群体的不同、收入的不同、年龄的不同，实行差异化促销。在当前家具市场受新冠肺炎疫情影响、生意不太景气的情况下，由于销售模式的变革，方法得当、服务周到，江西省家具专业卖场、独立门店的销售额总体仍然是稳中求进。

## 三、重点企业情况

### 1. 唯妮尔家居股份有限公司

公司隶属唯妮尔集团，是该集团多元化、多品牌战略发展的重要产业。公司注册资金1亿元人民币，项目占地75亩，投资总额达2亿元人民币，是一家集设计开发、生产销售、品牌打造为一体的

唯妮尔家居总部大楼

江西光正金属设备集团

大型现代化全屋定制家居制造企业。唯妮尔率先在江西省板式家具制造领域导入MES系统，实现了从自动化直接过渡到信息化，为将来升级"无人化工厂"（工业4.0）打下扎实的基础。专业的团队、领先的技术将为唯妮尔高速发展提供源源不断的动力，为唯妮尔品牌（WINER）的成长保驾护航。

### 2. 江西光正金属设备集团有限公司

公司坐落于中国金属家具产业基地——江西樟树，是一家集设计、研发、制造、销售智能金属设备的国家大型科技骨干企业。公司成立于2012年，注册资金1.3998亿元，生产经营场地133000平方米，员工总人数1060人，其中高级技术管理人才占10%以上，专业技术骨干占30%以上。2016年，实现销售收入3.12亿元、税收980万元。公司技术力量雄厚，生产设备先进，拥有成套国际领先的专业数控生产设备，包括德国"通快"光纤激光切割中心、全自动智能化喷塑流水线、德国"通快"数控冲压机床、数控折弯机等高端设备，为产品的质量和精美度提供有力保障。

（江西省家具协会　谢斌）

# 山东省

## 一、行业概况

2021年，经济仍处于下行期，呈现经济低迷、市场疲软、增长乏力特点。在疫情防控常态化的背景下，行业积极应对，实现了稳步发展。协会秉持"创新、协调、绿色、开放、共享"的发展理念，积极推动行业供给侧结构性改革，加快推进产业转型升级，打造行业高质量产业发展生态，逐步推动家具产业实现高质量发展。山东省家具行业2021年发展情况总结如下：

### 1. 行业整体增速继续放缓

受国内经济环境，特别是房地产市场调控，整体呈现下行趋势，影响波及下游家装、家具等相关产业，住房刚性需求逐年降低，改善型住房呈上升趋势，因此形成了成熟且理性的消费形态。家具行业经过近二十年蓬勃发展，行业进入了深度转型阶段，同质化产品已不适应当前的消费需求，个性化定制、智能化、时尚化成为当前消费的关键词。2021年，定制家居、软体家具板块相对保持稳定增长，但行业整体增速仍然呈下降态势。

### 2. 实木家具发展出现拐点

2021年实木家具受原材料上涨影响，涨幅高达35%～50%，辅料（油漆、五金、胶黏剂等）价格在不同程度上升，人工成本上涨，制造环节复杂、受环保政策影响程度高等因素助推制造成本高涨。相对销售环节，因市场同质化产品严重，且材质选择单一、雷同，造成市场无序价格竞争。实木家具相对缺乏时尚造成年轻人不认同实木家具，实木家具企业正在向高端整装定制方向转型。

### 3. 行业上下游融合速度进一步加快

以新材料、新工艺、新技术、新装备、新模式为特色，木工机械、原辅材料（板材、贴面材料、油漆、五金、胶黏剂、纺织面料、皮革、海绵、封边条等）、新产品技术研发速度加快，促进了家具产业的升级步伐。设计公司、家装公司向下游延伸，联合家具生产企业为用户提供了整体家装解决方案。因此，不论是实木，还是板式、软体类产品，都将以客户为中心，定制产品元素越来越多。

### 4. 销售模式呈现多元化趋势

传统销售模式是以家居建材商城为基础，因此形成了当前各大中小城市越来越多的家居商场，其中不乏全国连锁的家居商城，但当前90后、95后逐渐成为消费主流，销售模式也在发生改变。近年来，新的销售渠道在发展，地产商、家装公司、设计公司都在切分销售市场，天猫、淘宝网上销售越来越成熟，而快手、抖音、小红书直播带货平台成为当下行业的关注热点。

## 二、行业纪事

### 1. 山东省家具产业链联盟成立会议举行

4月8日，山东省家具产业链联盟成立会议在济南通过视频会议的形式举办，来自山东省家具产业链联盟的70余位企业代表通过线上形式参加，在山东省工业和信息化厅的指导下，在2015年11月成立的"山东家具产业链品牌联盟"的基础上进行了完善和补充。联盟成立后，将进一步提升我省家具产业链稳定性和竞争力，加快促进山东家具产业

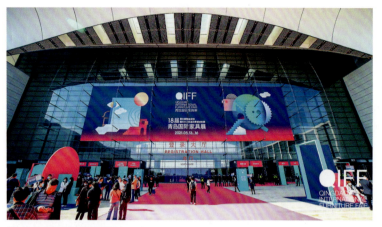

第 18 届青岛国际家具展

的高质量发展。

### 2. 2021 济青双展圆满举办

5 月中旬，第 18 届青岛国际家具展暨全屋整装定制、国际木工机械及原辅材料展和中国（济南）国际家具及整装定制产业展览会相继落下帷幕。展会为青岛＋济南双城联动模式，规模宏大、内容丰富、人气高涨，以高品质展示和全链协同展示的办展理念，为家具家居行业带来了一场精致、充实的展会体验。两大展会创新不断，亮点纷呈，既充分展示出山东及北方家居产业创新发展的最新成果，更昭示着北方家居产业高质量发展大幕的全面开启。

### 3. 宁丰集团第一条超薄高密度纤维板生产线投产

7 月 8 日，宁丰集团、万华化学、中国林业科学研究院木材工业研究所合作项目"无醛添加超薄高密度纤维板制备关键技术研究"启动会在万华化学总部举行。宁丰集团参与设计和建造了国内第一条超薄高密度纤维板生产线（济宁三联木业），实现了零的突破，生产的超薄高密度纤维板获得"国际领先"新产品鉴定，并率先制定了国内首部《超薄高密度纤维板》标准。

### 4. 第六届家居产业供给侧创新与发展峰会盛大召开

7 月 29 日，由山东省家具协会主办的第六届家居产业供给侧创新与发展峰会在泰安成功举办，峰会以"创新驱动变革·智能引领未来"为主题，采用先进技术趋势发布与新产品展示相结合模式，邀请国际贸易专家、智能生产制造专家、上游设备及材料供应商中具有科技性、环保性、前瞻性的家具涂装、设计管理软件、数控加工中心、家具五金等优秀企业及管理专家，现场探讨如何通过新材料、新技术、新工艺、新装备、新模式实现家具企业降低成本、提高效率、提升品质，推动家具产业高质量发展。

### 5. 第十七届中国林产品交易会暨大家居产业协同发展，助力乡村振兴高峰论坛盛大召开

第十七届中国林产品交易会暨大家居产业协同发展，10 月 25 日，助力乡村振兴高峰论坛在菏泽盛大召开，会议以"新格局·新模式·新发展"为主题，邀请行业专家、产业链上下游品牌企业代表共同探讨大家居产业协同与助力乡村振兴融合发展之路。论坛内容丰富，既有理论指导，也有来自一线企业家的实践分享，与时俱进，注重理念创新，为企业多维度思考大家居产业协同发展、助力乡村振兴提供了更多创新思路。

## 三、重点企业情况

### 1. 山东万家园木业有限公司

2021 年，公司投资 600 万元，进行智能化柔性生产线的改造项目，可以真正实现人机一体化，工业数据流在工厂智能传输，生产数据实时采集分析，全程数据互联、可视化，板材不落地，最大可能减少人工干预，将传统模式下各个环节互联形成一个动态的生态圈。公司对现有车间生产线进行升级改造。新增木工柔性生产线，进行板材自动上料、自动贴标、正面开料、垂直钻孔、开槽、异型加工和自动出料；高速自动封边机左右连线，利用电脑控制快速上胶、自动压贴、传送、精修、刮边、断丝、平刮、清洁、抛光、履带压料；智能化

数控六面钻三机连线，使用工控软件，实现智能自动化连线打孔。

### 2. 山东大唐宅配家居有限公司

公司专业从事绿色智能家居产品定制设计与生产，2019年被认定为国家高新技术企业，2021年获得山东省首批绿色工厂，山东省瞪羚企业认定。近年来，公司持续加大人才和科技投入，紧跟前沿技术，科学发展、绿色发展、创新发展，在产品、工艺、设备、材料方面力求突破。2021年，大唐宅配为中国首台雪蜡车设计安装全套定制车载家居产品，确保满足质量轻、强度高、耐防水、可承受车辆运行颠簸的要求，出色完成了中国首台雪蜡车家居配套任务，为北京冬奥会贡献了山东智慧、泰山力量。

### 3. 山东凤阳家具有限公司

公司是中国软体床垫行业的知名企业，以软体沙发、软床、床垫三大核心品类为主，品牌自创立至今，一直致力于健康睡眠与科学睡眠研究，坚持自主研发弹簧系统，1989年制造出国内第一张布袋簧床垫。2021年，完成对山东生产基地的升级改造，引进国内最先进智能数字化生产流水线，真正实现了软体家居舒适智能化设计、规模化生产的"C2B+O2O"商业模式，大幅度降低工人的体力劳动，打破传统制造企业依赖劳动力模式，成为数字化经济时代的新典范，现年生产能力床垫50万张、沙发5万套、软床10万套。目前，拥有山东智能数字化生产基地和河北雄安科技研发中心，总资产达25亿元，总占地面积400余亩，厂房建筑面积28万平方米，凤阳先后荣获"国家轻工业部优质产品""中国轻工业部500强发展企业""中国家具行业领军企业"等多项殊荣。2021年10月，中国家具协会授予凤阳家具"中国家具产业职业技能培训基地"称号。

### 4. 青岛三喜海绵科技有限公司

公司创建于2014年，公司自成立以来注重质量体系管理，通过了ISO/TSI 16949国际质量体系认证，极大地提高了质量管理水平。为公司一期占地30亩，建筑面积25000平方米，2018年正式投产；二期占地面积38亩，建筑面积35000平方米，预计于2022年4月建设完成。经过近十年的发展，公司已建成海绵研发、生产、加工及海绵相关产品生产加工包装的全流程生产线，并建立了独立完善的质量控制体系。公司生产厂区位于青岛黄岛区六汪工业园，距离青岛港及胶东国际机场均不足一小时车程，交通迅捷便利。依托区位优势，公司在深耕技术研发、不断完善生产工艺的同时，积极拓展产品销售渠道，内销外贸双管齐下。

### 5. 济南黄台环球家居博览中心

博览中心位于清河北路，是济南北跨黄河，打造新旧动能区的核心地带，是由济南黄台集团投资建设的大家居产业综合体。博览中心总面积70万平方米，整体体量大，设有品牌总部旗舰店、营运中心等总部店，全力打造中国家居山东总部基地、进口家具北方总部基地、中国家居北方销售基地、永不落幕环球会展中心。项目同时兼顾了与居家生活相关联的产业：餐饮、美食、健身、儿童教育、创意中心、婚纱摄影、影院、休闲娱乐、电竞及新一代年轻人时尚产业等，2021年商场立足当前发展实际，倾力打造电商直播平台建设，重点开启线上宣传、邀约及获客，开启家居建材的直播销售业务，逐步打造以大家居为主业，相关居家生活为功能配套的综合时尚商业体。

（山东省家具协会　韩庆生）

山东大唐宅配冬奥会雪蜡车交付仪式

# 河南省

## 一、行业概况

2021年，全球新冠肺炎疫情持续反复，世界经济复苏势头放缓，供应链不畅、通胀高企等问题加剧。国内疫情多地散发，需求面临诸多约束，原材料价格高涨，供给隐忧突显。上半年经济恢复态势较好，主要指标符合预期，下半年受疫情及汛情交织、大宗商品价格上涨、能源要素保障不足等因素影响，经济运行面临需求收缩、供给冲击、预期转弱三重压力，在工业领域尤为突显。市场预期和企业信心出现波动，工业经济平稳增长的紧迫感进一步增强，同时还要积极主动应对复杂严峻形势、特大洪涝灾害、多点散发疫情带来的多重冲击。为加快推动制造业高质量发展，在多个领域实现重塑性变革和战略性突破，工业和信息化部门牵头组织"万人助万企"活动，推动了受灾规上工业企业的复工复产。

抓住京津冀产业外迁的机遇，河南省已建成七家家具或"泛家居"产业园区，具有一定规模和影响力的产业集群包括兰考和原阳的定制；清丰和尉氏的实木家具；羊山的沙发（外销）；平舆的户外家具（外销）；庞村的钢制办公家具（外销+内销）。以上园区社会分工明确，主导产业清晰，产业链基本完善，集群效应初步显现。以上园区是河南省家具产业支柱，是未来河南家具从产业大省向产业强省高质量发展的压舱石。

2021年，全省规模以上工业增加值同比增长6.3%，中小企业增加值同比增长7.1%，工业投资同比增长11.7%、高于全国0.3个百分点。河南省内家具制造业营业收入同比增长18.5%，营业成本同比增长21.1%，营业收入同比增长18.5%，利润总额同比增长0.5%，工业增加值同比增长16.4%。据新浪家具频道讯（2022年1月19日），从郑州海关获悉，据统计，2021年河南外贸易进出口总值

2017—2021年河南省家具集聚区情况汇总表

| 主要指标 | 2021年 | 2020年 | 2019年 | 2018年 | 2017年 |
| --- | --- | --- | --- | --- | --- |
| 企业数量（个） | 175 | 172 | 156 | 239 | 236 |
| 工业总产值（万元） | 1869539 | 1558930 | 1395623 | 1263596 | 2586239 |
| 主营业务收入（万元） | 1863253 | 1556329 | 1393569 | 1262373 | 2584382 |
| 规模以上企业数（个） | 56 | 59 | 59 | 68 | 67 |
| 规模以上企业工业总产值（万元） | 1786407 | 1469177 | 1301298 | 1214877 | 2571897 |
| 规模以上企业主营业务收入（万元） | 1783028 | 1443913 | 1301029 | 1213795 | 2570231 |
| 出口值（万美元） | 19000 | 15000 | 18000 | 17000 | 23000 |
| 家具产量（万件） | 3700 | 3100 | 3200 | 3100 | 5900 |

资料来源：河南省家具协会。

达 8208.1 亿元，比 2020 年（下同）增长 22.9%，高于全国进出口增速（21.4%）1.5 个百分点，历史首次突破 8000 亿元大关。其中，出口 5024.1 亿元，增长 23.3%，高出全国出口增速 2.1 个百分点；进口 3184 亿元，增长 22.3%，高出全国进口增速 0.8 个百分点。

## 二、行业纪事

### 1. 协会换届

河南省家具协会第四届理事会现已届满，五年来，较好的落实了上级主管部门交办的各项任务，出色完成主要工作，实现了从全国家具消费大省到全国家具产业大省的历史使命。2021 年 3 月选举产生的新一届领导集体，符合河南省家具协会工作实际，有利于协会持续稳定发展。新一届领导集体严格按照章程规定各司其职，在轮职会长工作指导下，由执行会长带领河南省家具协会开启新的篇章。

### 2. 清丰展会

目前以清丰实木家具展为代表的河南展会也在不断地崛起。2021 年，河南省家具协会成功举办了第四届中国清丰实木家具博览会，为河南家具走向全国提供了一个重要的窗口，使得具有"清丰特色"的实木品牌，得到了全国同行认可和欢迎，打开当地实木家具品牌对外市场，推动清丰家具高质量快速发展。

### 3. 救灾防汛，守望相助，河南家具企业在行动

2021 年 7 月 20 日，河南多地持续遭遇强降雨天气，郑州、新乡、卫辉、开封等城市及周边乡村发生严重内涝。8 月 21 日郑州新冠肺炎疫情暴发，全

河南省家具企业在行动

市封城。河南省家具企业展开"防汛防疫有我在",守望相助的救灾防汛工作。河南省家具协会部分会员单位身处受灾中心,但仍不忘身上肩负的社会责任,克服生产复工困难、积极组织协调,为受灾严重地区的人民群众捐钱、捐物、捐力,有的企业家甚至带领员工奔赴受灾一线开展救灾工作。面对严峻的汛情灾情,他们密切关注,紧急协调资源安置救援队、支援社区灾后重建、捐赠灾后需求物资,为重建美好家园尽绵薄之力,彰显河南企业家的社会责任感。

## 三、家具流通卖场发展情况

### 1. 郑州欧凯家居商场

商场目前经营面积超过 80 万平方米,年营业额达 60 亿元,进驻家居品牌达超 1500 家。在良好的体验和服务的企业立身之本基础上,欧凯龙以"线上服务、线下体验"理念为指导,提出"店商+电商"双线并行的运营模式,使欧凯龙在提升中原人居家品位的道路上走得更远、更稳。

### 2. 福蒙特家居中心

福蒙特将"天空之城"搬进商场,打造家居艺术新地标。随着购物中心迈入增量时代,商业空间价值打造就成为差异化竞争的重要筹码。顺应消费升级的时代潮流,探索升级转型之路,福蒙特家居中心以沉浸式场景赋能商业中心,将独特的"家文化"植入商场,为人们带来梦幻般的购物体验,焕新家居行业新面貌。

### 3. 郑州中博家具批发中心

中博是中原地区最大家具批发市场,经营面积近百万平方米,入驻商家千余家,销售品类齐全,涵盖面广。中博家具市场一贯重视服务质量的不断提高,为客户提供现代概念的物流供应链一体化服务。

## 四、特色产业发展情况

### 1. 北方实木集群的形成

河南家具企业在深圳、东莞等全国和地方家具展会不断亮相的过程中,涌现出许多优秀企业。如郑州的雅宝,开封的木之秀、质尊,尉氏的亿佳尚品、三佳欧上、红创、北京华丰、盛邦华悦、华亿木歌、润亚亿森,清丰的俞木匠、世纪佳美、皇甫世家、东方冠雅、江南神龙、语木皇家、千家万家、美松爱家等。北方实木集群入驻京津冀及广东实木家居企业300 余家,已成为北方最大的实木家居产业基地。

### 2. 河南定制集群已经培育起来

目前河南的定制集群已基本培育成体系。郑州的大信、意利宝、都驰、瀚美居、简一等,原阳的田园康居、名昊木门、大自然室鑫等定制企业,形成了河南定制企业引领者,企业以家居产业园为载体,加大区域效应,助推河南定制产业发展新格局。

### 3. 河南软体家具品牌的发展

河南软体家具企业与时俱进,不断创新,着力于产品研发与设计高质量发展。郑州的斯谛依诺、品尚家居、宝诗菲利、迪高乐、巴黎之春、心之约、今得宝、穗好等,原阳的东方名狮、富魄力、神宝、贝卡伦等,清丰的丽曼俪、库斯、眠馨、优迪等;信阳的永豪轩、利亚斯、优度等企业,确保市场销售的产品符合当前流行趋势,产品品质满足中高端消费需求,已在河南家具行业形成氛围,助力河南家具软体企业转型升级,快速发展。

### 4. 河南钢制办公基地

洛阳庞村是传统的河南钢制办公基地,立足国际视野,打造国际知名品牌。目前,国家级高新技术企业 5 家(赛福德、通心、神盾、千鸣科技、花都),国家级科技型中小企业 43 家(鑫辉、通心、星原、佰卓、科飞亚等),河南省科技型中小企业 18 个,省级工程技术研究中心 2 个(通心、佰卓),市级工程技术研究中心 2 个(花都、通心),市级企业研发中心 18 个,企业共拥有专利 244 个(其中发明专利 5 个、新型和外观设计 239 个),企业科技创新结硕果。庞村镇钢制家具产业从一把榔头、一张铁皮、一个手工作坊起家,仅仅 30 多年的发展,销售份额居然占到全国市场的 80%,成为中南海、国务院等中央国家机关的重点采购对象,并出口欧美及亚非拉 50 多个国家和地区,成为全国最大的钢制家具产销基地。纵观庞村钢制家具产业发展轨迹,观念的更新是支撑企业做强、产业做大的关键所在。

(河南省家具协会 刘艳明)

# 湖北省

## 一、行业纪事

### 1. 促家具产业园发展，做实园区发展蓝图

湖北省家具协会赴孝感大悟中南国际家居产业新城考察调研。大悟家居产业新城横跨三城，凭借地理优势，引进数家国内家居一线品牌，重点引进广东沿海发达地区大企业。由于新冠肺炎疫情及国际贸易影响，大部分外销已转为内销。大悟县政府对项目予以高度重视，出台了支持产业园发展的相关政策。湖北省家具协会、湖北省质量监督检验研究院在汉川召开产业园座谈会，走访调研了产业园区。与监利香港家具产业园和园区科学技术和经济信息化局举行了产业园规划座谈会，进一步做实产业园规划。协会多次探访红安融园、汉川金鼓城、潜江华中家具产业、荆门绿色家居产业园等产业园区，并保持与政府的及时沟通。

### 2. 湖北省家具协会青年企业家分会成立

1月7日，湖北省家具协会青年企业家分会成立暨授牌大会召开。湖北省家具协会会长谢文桥报告了相关工作，欧亚达家居集团、武汉市金鑫集团、金马凯旋家居集团、武汉市红旗家俱集团有限公司、湖北联乐集团等多位湖北本土青年企业家代表出席了本次大会。目前，国内外市场环境更加复杂严峻，而国内家具产业正在向中部地区转移，作为新一代青年企业家、新时代的行业领袖，更应该携手共进，在行业中既是竞争对手更是合作伙伴，强强联手吸引社会聚焦。建立行业内青年企业家区域联盟，打造更有利的战略方针，通过品牌共享、场地共享、战略资源共享等举措，加大湖北家具的影响力。

### 3. 走访企业，做好服务工作

协会通过走访武汉红丽居室用品有限公司、欧亚达集团、湖北保丽集团、金马凯旋家居CBD，详细了解疫后复工的运营状况；与徐氏天艺互联科技有限公司、武汉市金鑫集团有限公司、湖北米迪智能家具有限公司等企业的干部职工召开座谈会，激发企业改革创新思路；通过对湖北伍龙家具制造有限公司，湖北楚龙兴家具制造股份有限公司和武汉红福堂家具制造公司调研，针对疫后存在的生存难题和遇到的多种困境，把绿色智能化发展提到了议事日程，协会帮扶企业走上良性循环发展轨道。

2017—2021年湖北省家具行业发展情况汇总表

| 主要指标 | 2021年 | 2020年 | 2019年 | 2018年 | 2017年 |
| --- | --- | --- | --- | --- | --- |
| 主营业务收入（亿元） | 420 | 420 | 450 | 430 | 428 |
| 规模以上企业数量（个） | 180 | 180 | 200 | 198 | 198 |
| 规模以上企业主营业务收入（亿元） | 200 | 210 | 260 | 248 | 236 |

资料来源：湖北省家具协会。

### 4. 家居修护分会首届常务理事会暨授牌大会召开

6月28日，湖北省家具协会家具修护分会正式挂牌，家居修护是家具售后服务的延伸和拓展。与家庭日常生活息息相关，是提高居民生活质量的重要服务举措。通过家居修护分会的建立，促进湖北省家具协会向深层次发展，既满足人民群众家庭生活所需，也为企业储备巨大的市场潜力。

### 5. 首届中部（武汉）全屋定制及门窗博览会

5月13—15日，首届中部（武汉）全屋定制及门窗博览会在武汉举行，该展会是湖北省家具协会与武汉市家具协会主办的唯一展会，展出面积3万平方米，参展企业500余家，会期3天，共吸引中部地区专业买家3.8万人次，受到了参展商及买家的一致好评。

### 6. 皇朝国际建材家居与商户共克时艰

皇朝国际建材家居总规模达8万平方米，涵盖建材、家居、家装、家饰、软装、电器、设计等多个领域，是"一站式购物"综合卖场。2021年商场加大投入营销补贴，后疫情时代与商户共克时艰。全年做了1场设计师交流活动、2场大型单店开业庆典、3场大补贴人气爆满的节假日活动、6场明星落地活动、引导扶持7场成功的联盟活动，全年总销售额同比增长44%，其中集中促销活动销售额同比增长31.6%。

（湖北省家具协会　谢文桥）

# 武汉市

## 一、家具流通卖场发展情况

### 1. 武汉欧亚达商业控股集团有限公司

武汉本土品牌欧亚达家居,率先疫后行动,为宜昌五峰湾潭民族中小学备考的孩子们,送去了50个暖冬爱心大礼包;联名喜临门、敏华控股和白马商业举行"助力湖北教育·让学生睡好觉"爱心公益捐赠;向湖北教育系统捐赠价值31.96万元的物资和10万元现金,组建爱心车队为高考学子赴考"护航";"OH！WALKING"欧亚达徒步赛在东湖绿道开赛,2000多人齐聚东湖,用脚步丈量美丽大武汉;成立湖北省慈善总会欧亚达助学基金,捐赠1000万元,用于"童享阳光"困难儿童助养计划;关爱弱势群体,参与湖北省慈善总会举办的"慈善情暖万家"活动。

### 2. 金马凯旋集团

金马凯旋集团华中酒店办公家具博览中心2018

欧亚达慈善活动

年7月正式立项并举办办公家具双选会,2020年10月开始招商,受到行业品牌的青睐。2021年5月1日,金马凯旋集团华中酒店办公家具博览中心正式营业,成为中部地区首家最具规模的专业酒店办公家具商场。2021年7月,金马凯旋家居第十三

### 2017—2021年武汉市家具行业发展情况汇总表

| 主要指标 | 2021年 | 2020年 | 2019年 | 2018年 | 2017年 |
| --- | --- | --- | --- | --- | --- |
| 企业数量（个） | 850 | 850 | 900 | 900 | 960 |
| 工业总产值（亿元） | 50 | 58 | 67 | 70 | 78 |
| 主营业务收入（亿元） | 45 | 50 | 56 | 60 | 65 |
| 规模以上企业数量（个） | 20 | 20 | 20 | 20 | 20 |
| 规模以上企业工业总产值（亿元） | 10 | 12 | 15 | 16 | 18 |
| 规模以上企业主营业务收入（亿元） | 8.5 | 9 | 9.5 | 10 | 15 |
| 内销额（亿元） | 65 | 68 | 70 | 70 | 80 |

资料来源：武汉家具行业协会。

届家博会及秋季批发采购大会举行，带动了武汉家具行业疫后重振。

## 二、重点企业情况

### 1. 武汉超凡家具有限公司

4月7日，武汉超凡家具举办2021新品发布会暨经销商年度盛典。工厂推出现代简奢黑胡桃新系列和莫兰迪系列升级品，分享了超凡家具酷家乐定制工具，提升了定制效率。5月，武汉超凡家具感恩回馈大型全国促销，为疫后重振作贡献，"为品质生活而来"工厂抢购会，广大消费者齐聚工厂总部，感受超凡实木家具生产全过程与匠心工艺，赢得了消费者的点赞；9月超凡家具全国销售培训会成功举办，提升全国销售门点、团队、专业销售人员的专业技能知识，提高销售团队核心凝聚力；12月，超凡家具在厂区前建了蔡甸区首个园林式、科普式、开放式的工业园区街心盆景公园，厂前盆景公园占地3000平方米，集休闲、观光、科普教育于一体的百姓街心盆景公园，成为打卡一景。超凡家具联合万科物业，为万科业主组织专场"品质生活，超凡之旅"大型工厂行活动。为业主提供一对一咨询和专业的定制购物，满足业主实际需求，让业主逛工厂、赏工艺、享厂价。

### 2. 湖北联乐床具集团有限公司

2021年3月21日，适逢一年一度的"世界睡眠日"，联乐家居新一代SMEEP智能床垫2021新品系列iMattress-X、iMattress-H、iMattress-P历经三年研发震撼发布。"SMEEP智能床垫新品"携中国科学院苏州生物医学工程技术研究所、武汉大学中南医院、湖北六七二中西医结合骨科医院，为广大消费者分享开创性的健康睡眠新理念。为了"让人们一觉睡到自然醒"，新一代SMEEP"AI自适应调节床垫"，真正实现了人工智能与传统寝具的完美结合。它可根据夜间人体睡眠姿势的改变来主动调节床体与身体各接触点的高度，通过与大数据的对比，降低高压点床体、抬高失压点床体，无论睡眠者是何种身高、体重、体型或者偏好，均能让床垫对身体的贴合度达到最佳状态，真正实现了睡眠的个性化定制，满足人们对智能家居生活的美好向往。

（武汉家具行业协会　谢文桥）

# 湖南省

## 一、行业纪事

### 1. 成功举办建材及特色家具展会

2021年3月25—27日，2021中部（长沙）建材新产品招商暨全屋定制博览会、2021中部（长沙）家具家纺博览会在长沙国际会展中心盛大举办。本届展会汇集了来自全国建材、家具行业的2300多家企业近3200多个品牌，展览面积达11万平方米。据不完全统计，建材家具博览会3天时间的观展人数达25万人次，来自全国130多个相关行业协会组团参观展会和参加相关论坛，为企业实现高效快速发展市、县级经销代理商、加盟商，打造企业品牌，建立和完善市场渠道销售网络以及房地产项目全系列产品采购提供平台。

此外，同期举办的2021中国泛家居产业趋势暨住宅内装产业发展论坛、2021顶级室内装饰设计获奖作品展、世界技能大赛精细木工技能大赛及木工创意作品展等丰富多彩的活动，为行业企业提供找产品、看趋势、听论坛、见未来的平台和机会。

### 2. 公益维权行动

2021年4月21日，湖南知识产权"壮知同行"公益维权行动启动仪式暨湖湘驰名商标保护论坛在协会会长单位——晚安家居集团举办。会上，各参会代表围绕知识产权保护现状、面临的困境、如何在知识产权行政保护和司法保护实务中协调衔

公益维权行动启动仪式暨湖湘驰名商标保护论坛

### 2017—2021年湖南省家具行业发展情况汇总表

| 主要指标 | 2021年 | 2020年 | 2019年 | 2018年 | 2017年 |
| --- | --- | --- | --- | --- | --- |
| 企业数量（个） | 5000 | 6000（含定制企业） | 3640 | 3280 | 3400 |
| 工业总产值（亿元） | 356 | 385 | 400 | 530 | 550 |
| 主营业务收入（亿元） | 380 | 400 | 420 | 550 | 570 |
| 规模以上企业数量（个） | 230 | 218 | 204 | 188 | 176 |
| 规模以上企业工业总产值（亿元） | 280 | 265 | 272 | 230 | 310 |
| 规模以上企业主营业务收入（亿元） | 266 | 255.70 | 261.21 | 219.97 | 307.64 |

资料来源：湖南省家具行业协会。

接统一标准,及如何健全完善保护协同机制形成保护合力等几个方面进行讨论并提出意见建议。与此同时,协会及会员企业也积极开展打假维权、行业自律、行业诚信体系建设等相关工作,以期维护市场秩序,服务行业,服务广大消费者。

### 3. 协会荣誉

2021年1月,湖南省家具行业协会获湖南省工商业联合会"抗击新冠肺炎疫情先进单位"称号,同时被认定为2019—2020年度全国"四好"商会,执行会长兼秘书长刘发刚荣获省级"优秀秘书长"称号;7月17日,协会获中国家具协会职业技能培训中心认可,首批"中国家具行业职业技能培训基地"正式挂牌。

## 二、重点企业情况

### 1. 湖南省晚安家居实业有限公司

2021年3月20日,湖南省家具行业协会会长单位——晚安家居文化园内以"风华正茂·幸福花开"为主题的致敬红色之旅暨岳麓樱花节火爆举办。此次樱花节,晚安园区内设置了多处红色打卡点,还举办了以晚安红色主题、樱花游园为主题的摄影大赛,以及有趣的亲子运动会,在山林间安排了民乐演奏,让游客在游园赏花的同时,缅怀过去的峥嵘岁月。晚安文化园的樱花每年在3—4月盛开,并面向广大市民免费开放,让大家前来赏游美景,参与有趣的活动,体验当下中国民族的自信之美。

湖南省2021年新冠肺炎疫情发生后,晚安家居向张家界捐赠价值30万余元的爱心帐篷,为防疫一线人员搭建遮阳挡雨的爱心通道;捐赠60万元支持岳麓区30名优秀学子圆梦名校。

### 2. 湖南梦洁新材料科技有限公司

公司2021年营业收入1.13亿元,床垫产值6000万元;以"让国人拥有健康好睡眠"为企业使命,2021年自主孵化"优眠科技"高端睡眠品牌;企业已通过ISO9001质量体系认证、ISO14001环境管理体系认证,床垫类产品被评为"中国环境标志产品",并被湖南省质量检验监督局评为"湖南省名牌产品";企业拥有全国独家瑞士进口制簧串簧设备,拥有"一种悬浮式锁边机工作台""一种具有加

岳麓樱花节

热功能的床垫""一种具有温控功能的节能床垫"等数十项专利。

### 3. 湖南星港家居发展有限公司

2021年,星港全新推出科技护脊芯、科技环保技术、科技免疫、科技全净眠四大科技支撑,致力缔造健康睡眠。2022年,星港自主研发推出星港D20人工智能睡眠系统,科技解决睡眠问题。D20床垫内设传感系统,可智能搭建高端的定制睡眠场景,自动感受身体的不同状态,自动匹配对应的模式,智能升降床头高度,使用户达到放松减压、轻松入睡的效果。

### 4. 湖南欢颜新材料科技有限公司

2021年10月,欢颜家居参加长沙国际"残疾人日"送温暖活动,此次活动由长沙开福区政府主办,由社会企业自愿参加,欢颜家居多年来致力于献爱心,送温暖捐款扶贫活动,这是欢颜家居作为企业的社会担当,也是欢颜人的骄傲。12月,欢颜家居签约跳水世界冠军刘甜,在刘甜身上我们不止看到的是冠军的荣耀,更是作为"世界冠军"背后日复一日刻苦训练和不忘初心的坚持,刘甜的加盟将为欢颜的品牌发展开启新的篇章。

### 5. 邵阳市舒康美家具有限公司

2021年,公司销售额1.2亿元,产值1.3亿元,旗下自主品牌"舒康美""美标"获得马德里商标,向国家知识产权局申报实用新型专利5件、外观专利20件。2021年,郴州桂阳占地160亩工厂,前期60亩地已经全部完成主体建筑,办公楼顺利封顶,预示着智能家具生产基地将快速投产,这加快了舒康美公司从传统家具生产迈向智能化家具生产,生产智能家具产业发展的新步伐,实现智能制造与智能家具生产的头部企业序列。2021年,由邵阳市舒康美家具有限公司参与起草的团体标准《家居产品质量评价准则》(T/CFDCC 0212—2021)于2021年11月1日开始实施。

### 6. 桂阳港艺家具有限公司

公司创立于1989年,是一家集全实木家具研发、设计、生产和销售于一体的企业。旗下的"金港亿""纳美奇""莫林""赫拉美蒂"等品牌,分别在线上线下进行营销,产品远销海内外,港艺也成了目前实木家具行业的标杆企业。2021年,港艺家具做出了新的品牌布局,将旗下专利品牌金港亿升级为鲁班制床,旨在发扬中华优秀传统木作文化和吉祥文化,着力传承和发扬工匠精神,打造家居行业的国潮品牌。品牌升级后,产品融合了鲁班榫卯工艺,并于2021年3月在佛山乐从国际家具展和东莞名家具展亮相,获得了社会各界的广泛关注,同时旗下设计师产品《夜阑》也获得了东莞名家具展卓越产品设计奖铜奖。2021年销售产品数量超1万件,已经超过疫情前销量,线下"金港亿鲁班制床"专卖店超过300件,全年总产值达1.8亿元。

### 7. 湾田国际

湾田国际规划占地面积5392亩,投资300亿元,是湖南省市区三级重点建设项目、湖南省"五个100"重点建设项目、湖南"十二五"规划重点建设项目、政府指定市场外迁承接地,更是"国字号"建博会永久举办地。2021年,是新冠肺炎疫情缓解之后的第一年,湾田国际各方工作也逐步走上正轨,2021年园区整体销售额达100亿元,商户整体经营呈逐步上升状态;在市场经营方面,成功举办第八届周年庆,实现参与商户200余户,到场1000余人,成交2000余万元;举办第八届建博会,参与商户300余户,到场3000余人,成交4000余万元;举办第四届五金机电展示交易博览会,利用3个月深入到14个地市(州)区域进行地毯式的宣传推广,活动现场实现了引流4000余人,成交6000余万元,各项活动成效均优于2020年,整体成效突显;在市场发展方面,2021年成功引进全新业态——二手家具市场,成功吸纳了近200户原四方坪二手交易市场商户整体进驻,形成了长沙二手交易行业新的聚集地,极大地宣传了项目口碑,提升了整体影响力。在配套提升方面,湾田国际商业广场于6月盛大开业,酒店、超市、特色餐饮等集体进驻,形成了全新的购物休闲新中心,极大地丰富了园区商户生活。

(湖南省家具行业协会 刘发刚)

# 广东省

## 一、行业概况

2021年,广东省家具行业坚持"创新驱动、设计引领、优价优质、绿色发展"指导思想,进一步实施"增品种、提品质、创品牌"战略,行业经济运行呈现行业发展新增速,出口逆势新发展,消费升级新趋势,限电限产新措施,创新驱动新台阶,会展经济新循环,智能制造新动能,行业发布新规划,技能竞赛新能手,三十而立新征程等特点。

### 1. 行业发展新增速

2021年,全省家具规模企业1454家,约占全国6547家的22.2%。全年平均用工31.47万人。全省家具规模企业平均单价956.85元/件,比全国平均单价714.70元/件高了33.9%。平均利润率4.78%。平均劳动生产率68.9万元/人。

### 2. 出口逆势新发展

2021年,海关统计广东省家具出口1379.35亿元,约占全国4953.25亿元的27.8%,同比增长12.2%。受全球新冠肺炎疫情影响,国际海运货柜严重短缺,运费平均涨价4~5倍;东南亚等地家具生产受限,一些国际订单回流中国;"中美贸易战"征收关税;国内家具原辅材料尤其是化工类材料连续涨价。尽管出现诸多影响因素,但广东省家具出口逆势上扬、成绩不俗,为我国家具出口稳步增长做出重要贡献。

2021年,广东省家具出口前十位的国家和地区包括美国、日本、澳大利亚、英国、韩国、加拿大、中国香港、德国、沙特阿拉伯、马来西亚,合计855.44亿元,占广东省家具出口的62%,同比增长17.4%。其中,出口美国387.81亿元,占28.1%,同比增长24.3%,位居首位;出口加拿大、中国香港、德国、马来西亚、澳大利亚两位数增长,分别增长19.6%、19.2%、17.8%、17.6%、11.0%;出口英国、日本、韩国、沙特阿拉伯较快增长,分别增长9.3%、6.7%、6.4%、2.4%。

### 3. 家具消费新趋势

消费结构新变化:80后、90后成为主力消费人群,有利于家居整体解决方案需求释放;新中产群体驱动高品质、一站式家居服务。

消费行为新变化:消费者开始转向线上选款比价、直播促销互动,与线下体验、设计下单相结合。

环保需求新变化:疫情让消费者更加注重环境卫生健康,绿色环保成为消费者重要选项。

2021年广东省家具行业规模以上企业主要经济指标汇总表

| 主要指标 | 2021年 | 2020年 | 同比增减 |
| --- | --- | --- | --- |
| 主营业务收入(亿元) | 2168.35 | 1953.47 | 11.1% |
| 总产量(万件) | 22661.35 | 19757.06 | 14.7% |
| 利润总额(亿元) | 103.68 | 105.55 | -1.8% |

资料来源:广东省家具协会。

定制渠道新变化：住宅全装修政策引发精装修市场高速增长，整装和全屋定制成为拉动零售业绩的新增长点。

产业跨界新变化：家具与房地产、家装、家电、建材、互联网等行业相互渗透，扩大整装业务和服务领域。

电商零售新变化：大企业和大卖场试水"新零售""大家居""共享家具"等概念，将互联网、大数据、人工智能等应用于线上引流、线下体验及物流运输等方面。

### 4. 限电限产新措施

第三季度，东莞、佛山、中山等地对工业企业实施大规模"开二停五"限电措施，广东省家具主要产区受到阶段性生产限制。一些地区采取规模以下企业"开一停六"，规模企业"开二停五"，高级优保企业"开四停三"等差别化限电。联邦集团、长江公司、鑫诺公司、郦江科创公司等骨干企业自建的光伏发电项目，在本次限电中发挥重要作用。

## 二、行业纪事

### 1. 创新驱动新台阶

工业和信息化部认定尚品宅配公司的定制家具和家居解决方案为国家服务型制造示范平台；欧派公司、索菲亚公司为服务型制造示范企业；海太欧林公司、维尚公司为国家企业工业设计中心；顺德家具研发院为国家中小企业服务示范平台。国家标准化管理委员会通过联邦集团第一批国家级消费品标准化试点验收。中国轻工业联合会授予尚品宅配公司、海太欧林公司"十三五"轻工业科技创新先进集体；与中国家具协会联合授予新会区中国传统古典家具产业基地。

广东省科学技术厅认定长江（河源）公司、海太欧林公司、三维家公司、优坐公司、鸿伟木业公司为省工程技术研究中心。广东省工业和信息化厅认定慕思公司、海太欧林公司、联柔机械公司、劳卡公司、富安娜公司、阅生活公司、优坐公司、卡诺亚为省工业设计中心。广东省工业和信息化厅对广东省家具协会在《广东省发展现代轻工纺织战略性支柱产业集群行动计划（2021—2025年）》编制工作的支持发出《感谢信》。广东省工业和信息化厅与广东省文化和旅游厅联合确认罗浮宫公司、维尚公司、源田公司为省工业旅游培育资源库项目。广东省市场监督管理局评估省家具制造业标准委为优秀等级。广东省总工会，向长江公司张强颁发"劳动奖章职工"，向慕思公司、现代筑美公司、索菲亚公司、华洲木业公司颁发"劳动奖状单位"。

广东重点商标保护名录纳入首批企业。广东商标协会重点商标保护委员会认定联邦、尚品宅配、光润、中泰龙、建威、华盛、罗浮宫、慕思、穗宝、海太欧林、源田、丽江、美盈、维尚、华润、耀东华、华沙驰、国景、派格、四海、嘉宝莉、大宝、虹桥等42件商标成为首批广东重点保护商标。

### 2. 会展经济新循环

第47届中国广州家博会以"设计引领、内外循环、全链协同"为定位，75万平方米，4000家参展企业，35.8万专业观众，为后疫情时期家具企业的转型发展蓄势赋能。第45届名家具展以"品牌新势能、设计新领地、渠道增量场"为定位，10个展馆1500品牌搭建生态平台。第36届深圳国际家具展引领国内外家居流行趋势和生活方式变革，为行业献上新思维盛宴。第40届龙家展和第30届亚洲家具材料展，整合家具、选材、设计、制造、展示、交易、外贸、物流等全产业链。

第十二届广州家居设计展以打造"中国高校设计联展"为宗旨，推动"产、学、研、用结合"为己任，有力促进我国家具设计创新健康发展。第十届"省长杯"工业设计大赛举办泛家居专项赛作品展。工业和信息化部中小企业局梁志峰局长参观时，对广东省家具协会长期致力推动行业设计创新、引领行业高质量发展工作给予充分肯定。

第十二届广州家居设计展启动仪式

"粤贸全国"计划由广东省家具协会等18家省级协会发出,号召提升广东企业市场竞争力和广货品牌影响力,为广东建设贸易强省、打造新发展格局的战略支点做出积极贡献。广州家博会等专业展会被纳入"粤贸全国"年度百场活动。智慧家居健康生活论坛,围绕智慧家居应用成果、智慧经济产业链,研讨家居智能化应用新模式。整装产业领袖峰会探讨整装产业、整装设计产业发展之路。品质制造高峰论坛探讨制造业转型升级、智能制造、品质管理,助力形成新动能。

第16届中国乐从红木博览会以"天人合一·健康中式生活"为主题,在博物馆艺术和中医养生之间,探寻四季环境与家居空间关系,挖掘红木对应养生功效。首届南海泛家居产业推介会聚合200多家参展企业,5万平方米展示铝型材、家具、陶瓷、照明、家纺、家电等优质产品。第五届中国中山新中式家具展以"国潮中式·优选生活"为主题,着力提升红木家具品质和服务体验。第三届中山办公家具文化节以"最好的产品在工厂企业总部"为理念,打造中山办公家具品牌总部展。

## 三、重点企业情况

中泰龙威利智慧家居科技产业园奠基,建设集科研、产品开发、生产、检测、仓储、物流、生活一体,全国一流的现代化家居科技产业园。华盛办公家具智能制造示范基地签约,计划投资7.2亿元,打造研发中心、智能化生产线和配套设施的总部。迪欧家具集团工业4.0智能化生产总部基地奠基,以数字化引领制造业质量变革、效率变革、动力变革,为行业探索数字化转型新模式。欧锘斯中国(恩平)制造基地奠基,总投资6亿元,将实现大部分五金产品链自有生产。迪欧家具集团10兆瓦分布式光伏项目建成发电,25年内生产绿电约2.5亿千瓦时,电费7.5折并拥有全部碳排放指标,具有长期的经济效益、环保效益。

## 四、行业重大活动

### 1. 行业发布新规划

广东省家具协会发布《广东省家具行业"十四五"发展规划》强调,以创新驱动、设计引领、优质优价、绿色发展为行业指导思想,引导企业走创新型、效益型、集约型、生态型发展之路,助力双循环发展新格局,推动全省家具行业高质量发展。规划目标:2025年,规划广东省家具销售总额5890亿元,年递增率5.5%;出口值年递增3%,内销额年递增6.3%;出口内销比重调整到2.3:7.7。设计创新,设计研发投入五年累计400亿元,规模企业从研发投入占销售额2%提高到2.5%。专利申请量五年累计18.3万件,年递增率8%。

### 2. 技能竞赛新能手

第五届全国家具职业技能竞赛广东南海赛区"桂城杯"选拔赛。广东省家具协会、桂城街道办事处主办,60名选手完成以"献礼建党百年"为题的雕刻件。共产生金奖1名、银奖2名、铜奖7名、优秀50名。吴庆经获金奖,陈德祥、杨光辉获银奖,黄宗炉、冼坚毅、牙廷珠、林伟宏、玉温泉、黎进卫、纪水清获铜奖。前10名选手被授予广东省家具行业技术能手称号。

首届全国工业设计职业技能大赛广东选拔赛由广东省人力资源和社会保障厅、广东省轻工业联合会主办,46名选手参加家具设计师竞赛项目。陈惠华、巫晓金、陈新、黄波林获一等奖,曹春雨、曹庆喆、古伟洪、干珑、蒋佳志、刘谢永、陈家俊获二等奖,谢穗坚、封宇、蔡景宁获三等奖。广东省家具协会被授予"突出贡献单位"。首届全国工业设计职业技能大赛在深圳市举行。在家具设计师竞赛项目中,广东省干珑、曹春雨、陈惠华、曹庆喆获职工组二等奖,黄波林、关得润获学生组二等奖。

第五届全国家具职业技能竞赛广东南海赛区鸣锣开赛

广东省家具协会第七届理事会就职仪式嘉宾合影

广东省人力资源和社会保障厅，授予东莞职业技术学院陈惠华、广州轻工技院巫晓金和陈新、中山职业技术学院曹春雨广东省技术能手。中国轻工业联合会，授予广东省李皋生、徐力频、黄华祯、吴韦翔、刘敏仪、谭亚国、陈正民、古伟洪、林晓坪、陈惠华等全国轻工技术能手。中国家具协会，向广东省家具协会、顺德职业技术学院、广东科技学院、广东轻工职业技术学院、深圳职业技术学院、左右家私颁发中国家具行业职业技能培训基地牌匾。

### 3. 三十而立新征程

广东省家具协会第七届理事会就职仪式暨三十周年庆。以"三十载初心不改，立潮头再创辉煌"为主题，广东省民政厅社会组织管理局徐祖平副局长、中国家具协会徐祥楠理事长分别为王克会长、执行会长颁牌。

三十年行业高速发展。从1990年广东省家具产值仅9.6亿元、出口值1.3亿元，到2020年销售额4500亿元、出口值1187亿元，年递增率达到23%、26%，成为中国家具行业重要的生产、出口、市场基地，一直处于龙头地位，赢得"中国家具看广东"美誉。

三十年行业协会作用。广东省家具协会秉承"携手合作，共创辉煌"办会精神，抓住计划经济向市场经济转变的契机，抓住会展经济推动市场多元化发展的契机，抓住政府职能向社会转移的契机，抓住行业三次转型升级的契机，坚持科学发展观，带领行业克服内销价格战、美国反倾销、两高一资、达芬奇事件、中美贸易战等行业重大危机，成效显著。多次得到广东省委省政府有关领导和上级部门肯定和表彰，为广东省家具行业的繁荣、稳步发展做出重要贡献。

（广东省家具协会　王克）

# 广州市

## 一、行业概况

2021年，广州市新增登记注册家具制造企业505家，注册资本1000万以上企业29家；现有登记注册的在业存续的家具制造企业4529家，同比减少4.7%，高新技术企业61家。

## 二、行业纪事

### 1. 行业展会盛大绽放

2021年一季度，广东四大家具展会（广州、深圳、东莞、顺德）、广州定制家居展览会等专业展会均如期召开，行业在迷茫不安中探索前行。

展后各方数据显示，行业展会已基本恢复到疫情前水平。中国家博会（广州）以"设计引领、内外循环、全链协同"十二字方针为指引，促进家居行业传统消费升级、服务构建新发展格局。通过"品牌+设计双向赋能""内销+外贸双轮驱动""全产业链+全渠道双轨融合"，全力为企业经贸合作保驾护航，为后疫情时期家具企业的转型发展蓄势赋能。

9月举行的2021年中国跨境电商交易会（秋季），展出面积超10万平方米，设跨境电商综合服务商、综试区、跨境电商供货商等展区，汇集跨境电商平台、物流、支付、服务及各品类供货商等全链条，全力打造完整的跨境"生态圈"集合。来自全国20多个省（自治区、直辖市）的近2000家展商覆盖全国60多个产业带，展示家居日用消费品类、3C电子数码家电类、礼品赠品文具美妆类、鞋服纺织箱包体育用品类、母婴玩具宠物用品类、花园五金汽摩配件类、大健康医疗护理类、家具建材装饰类、综试区、跨境电商综合服务类等多个行业热点题材的最新产品，向世界展示"中国智造"的风采。

12月，历经15届的广州设计周展会首次更新了展览方向，从"私宅与新商业空间等业态的设计选+材"变为"当代人居生活美学新业态的设计+选材"。广州设计周的品牌故事线也正式从"资源整合平台"升级为"美学内容运营商"。2021广州设计周已形成了"高定+材料美学看保利、设计+软装美学看国采、文创+潮流美学看南丰"的内容细分定位。

12月举办的2021广州国际高端定制生活方式展览会，以"生活因艺术而更美"为主题，打造五大特点：新规模有新高度、五大主题潮玩艺术策展、进一步丰富高定内涵、打造高定行业第一梯队阵容、主题IP纷呈活动，开启思想碰撞。

2021年以来，新业态探索步入深水期，多家公司继续加码新业态，不断完善模式与市场试点，并对产品方案进行迭代，出现了不少成果。根据全年对大家居行业展会的观察和思考，热门新业态重点包括：全屋整装、门墙柜一体化、定制+成品+家品的综合业态、拎包入住、整体软装、全屋智能、顶墙集成、地墙一体化、阳台整装、高定家居、整家定制、地门墙柜一体化、多品类集成等，形成了百家争鸣的局面。

### 2. 政府扶持指导政策密集出台

2021年，广州宣布设立链长制，十位主要市领导挂职任链长，引导产业链发展，未来将系统推进"产业+产业链+产业集群"共振发展。以"重点产业高质量发展"为目的，沿着产业链上下游持续发力，拓展创新链、供应链、信息链、服务链、人才链、资金链等多个链条，引导点状的产业分布发展成链状的产业联动，进而形成网状的产业集群发展生态。

广州市工业和信息局发布了第二批"定制之都"示范评选工作通知，将进一步推动广州"定制之都"建设。同期该局印发出台了《广州市民营领军企业培育管理办法》，将进一步激发民营企业的活力和创造力，集中力量培育一批具有明显行业优势和国际竞争力的民营领军企业。

广州市市场监督管理局制定加强品牌建设十三条措施，更好推动实施质量强市、品牌强市战略，提升广州品牌竞争力、影响力。

中国国际贸易促进委员会广州市委员会（广州市贸促会）牵头成立汽车、摩托车、家居家电、快消品四大产业联盟，广州市家具行业协会被推举为广州市家居家电产业联盟秘书长单位，将协助完成各联盟每次的活动组织及会务工作。

### 3. 应对重大传染疾病的地方标准实行

在标准制定方面，由广州市家具行业协会牵头制定的《家具企业应对重大传染疾病防控指引》已在 2021 年 12 月成功入选广州市地方标准，据了解，这是全国家具行业中首个由行业组织牵头发起的应对重大传染疾病的地方标准，在疫情防控常态化下，将为本地区家具企业提供防控指引。

## 三、重点企业情况

### 1. 百利集团

百利与广州软件学院达成合作协议，决定在人才培养、人员培训等方面开展全面合作，将为企业未来发展提供人才支持。

### 2. 海太欧林集团

海太欧林成功入选广州市制造业骨干企业和"两高四新"（专精特新）企业，"ONLEAD SPACE"通过 WELL V2 铂金认证，这是继获得绿色建筑 LEED 金级认证之后，集团在健康与建筑空间领域获得的又一项重要的国际认证，彰显集团在提供健康舒适、绿色环保、人文科技的办公空间，为员工和客户创造美好办公生活方面的持续努力和卓越成效。同时，海太欧林集团工业设计中心被认定为中国轻工业工业设计中心。

### 3. 冠美家具

冠美作为医用空间的智造专家，成立于 2013 年，深入布局医疗产业，医疗服务团队包括具有工程学、医院感染学、空间学、材质分子学、环保学等专业背景人才，专业能力在行业首屈一指。

### 4. 永华红木

永华携手广州市家具行业协会在城市高端家具卖场地标马会家居共同打造了"红木文化艺术交流中心"、永华家具中式生活美学馆，进一步创新传统家具营销方式。同年荣获"全国模范职工之家"称号。作为 2020 年全国行业职业技能竞赛——第四届全国家具职业技能竞赛番禺赛区支持单位之一，被评为"轻工技能人才培育突出贡献奖"。

### 5. 穗宝集团

与华南农业大学团委主办的第一届穗宝杯卧室产品创意设计大赛，征集到来自全国多所高校的 700 多件学生作品。近年来，穗宝集团积极拥抱年轻用户，以"年轻化""数字化""科技化""智能化"的全面品牌形象，彰显品牌实力与成长。2021 年，穗宝集团被评为"2021 中国 500 最具价值品牌"，以 209.56 亿元的品牌价值再次荣登榜单。

（广州市家具行业协会　杨家辉）

# 深圳市

## 一、行业概况

中国家具看广东，广东家具看深圳。深圳家具行业一直是全国标杆，尤其在疫情期间，深圳家具行业的出口领先全国；同时，行业趋势的变化，也给深圳家具提出了新的挑战，设计导向、高品质高标准和严格保护知识产权，是深圳家具取得转型成功的关键，也是深圳家具最核心的竞争优势。

2021年深圳家具行业完成工业总产值4800亿元，约占全国家具工业总产值20%，其中出口285亿美元，占全国家具出口总额的43%。国内一线品牌占有率达到52%，在全国家具行业居于龙头地位。

## 二、行业纪事

### 1. 深圳国际家具展

深圳国际家具展坚持"设计导向、潮流引领、持续创新"，以设计为纽带，与城市文化共融，自2018年起，正式启动深圳国际家具展参展商"品质星级评定"工作。"三星"为合格等级，符合国家标准；"四星"为良好等级，符合深圳标准；"五星"为优秀等级，符合中国绿色家具优品标准。2021年品质星级全国"三星"企业132家、全国"四星"企业233家、全国"五星"企业34家，其中华南区"五星"企业20家，13家深圳企业获得品质"五星"称号——深圳市左右家私有限公司、深圳市仁豪家具发展有限公司、深圳雅兰家居用品有限公司、七彩人生集团有限公司、深圳市松堡王国家居有限公司、深圳市格调家私有限公司、深圳市圆方园实业发展有限公司、深圳市华意整体家居有限公司、深圳市路福寝具有限公司、敏华家具制造（深圳）有限公司（敏华控股）、深圳远超智慧生活股份有限公司、赛诺家居用品（深圳）有限公司、深圳市童话森林家具有限公司。

### 2. 深圳市家具行业协会

深圳市家具行业协会被全国家具标准化技术委员会授予"2021年度全国家具标准化先进集体"。作为企业标准"领跑者"家具领域的主要评估机构，2021年度承担了屏风桌、办公椅、发泡型床垫、软体床、木制柜、沙发、学校课桌椅、儿童双层床8个品类企业标准"领跑者"的评估工作，获评2021年度突出贡献评估机构。通过严格的评估，为14家企业颁发企业标准"领跑者"证书，其中深圳企业代表是深圳市左右家私有限公司、深圳市格调家私有限公司、深圳市欧友伟邦家居用品有限公司、深圳市玛祖铭立家具有限公司、深圳市松堡王国家居有限公司、深圳市优合环境工程设计有限公司。

保护知识产权就是激励创新，数字作品备案服务"高效备案、权威有效、保护版权"，"数字作品备案保护制"是深圳展为增强参展企业的知识产权保护能力，降低参展企业维权成本，赋能原创的有效发展所提供的一项免费增值服务，新设计的原创展品通过快速存证备案，第一时间获得具有法律效力《数字作品备案证书》。目前已有3500多件原创数字作品备案，深圳市家具行业协会备案合作的平台联合深圳市版权协会、深圳市求实知识产权科技有限公司等机构进行背书，是家协"11大免费会员服务"之一。

（深圳市家具行业协会　侯克鹏）

# 四川省

## 一、行业概况

"青山座座皆巍峨,壮心上下勇求索。"2021年,从行业的大环境,到市场的实际表现,家具行业困难重重。同时,2021年是国家"十四五"规划开局之年,各行各业都进入高质量发展变革时期,家具行业也不例外,虽有"青山座座皆巍峨"的艰难,但四川家具人勇于攀登高峰,在变革的浪潮中稳步发展且不断创新突破。

截至2021年底,据不完全统计,四川家具行业实现总产值1021.18亿元,同比增长约0.19%;规模以上企业工业总产值达到817.31亿元,同比增长约0.86%;全省家具出口3.57亿美元,同比增长0.17%;企业数量约3500个,从业人数近65万人。

## 二、行业纪事

### 1. 行业展会继续发力,订货招商创新高

2021年市场疲软乏力,企业经营困难,3月和6月,由四川省家具行业商会主办、成都八益家具城承办的春、夏两季订货会,为2000余厂商、10万余家具经销商搭建起了展销平台。6月,在成都世纪城会展中心举办的第22届成都家具展暨2021成都国际家居生活展览会,与成都八益家具城的夏季订货会相互呼应,形成商圈组团效应,促进产业端高度整合、跨界融合,推动设计端从单品到空间构建,增进采购端从产品采购到文化采购,从传统采购商到大C端复合材采购商,鼓励消费端从产品消费到设计文化场景消费,极大助力家居企业品牌升级,释放了市场新动力。12月,由广东定制家具协会统筹组织的成都定制家具展,为四川家具亮出了中国成都西部定制家居之都的新名片,提出了品牌新概念,建立了行业新坐标。

### 2. 加速品牌年轻化,代言人焕发新颜

尽管新冠肺炎疫情反复,但四川家具迎来明星品牌代言热潮。与大部分企业开源节流、稳定压倒一切的方针不同,部分四川家具企业大手笔投入品牌战略发展建设。2021年年初,铭图家居签约演员、歌手陈小春;3月,明珠家具正式发布品牌全新吉祥物——哈密;4月26日,喜作家居签约演员黄圣

**2017—2021年四川省家具行业发展情况汇总表**

| 主要指标 | 2021年 | 2020年 | 2019年 | 2018年 | 2017年 |
| --- | --- | --- | --- | --- | --- |
| 企业数量(个) | 3527 | 3515 | 3510 | 3530 | 3890 |
| 工业总产值(亿元) | 1021.18 | 1019.25 | 1016.27 | 1016.30 | 1033.40 |
| 规模以上企业工业总产值(亿元) | 817.31 | 810.31 | 801.38 | 798.46 | 771.22 |
| 出口值(亿美元) | 3.57 | 3.51 | 3.34 | 3.27 | 2.98 |

资料来源:四川省家具行业商会。

依；10 月 18 日，双虎家居签约演员张若昀；12 月 25 日，帝标家居签约歌手张靓颖。四川家具企业签约新的品牌代言人，开启了企业品牌战略发展新篇章，加速了品牌年轻化战略，迎来了品牌发展新高度。

### 3. 开辟营销新模式，川企上下勇求索

在营商收紧、环保检查、限电限产、人才缺乏、市场疲软、疫情反复、原材料涨价等重重困难面前，四川家具接受市场挑战，在营销方面敢于创新。全友、太子、帝标、左岸风情等家具企业加快布局，开启大店模式，全力抢占市场；此外，全友联动设计师吉承推出国风新品、帝标推出星 YOUNG 店、阳光林森与海尔合作赋能等家具企业开辟新赛道，探索跨界营销；同时，一部分企业持续探索多品类融合，一部分川企走差异化道路，鼎赞深耕细分领域，坚持单品垂直纵深，回归产品力；得一、米斐、艺标等两厅半家具的企业代表，匠心独运、精益求精，为川派家具在其他品类占比式微时期增添了一抹亮色。

### 4. 线上线下相结合，全力拥抱"三化"

2021 年，川派家具企业更善于倾听消费者的声音，触摸市场的脉搏，凝聚奋进的力量，把握新发展阶段，学习新发展理念，构建新发展格局，全力拥抱"三化"——数字化、信息化、智能化。从劳动者密集、高能耗、高污染到智能制造，从传统的人工操作转为信息平台自动控制，实现设计智能化、制造智能化、管理智能化和服务智能化。在川派家具中，头部企业全友、后起之秀定制家具莱茵艾格走在前列。另外，在疫情反复的 2021 年，川派大型企业组建团队拥抱线上，佳作、乐小吉、美佳美盈年、美卓尚品等中小型家具企业也利用互联网，外聘第三方团队开启了线上直播。历年线下召开的新品发布会、商务年会、厂购会、战略合作会、培训会等大部分都搬到线上或者线上线下结合进行，掀起四川家具线上直播热潮。

### 5. 全屋整装是趋势，成品 + 定制大融合

从"成品转定制"到"成品 + 定制"，川派家具经历了数十年的经验积累和市场变化。成品家具制造是川派家具最大的特点，所占份额巨大，但近年来，成品家具发展势头减弱，在定制的浪潮中，全友、明珠、好风景、九天等川派家具企业转型升级，依托成品家具的制造和渠道等优势，拓展定制版块，通过收购、并购或重组等各种合作模式，走出了"成品 + 定制"的新道路。

### 6. 加大人才队伍建设，夯实高质量发展根基

近年来，人才短缺一直困扰着四川家具行业，企业在招聘、培养、留任方面问题突出，技术性人才尤其缺乏，而企业要迈入高质量发展的快车道，必须加大人才队伍建设。政府、商（协）会、企业正在为此而努力。政府层面，改革教育制度，大力发展职业教育，推动职业教育高质量发展，出台家具行业利好政策，提高家具行业作为传统行业地位。商协会方面，组织实施职业技能培训、职业技能赛事、职业技能认证等，改变从业人员思想观念，提高人才对家具行业的认知，夯实行业技能，培养与企业需求相配备的人才。企业方面，建立完善的人才培养体系和薪酬体系，和职业院校合作强化产教融合，参与商（协）会、政府提供的各种培训活动等。

## 三、家具流通卖场发展情况

### 1. 八益家具城

八益家具城是以批发为主、批零兼顾的规模化、品牌化、专业化的大型家居市场。由套房、沙发、办公、精品、金属、灯饰、装饰材料、家具辅料等各大专业商场组成。其经营面积 33 万平方米，入场经营厂商 2000 余户，经营产品 4 万余种，产品远销全国各省（自治区、直辖市），以及北美洲、欧洲、东南亚、中亚各国和地区，是中国西部最大的家居产品批发中心，被誉为"四川家具行业的摇篮"。2021 年，春夏两季订货会顺利召开，让厂商家和经销商之间的联系更紧密，活跃了四川家具市场，成为四川本地最大家具批发订货会。

### 2. 太平园国际家居博览城

太平园国际家居博览城是建材商业综合体，双店运营，地处川藏立交内环和航空港新城地段，以高端家居、家装展示销售为主体，辅以金融、特色餐饮等人性化服务。2021 年召开订货会，策应八益家具城春夏两季订货会，形成集群效应。

### 3. 富森美家居

2021年，富森美家居团结商户和合作伙伴，聚焦经营，提升服务，完成了公司2021年度各项目标任务，并实现了公司收入、利润的双增长。多措并举，公司各个卖场运营稳中向好；强链服务，公司各项业务实现了较好增长；推动改革，充分激发组织活力；优化管理，各项工作得到深入推进。

### 4. 红星美凯龙

2021年，红星美凯龙升级商场战略，布局九大主题馆、1号店营销和运营服务、三城五展、展·店联盟，协助全球家居品牌厂商以及经销商穿越经济周期，实现西南家居区域市场持续深耕，领跑西南家居市场未来三年快速发展。

### 5. 居然之家

2021年，居然之家在大成都区域6店的基础上，继续拓展高新区、天府新区等主力项目，在温江、龙泉、简阳等区域寻找合作项目；加速进驻南充、广安、泸州、自贡、攀枝花等空白市场；继续在主要县级市场进行下沉布局。居然之家在四川将以每年开业8～10家的速度向前迈进，预计2025年年底，实现新开业40家、总开店数突破60家的战略布局。

## 四、重点企业情况

### 1. 成都八益家具集团

2021年，在王学茂董事长的带领下，成都八益家具集团不忘初心、砥砺前行，依靠四川家具发源地的历史底蕴，大宗采购交易集散地的优势，中国西部家具商贸之都的美誉，继续深耕稳步运作，软硬件持续升级，优化商场各种设备，改善商场购物环境，调整商场产品布局，提高商场服务意识，完成了公司各项任务指标。开展了丰富的公司活动，荣膺了各项荣誉：连续4届获得"全国文明单位"荣誉称号；积极响应国家号召，开展党建共建工作，举办"百年党史知识竞赛"、安排员工到红色革命基地开展百年党史学习教育、庆祝中国共产党百年华诞、举行纪念伟大领袖毛泽东主席128周年诞辰活动等；举办新型学徒制、技能比武大赛职业等技能培训和大赛；开展篮球联谊赛、中秋赏月等活动丰富员工生活。另外，隶属于八益家具集团的八益床垫厂，携新材料"大豆纤维"床垫强势营销，进入千家万户，荣获各界好评。

### 2. 四川全友家私有限公司

2021年，全友家居稳中有进、稳中有升。凭借高质量的创新发展、标准化的规范建设和对行业发展的推动作用，获得各项荣誉：2021年中国家具行业领军企业、2021年家具产业集群品牌企业、2021成都企业100强、2021成都制造业100强、2021成都民营企业100强、2021成都民营企业就业20强、2021年度全国家具标准化先进集体、绿色设计国际贡献奖、2021年四川省工业质量标杆企业、IAI全球设计大奖、绿色设计国际贡献奖、先锋创新品牌奖、2021杰出产品设计奖荣获、全国产品和服务质量诚信示范企业等。另外，积极顺应市场需求变化，加快市场响应速度，以每周出一次新品的速度，展现了四川头部企业的实力和风采。

### 3. 明珠家具股份有限公司

2021年，明珠家具成绩斐然，以分享美好、成就生活为品牌使命，从"明珠五心诺言白皮书"到"全新升级生活方式样板间"，掌上明珠创造并守护着消费者美好生活。3月，明珠家具正式发布品牌全新吉祥物——哈密；9月，与人民日报数字传播人民国货工程达成战略合作。同年，斩获行业各项荣誉，包括：中国轻工业联合会科学技术进步奖、2021年度全国家具标准化先进集体、国家重点研发项目应用示范单位等。值得注意的是，在2021年四川省重污染天气重点行业企业绩效评级结果中，掌上明珠被认定为四川省2021年重污染天气绩效评级B级企业，在重污染天气期间可不停产限产。在重点行业中，掌上明珠家居是省内唯一一家上榜的家具企业。

### 4. 成都市双虎实业有限公司

2021年，进入而立之年的双虎家居，新一代领导者尹章宇致力于打破传统桎梏，进行突破和创新。加速布局"新零售"，推送OAO战略转型；发力成品融合定制，部署"一基地两中心"战略；定义家居新国货，打造新生代团队，树立"国民品牌"新形象。在新力量的指引下，双虎品牌全面升级，荣获多项荣誉。

## 五、行业重大活动

### 1. 参观头部新锐企业，抱团共度时艰

2021年，经济下行，市场低迷，川派企业更加注重各种交流学习。7月，四川省家具行业商会携会员企业参观崇州莱茵艾格全屋定制家具，进行参观交流活动，向优秀企业借鉴成功经验，互相分享沟通，助力企业发展；8月，四川省家具行业商会主办的"装饰企业集中采购交流座谈会"，半岛家居、恒大博雅、艺潮克、清檀、简朗、乐小吉、美佳美盈年等涵盖家具、沙发、小件品类的20多家制造厂和装协代表参与，座谈会为双方搭建供需交流渠道，打造采供平台；9月，四川省家具行业商会举办了"百年未有之大变局——国家战略重整中的中国家具挑战和机遇"主题讲座，课程内容从宏观层面到行业环境，剖析了家具行业所面临的挑战和机遇，会员企业的总经理、营销总监等主要负责人踊跃参会。

### 2. 发扬展会优势，促进四川家具发展

2021年，四川本地举办了若干展会活动，主要包括3月四川家具春季订货会、6月四川家具夏季订货会、第22届成都家具展暨2021成都国际家居生活展览会、12月成都定制家具展等。另外，四川家具企业在商（协）会的带领下，积极参与全国展会，如第45届国际名家具（东莞）展览会、深圳时尚家居设计周暨36届深圳国际家具设计展、2021中国（济南）国际家具及整装定制产业展览会等。

### 3. 组织职业培训，培育家具技能人才

针对四川家具行业人才短缺的现象，四川政府和商（协）会开展各种职业技能培训、职业技能大赛。9月，成都市总工会等部门主办了2021年成都百万职工技能大家居制造比赛，为技能精英搭建了一个公平公正、切磋技艺的平台，利于四川家具产业培育高素质技能人才。11月，在四川省家具行业商会的组织带领下，来自成都乐万家和棠德家具的家具设计师参加了"2021年全国行业职业技能竞赛——全国工业设计职业技能大赛"总决赛，川派企业设计师与全国各地精锐设计师同台竞技，有利于川派设计师迅速成长，提高川派企业对于家具设计的重视度。

（四川省家具行业商会　王小丽）

# 贵州省

## 一、行业概况

随着国民经济持续快速发展，科学技术不断进步，贵州省家具行业迎来了良好的发展环境和广阔的市场空间。近十年来，贵州省家具行业经历了一个高速发展期。2021年全省家具生产注册企业5680余家，全省家具行业实现工业总产值245.8亿元。其中80余家规模以上企业实现工业总产值72.2亿元。虽然受新冠肺炎疫情的影响，2021年全省家具行业增长率明显放缓，为4.3%，但定制家具生产企业增速迅猛。

## 二、行业纪事

### 1. 行业质量稳步提升

在经济下行和新冠肺炎疫情影响下，企业面临极大挑战，贵州省家具协会通过政府扶持引导，申报了贵州省软体家具整体质量提升项目。为推动贵州家具行业数字化转型，贵州省家具协会联合中国用友科技股份有限公司举办"数智赋能·商业创新——企业数字化营销专题论坛"。

### 2. 人才培育深入推进

为了充分利用协会、学校双方的优势，实现行业与学校深度融合，发挥职业技术教育为社会、行业、企业服务的功能，探索校企联合培养创新人才模式，加强学生实践能力训练，给广大学生提供更广泛更专业的实习就业机会，培养更多的高素质、高技能的应用型家具专业人才，贵州省家具协会与贵州省交通技师学院签订战略合作协议，落地校企合作实训基地。

### 3. 协会交流有序开展

4月，贵州省家具协会组织了协会会员参加中国住宅整装产业大讲堂全国巡回演讲（贵阳站）演讲会；6月，贵州省家具协会组织了"交流探索"论坛会；12月，贵州省家具协会、贵州省门窗协会联合广东定制家居协会、广东衣柜行业协会等联合举办"成品融合＆定制升级交流论坛"。

2017—2021年贵州省家具行业发展情况汇总表

| 主要指标 | 2021年 | 2020年 | 2019年 | 2018年 | 2017年 |
| --- | --- | --- | --- | --- | --- |
| 初具规模企业数量（个） | 1251 | 1200 | 1200 | 1186 | 1180 |
| 工业总产值（亿元） | 245.8 | 235.7 | 223 | 184 | 138 |
| 规模以上企业工业总产值（亿元） | 72.2 | 69.2 | 64.8 | 58.3 | 53.6 |
| 家具产量（万件） | 438 | 420 | 410 | 395 | 388 |

资料来源：贵州省家具协会。

贵州省家具协会与贵州省交通技师学院签订战略合作协议

## 三、家具流通卖场发展情况

### 1. 贵州西南国际家居装饰博览城

博览城位于贵阳市白云区云峰大道，目前是贵州省规模最大、品种齐全、配套完善的综合类家具建材交易市场。截至 2021 年 12 月，贵州西南国际家居装饰博览城出租率达 92.28%。

10 月 1 日，"无界——2021 乡村振兴公益展"在博览城举办，旨在探索古老手艺如何存续于当下生活，与现代设计对话，通过记忆、情感、材料等，展现贵州式村寨的人文生活美学。这个展览是在博览城的支持下，贵州省室内装饰协会、榕江县文体广电旅游局，联合贵州省家具协会等单位以"乡村振兴与跨界赋能"为主题，共同打造的，集结贵州跨界多行业力量，代表贵州非遗文化展示"人文设计样板间"。

## 四、重点企业情况

### 1. 大自然床垫

2021 年，大自然床垫入选 2020 中国家居消费趋势研究家具行业典型样本企业，同时获得"2020 消费趋势研究消费者喜爱的床垫品牌"荣誉；连续 8 年蝉联中国品牌力指数（C-BPI）床垫品牌榜前三；连续 2 年荣获家居新国货品牌指数研究床垫行业领军品牌；根据国家标准，全国家具行业唯一一家首批通过"国家级消费品标准化试点项目"验收的企业；作为一家负责任、有担当的企业，大自然床垫向河南暴雨灾区捐赠现金 1000 万元，与灾区百姓共渡难关；12 月，大自然床垫为国家体育总局冬季运动管理中心冰雪训练科研基地专业开发、量身定制的运动床垫、枕头等生态寝具完全交付。

### 2. 原先森家居

原先森家居为喜百年装饰集团旗下控股定制家具生产企业，是西部规模较大的定制家具生产企业之一，位于贵州双龙经济区，生产基地占地 100 余亩，2021 年底建成投产，是贵州第一家工业 4.0 定制家具生产企业。

### 3. 奥尔登家居

奥尔登家居成立于 2005 年，至今已经有 16 年历史。主营衣柜、橱柜、护墙板、沙发、床、床垫、餐座椅、地板、木门、窗帘墙纸等，为客户提供一站式整装服务，是贵州省名牌产品，总部位于广州，2021 年西南生产基地落成贵州贵阳双龙新区，实力绽放。

（贵州省家具协会　田洪）

# 陕西省

## 一、行业概况

2021年，我国新冠肺炎疫情形势持续向好，抗疫防控工作已从应急状态转为常态化防控阶段，陕西省家具协会仍始终坚持"疫情就是命令，防控就是责任"，强化责任担当，带头落实疫情防控各项要求并号召全省家具业界同仁，在做好自身安全防护的前提下，积极履行社会责任，以实际行动践行初心、担当使命，努力回报社会。

## 二、行业纪事

### 1. 后疫情时代的赋能与突破

在新冠肺炎疫情常态化的今天，行业发展逐渐步入正轨，但疫情对经济负面影响持续发酵，陕西省家具协会举行业之力，通过各种形式的活动把信心传递到全行业，提振行业坚定发展的信心，激励我省家具行业重新焕发出勃勃生机与活力。

4月初，协会为积极践行"陕派品牌"建设，推进我省家具品牌持续繁荣发展，扩大我省家具品牌影响力和知名度，组织会员单位开展对湖北省十堰市郧阳区大明宫建材家居·十堰批发基地的考察交流活动。

5月下旬，协会面向行业需求开展了为期3天的专业技能公益培训，提升员工素质，增强企业核心竞争力。

9月中旬，协会召开了上半年副会长工作会议。在全面了解后疫情时期行业存在的风险与挑战的同时，倾听企业心声，对企业发展存在的问题和举措等方面进行深入探究，提升企业抵御风险、战胜危机的能力。本次工作会议是在疫情防控进入常态化的第一次正式交流，也是行业同仁战胜疫情的又一表现。

面对疫情给经济带来的巨大冲击，内外因素叠加，我省家具行业下行压力显现，给企业的持续发展带来了前所未有的挑战。协会协调更多行业资源引领会员企业向行业优秀嫁接，开拓思维、顺势而为。9月下旬，陕西省家具协会携手广东省定制家居协会召开定制家居研讨会，为会员企业在家居定制行业战略规划及深入发展等方面带来新机遇，加速了行业创新的速度和效率，为企业走出高质量发展之路助力。

10中旬，协会就企业存在的招工难、人才断层、复合型人才紧缺等问题举办了设计师专场公益招聘会。将陕西省家具协会培训中心雨丰设计学院新一批即将毕业的学员有序转移就业进行大输送，为企业精准推送符合其需要的针对性人才，帮助企业、商户努力满足其用工及人才储备，更为陕西省家具行业注入了新鲜血液。

11月，陕西省家具协会助力会员企业迎战"双11"商业大战，线上线下加速融合，不断释放市场活力。靳喜凤会长提前谋划部署，协会特邀行业专家亲临企业，从专业角度对红木家具进行解读，让消费者对产品的初步认知一目了然，为企业更好地吸纳更多的消费者，促进流量变现。

### 2. 成功举办第二十届西安国际家具博览会

本届展会从5月21—23日，为期3天。集结了来自全国各地近300个家具品牌参展，展会持续深化家具全产业链的概念，参展企业加速产品创新、品牌升级，展示范围覆盖精品家具、办公家具、定制家居、家居饰品、木工机械、家具原辅材料等品

新港西北家居展销中心

类领域，全面体现家具行业创新思维与发展趋势，立体式激活了西北地区家具产业发展动能。

### 3. 三方联合培训专业人才，效果显著

2021年，陕西省家具协会先后与西北农林科技大学、西安明德理工学院签订合作协议。各方发挥资源优势，在订单培养、合作办学、顶岗实习、实训基地建设、教学科研及产学结合等方面，开展多形式、深层次的合作，为行业人才培养拓宽思路与路径，为地方产业高质量发展提供坚实支撑。

## 三、产业发展情况

### 1. 西北家具工业园

西北家具工业园由陕西省家具协会、蓝田县政府、蓝田县新港西北家具工业园建设开发有限公司三家联合打造。园区位于蓝田县华胥镇，坐落在西安市灞桥区东侧，与西安纺织工业园相毗邻，距离绕城高速仅7千米，是设计、制造、销售为一体的现代化家具产业基地。西北家具工业园是陕西省内唯一一家民营经济为主导的工业园区。

目前园区共招商174家，投产企业154家，在建10家，规上23家，2021年实现工业总产值40.5亿元，完成税收1.2亿元，带动就业15000余人，具有较好的社会和经济效益。园区涵盖实木家具、红木家具、软体家具、厨具等各类家具的品牌企业。入驻企业有陕西憬华装饰设计有限责任公司、西安得宝迪赞尼家居用品有限公司、陕西华力装备科技有限公司、西安源木艺术家具有限公司、欧克美邦家具制造有限公司等省内外家知名企业。目前，家具工业园不仅成为陕西省配套完备、入园企业最多的一家现代化家具工业园集中区，也成为蓝田县县域经济的重要增长点之一。园区的良好起步和快速发展，为今后的发展积累了丰富的经验，为未来的建设发展奠定了扎实的基础。

西北家具工业园开设家具卖场，为整个西安乃至西北家具市场提供了综合性、规模化、专业化、统一规范的市场管理标准，使家具商品经营集中分流管理，品质多样、商品集中、仓储保管、物流配送等服务有了有力保障，形成了一体化经营格局区域性家具商品物流终端，能满足整体市场的社会需求和顾客多样性的选择，为商家和顾客创造更多的商业机会。

## 四、重点企业情况

### 1. 西安福乐家居有限公司

2021年，新冠肺炎疫情肆虐全国，福乐人风雨同舟，披荆斩棘，坚持团结拼搏、质量第一、信誉第一的原则，在激烈的市场竞争中，稳步发展，取

福乐集团"十四五"规划开局暨组织机构调整大会

得了一定的成绩。1月3日,福乐集团"十四五"规划开局暨组织机构调整大会隆重召开,旨在进一步动员全体骨干人员解放思想、与时俱进、扎实工作,推动集团公司2021年各项工作的顺利开展。1月15日、20日、28日,福乐集团与大明宫、红星美凯龙、居然之家等战略合作伙伴,隆重举行战略合作会议,签订战略协议,将汇集双方的优势资源,共同开启一段挑战和机遇的崭新旅程。同月,福乐全线开展"为爱团圆,福乐陪您过大年"主题促销活动,超额完成单月指标120%。同时,在渠道市场组织开展3场营销活动,为经销商送去关怀。2021年,福乐全面开启淘宝、京东等电商门店进驻,扩大线上销售渠道。在315活动中,推出产品"爱诺拉",单品单月销售200余张,极大地鼓励了销售士气,促进了业绩的提升。此外,针对企业现状,提出换道超车的理念,研发智能寝具,并于4月上旬,在蓝装网展会参展,取得了非常不错的市场反响。4月底至5月初,福乐智能寝具全面投产,并在西安市内直营店全面上线,从而实现了换道超车,增加盈利点。6月12日,福乐集团2021新品发布暨招商会在西安锦江国际酒店隆重召开,同期,福乐集团参加第46届蓝装网家博会,为福乐智能业务的全面铺开奠定了良好基础。

### 2. 南洋迪克家具制造有限公司

2021年是南洋迪克整装家居成立20周年之际,也是企业第3个10年的起始之年,更是企业战略升级的一年。经过20年的蛰伏,南洋迪克整装家居在智造、产品、服务、品牌等多维度大幅度提升与完善。2021年,企业分别签订演员王晓晨、李光洁夫妇为产品体验官。新品"天际20"即是企业20周年的献礼作品,更是代表企业迈向整装高定体系的开篇之作。首次参加深圳国际家具展就引发行业轰动,包揽整装和设计两项大奖。企业实现了从套房家具到整装高定领域标杆的华丽蜕变。新建两条3.0整装家居智能生产线,实现了国内领先的智能整装流程作业,用领先的思维技能与产能智造相结合,将损耗降至最低,将效率提至最高,将智能制造力的功效发挥到极限。

## 五、家具流通卖场发展情况

### 1. 西安大明宫实业集团

2021年,集团着力加强了西安地区连锁经营力度。首先,集团进一步增强招商力量,调整设置了各商场招商部,集团运营中心招商版块与各商场招商部明确分工,相互配合,实现集团总体招商指标。其次,转变营销思路,创新突破,在营销活动策划、品牌宣传、线上线下一体化推进等领域取得进展,营销费用同比往年有较大下降。全年深入贯彻"平台化营销"的指导思想,以体验营销为根本,全年策划组织实施了11档集团大型统一营销活动,策划组织及统筹整合推广各类活动以及商场自主主题活动200余场。全年开展总裁线上直播27场,总裁直播IP影响力持续扩大,并带动西安六家商场开展直播线上推广。按照集团"打造平台影响力第一"的整体规划愿景,全年相继完成《奔跑》《品牌的力量》《人生赛道》《选择》4部较高品质企业宣传短视频。《选择》视频全网浏览量超过1800万人次。同时,从售前、售中、售后等方面加大对各商场店面的检查和监督;组织开展商场PK活动;明确商场安全运营、物业维修、保养和环境品质标准;开展季度物业环境提升评比检查。

除了在西安地区的连锁发展,为扩大大明宫建材家居商业品牌影响力,多年来,集团一直在积极拓展外埠市场。2021年,集团成功签约加盟委托管理项目5个,品牌输出项目1个;组织开展了临汾项目签约仪式,合阳、十堰项目招商发布会;实现周至店、伊旗店、西乡博览中心的开业运营。

(陕西省家具协会 靳喜凤)

# 西安市

## 一、行业概况

2021年，西安家具市场逐步得到恢复，规模以上企业销售较上年约增长6%，但行业整体仍然面临较大困难，中小企业和经销商退出数量较多，行业企业数量有所减少。散发新冠肺炎疫情造成市场流通降低，客流减少，加之原辅材料上涨，专业技能人才匮乏，给企业带来较大压力。外部环境压力迫使企业求新求变，探索发展的新业态、新模式。生产企业更加注重提升管理、设计和服务，推出形成自有风格的产品设计，高端整装定制家具份额逐步扩大。各大家居卖场在西安的市场布局基本成熟，营业面积超200万平方米，全国知名品牌与本土品牌竞相发展。营销活动密集上演，线上线下同时发力，形成了百家争鸣的新局面。陕西省商务厅、省发展和改革委员会联合制定了《陕西省商务发展"十四五"规划》，把加快推进西安建设国际消费中心城市列为重点，多元化、国际性、体验感、丰富度必然是西安未来家居发展的趋势，将带动西安家具行业释放更大潜能。

## 二、家居流通卖场发展情况

### 1. 原点新城

原点新城是西部地区规模最大、品类最全的一站式大型家居批零基地及家居商贸流通平台，2021年取得了新的发展，在金秋十月迎来了原点建材家居工厂店盛大开业，创新家居卖场新形式，联合全国知名家具、建材品牌厂家把工厂店开到顾客的"家门口"，舒适软体馆、睡眠体验馆、潮流整装馆、建材电器馆，携手打造一站式综合家居卖场，为顾客提供质优价美的家居产品，使消费者享受到舒适便利的购物环境。

### 2. 西安宜家家居

西安宜家延续了全球知名家居用品零售商宜

西安宜家家居

樊登书店 & 源木阅读空间

家的一贯风格与经营理念，为西安市民提供了丰富的家居生活灵感，带来美好的居家生活体验，受到了消费者的欢迎。经过多年的发展后，目前正在筹建西安宜家购物中心新项目，该项目相比西安宜家家居首店大了近 4 倍，是一个全面升级的购物综合体。项目总投资 40 亿元，以宜家家居为主力店，打造一个集家居、百货、超市、家电、餐饮娱乐于一体的具有国际标准的未来商贸中心，总体量将超过 30 万平方米。

## 三、重点企业情况

### 1. 南洋迪克家具制造有限公司

公司 2021 年成立 20 周年，跨过岁月长河，20 年来南洋迪克以品质为先，砥砺前行，成就南洋迪克家具与美同行，始终秉承"品质家居第一品牌，合作伙伴最佳归属平台"的企业愿景，一步步实现了企业初创到行业标杆的华丽蜕变。南洋迪克近年来投入重金进行产业升级和技术改造，建成占地 230 亩、建筑面积 18 万平方米、国内外先进生产设备 1200 余台的大型现代化实木家具生产基地，截至目前共拥有产品专利 1400 余项。

### 2. 西安源木艺术家居有限公司

公司倡导现代人追求本真、回归宁静的生活方式，开创了引领性的禅家具新品类研究。受到了国学、禅修、艺术爱好者的一致青睐，成了国学大师南怀瑾先生创办的太湖大学堂、老古书屋等国学机构的指定家具品牌，在宁静、雅致、传承等方面的表现受到了社会各界的一致认可，源木禅家具上市至今获得了 19 项外观设计专利。2021 年，西安源木与酷家乐再度合作终端赋能项目，酷家乐派出专业团队走进源木禅家具北大明宫店，通过全渠道设计营销赋能，助力源木禅品牌终端变革，从传统营销模式升级为数字化设计营销。

（西安市家具协会　张革新）

# 甘肃省

## 一、行业概况

2021年，受全球新冠肺炎疫情持续影响，国内经济下行。甘肃省家具生产和流通遭遇省内疫情、物流、运输、封控等多重不利因素的影响，不少企业经营困难，生产和销售持续下滑。面对各种不利因素影响，甘肃省家具行业协会坚持抓党建、促发展，带领和帮助会员企业，奋力攻坚克难，不断挖掘潜力，为企业发展拼搏进取，努力为甘肃经济发展做出应有的贡献。

2021年，全年规模以上企业3个，累计工业总产值11221万元，同比下降17%；累计营业收入11994万元，同比下降15%；累计产量55530万件，同比下降11%。

## 二、家具产业园建设情况

2021年，借力兰州新区建设发展补贴退税等优惠政策，甘肃科迪智能家具产业园区一期项目建设基本完成，入驻企业达到计划的85%，二期建设各项工作有序推进，受新冠肺炎疫情、招商和建设资金等困难影响，建设成本加大，企业入驻速度放缓。

在园区建设推进过程中遇到难点与堵点时，甘肃省家具行业协会及时与新区管委会协调沟通，研究解决对策。协会充分发挥媒体效应，通过微信公众号等各种平台大力宣传、积极推介家具产业园项目建设和发展前景，帮助园区解难纾困。

## 三、家具流通卖场发展情况

受新冠肺炎疫情和房地产市场调控等大环境影响，甘肃省较大规模的家居商场经营遇到了前所未有的困难。一些卖场出现较多退租现象，部分卖场退租率甚至达到20%。为了扩大营销，克服不利因素的影响，卖场减免租金和水电费，厂家让利给经销商，同时商户抓住节假日、双休日等有利时机，策划各种打折、返利、买赠、抽奖等营销活动来拉动人气，拓展销售。

## 四、重点企业情况

甘肃省重点企业抓住机遇进行"三化"改造，

### 2017—2021年甘肃省家具行业发展情况汇总表

| 主要指标 | 2021年 | 2020年 | 2019年 | 2018年 | 2017年 |
| --- | --- | --- | --- | --- | --- |
| 规模以上企业数量（个） | 3 | 3 | 5 | 3 | 4 |
| 规模以上企业工业总产值（万元） | 11221 | 13519 | 15540 | 14800 | 15000 |
| 规模以上企业主营业务收入（万元） | 11994 | 14110 | 15855 | 15100 | 16600 |
| 家具产量（万件） | 55530 | 62393 | 72551 | 69097 | 73519 |

资料来源：甘肃省家具行业协会。

甘肃龙润德实业有限公司生产线升级改造

协会组织参观兰州市榆中县张一悟纪念馆

通过智能化改造提升效益；坚持不断发展，打造提升品牌。定制家具及板材企业订单相对增长较快，甘肃博奈家居有限公司抓住定制家具发展机遇，发挥高端大型板式家具生产线和专业设计研发团队优势，依托不断优化的产品结构和完善的管理体制，逐渐得到市场的认可。甘肃龙润德实业有限公司家具研产中心投入500多万元进行生产线升级改造，逐步实现家具制造向自动化、智能化转变。近年来，甘肃省一些家具企业为了提高产品质量，扩大品牌效应，在广东等地建立生产基地。兰州江艺家具有限公司在中山市建厂成功运营"华礼龙"品牌后，扩大生产，推出"今柏"品牌；兰州江华家具有限责任公司在中山市建厂生产出"汉威思"品牌和"汉博思"品牌。这些产品既返销回甘肃市场，又面向全国市场，有效地增加了企业效益。

### 五、行业重大活动

#### 1. 以党建为引领，促进协会发展

在纪念中国共产党成立100周年之际，甘肃省家具行业协会组织会员企业，前往榆中革命烈士陵园、张一悟纪念馆开展"缅怀革命先烈·传承红色基因"主题党日活动，结合活动内容给会员企业讲党史、上党课，做到知党史、感党恩。

#### 2. 以协会为桥梁和纽带，做好会员服务工作

甘肃省家具行业协会通过召开第三届四次会员代表大会，总结工作，展望未来，为行业和会员企业搭建沟通桥梁。协会在甘肃省扶贫帮扶工作中，积极发挥协会引领作用，带动会员积极参与，因为在扶贫帮扶中表现突出，荣获渭源县大安乡颁发的"消费扶贫贡献奖"。根据行业发展和会员企业经营中出现的问题和困难，协会及时召开会长办公会会议，认真分析并提出对策和建议。

#### 3. 以调研为抓手，摸清行业情况

在2020年调研甘肃省14个市州家具生产和流通企业基本情况的基础上，根据协会工作安排，赴兰州新区、红古区、永登县、榆中县，对所在县区的家具生产和流通企业走访调研，进一步了解兰州辖区家具生产企业和家具市场的生产情况和经营种类，为甘肃省家具行业长远发展谋篇布局、提供依据。

#### 4. 以抗疫为切入点，展现会员博爱情怀

2021年10月，甘肃新冠肺炎疫情又出现反复，在此期间，甘肃省家具行业协会利用微信平台发布省、市疫情防控的相关规定，同时发出捐款捐物倡议，会员企业配合疫情防控积极响应，组织志愿者参与抗疫工作。据不完全统计，会员企业捐款及捐献防疫物资累计达30余万元。

（甘肃省家具行业协会 任义仁）

# PART 7

# 产业集群 Industry Cluster

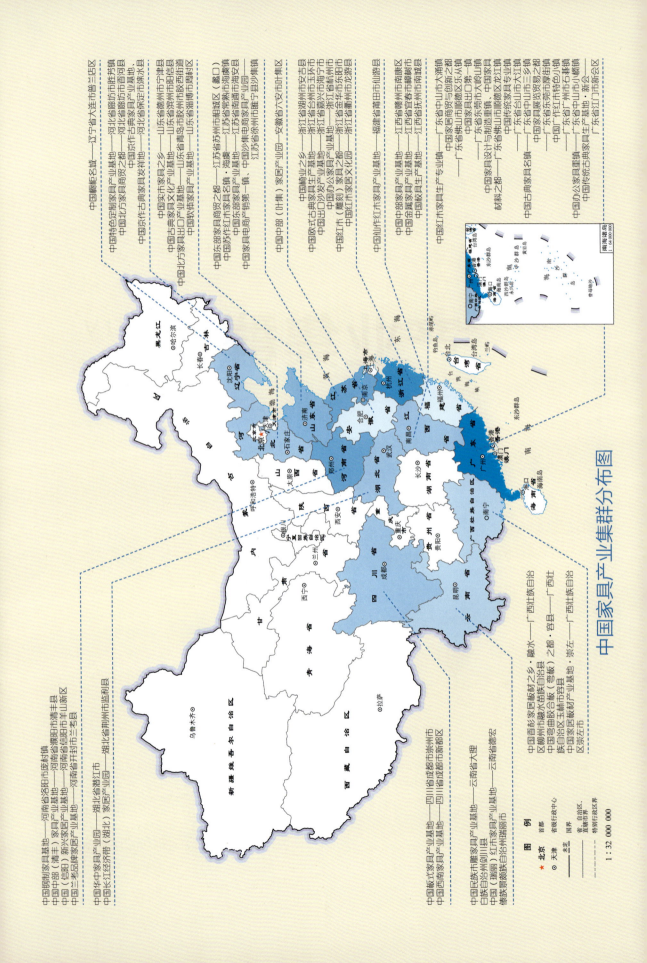

中国家具产业集群分布汇总表

| 序号 | 授牌时间 | 名称 | 所在地 |
|---|---|---|---|
| 1 | 2003年3月 | 中国红木家具生产专业镇 | 广东省中山市大涌镇 |
| 2 | 2003年8月 | 中国椅业之乡 | 浙江省湖州市安吉县 |
| 3 | 2004年3月 | 中国家居商贸与创新之都 | 广东省佛山市顺德乐从镇 |
| 4 | 2004年8月 | 中国实木家具之乡 | 山东省德州市宁津县 |
| 5 | 2004年9月 | 中国家具出口第一镇 | 广东省东莞市大岭山镇 |
| 6 | 2005年8月 | 中国家具设计与制造重镇、中国家具材料之都 | 广东省顺德区龙江镇 |
| 7 | 2005年9月 | 中国特色定制家具产业基地 | 河北省廊坊市胜芳镇 |
| 8 | 2007年3月 | 中国北方家具商贸之都 | 河北省廊坊市香河县 |
| 9 | 2007年5月 | 中国欧式古典家具生产基地 | 浙江省台州市玉环市 |
| 10 | 2008年1月 | 中国传统家具专业镇 | 广东省台山市大江镇 |
| 11 | 2008年5月 | 中国古典家具名镇 | 广东省中山市三乡镇 |
| 12 | 2009年6月 | 中国东部家具商贸之都 | 江苏省苏州市相成区（蠡口） |
| 13 | 2009年12月 | 中国民族木雕家具产业基地 | 云南省大理白族自治州剑川县 |
| 14 | 2010年4月 | 中国板式家具产业基地 | 四川省成都市崇州市 |
| 15 | 2011年4月 | 中国出口沙发产业基地 | 浙江省嘉兴市海宁市 |
| 16 | 2011年6月 | 中国中部家具产业基地 | 江西省赣州市南康区 |
| 17 | 2011年7月 | 中国古典家具文化产业基地 | 山东省滨州市阳信县 |
| 18 | 2011年7月 | 中国北方家具出口产业基地 | 山东省青岛市胶州市胶西街道 |
| 19 | 2011年7月 | 中国华中家具产业园 | 湖北省潜江市 |
| 20 | 2012年4月 | 中国办公家具产业基地 | 浙江省杭州市 |
| 21 | 2012年4月 | 中国金属家具产业基地 | 江西省宜春市樟树市 |
| 22 | 2012年11月 | 中国苏作红木家具名镇·海虞 | 江苏省常熟市海虞镇 |
| 23 | 2012年12月 | 中国西南家具产业基地 | 四川省成都市新都区 |
| 24 | 2013年4月 | 中国（瑞丽）红木家具产业基地 | 云南省德宏傣族景颇族自治州瑞丽市 |
| 25 | 2013年4月 | 中国仙作红木家具产业基地 | 福建省莆田市仙游县 |
| 26 | 2013年8月 | 中国红木（雕刻）家具之都 | 浙江省金华市东阳市 |
| 27 | 2013年8月 | 中国东部家具产业基地 | 江苏省南通市海安县 |
| 28 | 2014年9月 | 中国京作古典家具产业基地、中国京作古典家具发祥地 | 河北省保定市涞水县 |
| 29 | 2014年11月 | 中国钢制家具基地 | 河南省洛阳市庞村镇 |
| 30 | 2014年12月 | 中国红木家居文化园 | 浙江省衢州市龙游县 |
| 31 | 2015年4月 | 中国家具电商产销第一镇 | 江苏省徐州市睢宁县沙集镇 |
| 32 | 2015年5月 | 中国长江经济带（湖北）家居产业园 | 湖北省荆州市监利县 |
| 33 | 2015年5月 | 中国校具生产基地 | 江西省抚州市南城县 |
| 34 | 2015年5月 | 中国中部（清丰）家具产业基地 | 河南省濮阳市清丰县 |
| 35 | 2015年10月 | 中国软体家具产业基地 | 山东省淄博市周村区 |
| 36 | 2015年11月 | 中国（信阳）新兴家居产业基地 | 河南省信阳市羊山新区 |
| 37 | 2015年11月 | 中国中部（叶集）家居产业园 | 安徽省六安市叶集区 |
| 38 | 2015年11月 | 中国家具展览贸易之都 | 广东省东莞市厚街镇 |
| 39 | 2017年4月 | 中国广作红木特色小镇 | 广东省广州市石碁镇 |
| 40 | 2017年7月 | 中国兰考品牌家居产业基地 | 河南省开封市兰考县 |
| 41 | 2017年8月 | 中国办公家具重镇 | 广东省中山市小榄镇 |
| 42 | 2018年1月 | 中国沙集电商家具产业园 | 江苏省徐州市睢宁县 |
| 43 | 2018年6月 | 中国橱柜名城 | 辽宁省大连市普兰店区 |
| 44 | 2020年5月 | 中国香杉家居板材之乡·融水 | 广西壮族自治区柳州市融水苗族自治县 |
| 45 | 2020年5月 | 中国弯曲胶合板（弯板）之都·容县 | 广西壮族自治区玉林市容县 |
| 46 | 2021年1月 | 中国传统古典家具生产基地·新会 | 广东山江门市新会区 |
| 47 | 2021年1月 | 中国家居板材产业基地·崇左 | 广西壮族自治区崇左市 |

传统家具产区

# 中国红木家具生产专业镇——大涌

## 一、基本概况

### 1. 地区基本情况

大涌，古称"隆都"，地处中山市西南部，距中山城区8千米，与江门新会市隔江相望，纳入中山市中心组团规划发展。中开高速、中山西环高速纵横贯穿，靠近深茂铁路中山西站，交通便利。辖区面积40.66平方千米，下辖11个村（社区），户籍人口3万多人，常住人口10万多人，海外侨胞3万多人。镇内有山有水，两江环绕，自然资源丰富，人文底蕴丰厚。

### 2. 行业发展情况

大涌红木家具制作历史悠久，做工精湛，起源于宋元年间。改革开放初期，部分木匠、雕工弃农从工，以一木一锯一凿，制作红木家具，到1985年全镇办起了鸿发、明华等30多个家具作坊。目前，以大涌为中心聚集了800多个家具制作和销售企业，从业人员近8万人，培育了伍氏大观园、东成、地天泰、红古轩、长丰等红木龙头企业，形成了全国产业度最集中、全产业链配套最完善的红木家具生产基地。

2003年3月，大涌被中国轻工业联合会授予"中国红木家具生产专业镇"，被文化部授予"中国红木雕刻艺术之乡"；2012年，被中国林产工业协会授予"中国红木产业之都"；2014年，被中国林业产业联合会认定为"中国红木产业集群名镇"；2017年，被住房和城乡建设部评定为"全国特色小镇"，区域品牌影响力不断增强。

2019—2021年大涌家具行业发展情况汇总表

| 主要指标 | 2021年 | 2020年 | 2019年 |
| --- | --- | --- | --- |
| 全市（区、镇、乡）特色产业总产值（亿元） | 21.17 | 15.18 | 16.99 |
| 特色产品销售额（亿元） | 14.31 | 15.03 | 16.72 |
| 特色产品出口额（万美元） | 300.1 | 345.87 | 438.7 |
| 生产企业数量（家） | 865 | 812 | 879 |
| 固定资产投资（亿元） | 17.3 | 21.16 | 13.93 |
| 其中：技术改造投资（亿元） | 0.4211 | 1.47 | 1.62 |
| 从业人员（万人） | 3.18 | 3.12 | 3.25 |
| 年销售额2000万元以上企业（个） | 15 | 5 | 11 |
| 专业市场数量（个） | 3 | 3 | 3 |
| 省市以上知名品牌数量（个） | 29 | 29 | 29 |

## 二、2021年发展大事记

12月29日，中国家具产业集群大会暨中国家具协会第七届二次理事会在成都盛大召开。中国家具协会授予中国红木家具生产专业镇——中山市大涌镇"2021年中国家具行业示范产业集群"荣誉称号，授予中山市东成家具有限公司"2021年中国家具行业领军企业"称号，授予中山市伍氏大观园家具有限公司、中山市东成家具有限公司、中山市红古轩家具有限公司等大涌企业"2021年

大涌获奖现场

红木家具博览会

中国家具产业集群品牌企业"称号。这是对大涌红木家具产业缩量提质、重塑发展的嘉奖与肯定，更是对传统红木行业逆流而上、共荣跃升的鼓励与鞭策。

## 三、2021年重点活动

### 1. 2021中国（中山）红木家具博览会

2021中国（中山）红木家具博览会暨大涌红木春季交易会于3月15—21日圆满举行。本届红博会是中山市红木家具行业在新冠肺炎疫情以后首个由官方主导的大型专业展会，也是为确保"十四五"开好局、起好步而谋划的首届红博会，是大涌镇全力贯彻落实市委、市政府"重振虎威""稳企安商"等精神的重要行动之一，是红木行业主动抢抓"双区驱动"机遇、力促高质量发展的重要机遇。展会以"政府＋行业＋企业"的模式，通过政府搭台、行业主导、企业唱戏，合力扩大"中国红木特色小镇""大涌红木"的区域品牌影响力，打响"买精品红木，到中山大涌"的品牌效应，营造诚信经营、放心消费的市场环境，致力将红博会打造成为粤港澳大湾区最具影响力的红木家具交易高质量商贸平台，以及传播红木企业品牌形象、促进红木文化交流、倡导中式文化生活的重要平台。

### 2. 2021中山大涌红木厂家直销节

直销节于9月28日—10月27日顺利举行。本届直销节立足新发展阶段，贯彻新发展理念，以"优品红木·乐购大涌"为主题，突出"优品"理念，突显大涌红木源产地优势，持续塑造"大涌红木"高质量品牌，大力提升"买优品红木，到中山大涌"的区域品牌知名度和影响力。本届直销节运用云大涌、省市媒体直播探店、微信公众号等线上平台，累计访问量突破600万人次，成功打开面向全国终端市场的品牌传播渠道。据初步统计，全镇18家红木家具优品企业和红博城内商家实现销售收入1.5亿元，销售额平均增长率达25%，较好促进红木消费扩容提质，有力赋能传统产业转型升级。

红木厂家直销节

## 四、面临问题

第一,红木家具企业整体上生产工艺和制造水平严重落伍,以中小企业为主的产业结构严重阻碍了行业技术进步和产区环境治理,企业家经营管理理念普遍保守、安于现状,产业整体创新发展存在较大难度。

第二,红木家具产业的扶持,主要依赖于市级及以上的财政支持,与本镇产业具体发展契合度不高,亟待强化有关扶持奖励机制,进一步强化政府导向,激励企业做大做强。

第三,生产销售环节亟待提升。大涌红木虽然拥有较为齐全的产业链条,但普遍以加工生产为主,自主研发、技术创新和自有品牌不多。特别在销售环节上,多为展厅销售,营销手段单一。

第四,企业融资难。红木企业的生产原料和产品体积大、价格昂贵,大部分的运营成本都集中在原材料的购买和仓储上,导致资金流转不畅,而大部分红木制品产销企业经营规模较小,品牌信誉不高、占有不动产等社会资源少,难以获得有效融资。

第五,土地资源不足,限制了红木产业大型项目投资和落地。

## 五、发展规划

### 1. 落实六保六稳,促进产业市场尽快回暖

此次全球范围的新冠肺炎疫情对各地经济造成较大冲击,红木企业普遍出现订单减少、产品销售不畅、用工不足等问题。大涌镇落实六保六稳工作,通过开展镇领导带头组建专班联系走访、向企业免费发放防疫物资、为企业员工提供专车接回、开展防控防疫知识和金融知识培训等一系列精准暖企安商措施,有效稳定了企业信心,为企业发展注入"强心针",同时,通过政府牵头,商(协)会发动,企业联动的模式,开展促销节、技能培训、网络直播等活动,促进产业市场尽快回暖。

### 2. 全面推进"退棚进楼",拓展优化工业空间

大力支持企业"工改工"建设高标准现代化厂房,优化工业用地布局,完善配套设施,提高集约

用地水平。通过整合土地资源，对占地面积达 955 亩 19 个棚改项目进行改造，计划新建 87 幢合计 106 万平方米高标准厂房，进一步盘活存量用地，促进产业集聚规模发展，打造智能环保产业园区，建立"共性工厂"，整顿"小散乱"企业生产问题，由"粗放浪费"转向"集约高效"。

### 3. 抢抓时代发展机遇，组织企业抱团升级

以大湾区建设为机遇，着力提高产业站位，引导特色产业创新发展，提高产品含金量，引导企业做大、做强、做优。如大力鼓励企业技改，做到"机械换人"，引入自动化机械设备、数控设备等，发展智能制造，缩短产品生产周期，实现效益提升。同时，借助家居学院等平台培育两大特色产业技术人才，加强产业的科研创新。另外，一方面通过政策资源向规上、限上企业倾斜，大力引导两大龙头企业做大做强，培育上规上限企业，另一方面对接湾区发展，强化招商引资力度，发挥产业龙头企业效益，树立产业标杆。

### 4. 探索"产、文、旅"融合发展新道路，培育特色产业新优势

以红博城为创新载体，引入和培育红木展示、会展、设计、鉴赏、收藏、博物馆、研学游、特色酒店等企业，大力培育"红木+文化""红木+旅游"的新业态，帮助传统企业整合线上线下资源，打破传统企业销售渠道单一的缺点，开拓"线上引流+实体消费"发展新模式，打通网络电商销售渠道，提升大涌红木区域品牌影响力。

### 5. 全力打造"大涌红木"区域品牌

红木家具市场的竞争日益激烈，开始进入品牌竞争阶段。通过打造示范基地、制定产业发展规划、积极组织企业办展参展等硬件和软件的建设，坚持举办中国（中山）红木文化家具博览会、新中式红木展"一年两展"，持续扩大会展经济效应，全力打造特色产业区域品牌。

# 中国苏作红木家具名镇——海虞

## 一、基本概况

### 1. 地区基本情况

海虞镇围绕"产业优、生态优、配套优、文化优、服务优",始终坚持五大发展理念,通过培育"1+5"产业特色,实施"乡村振兴"等战略措施,不断提高人民幸福指数,全力打造精致、特色、大美的幸福家园。

### 2. 行业发展情况

海虞镇政府精耕"苏作红木"区域名片,培育特色产业集群,深挖文化底蕴内涵。目前全镇拥有红木家具生产企业及作坊154家,从业人员6000多人,孕育出了金蝙蝠、明艺、汇生等知名品牌,拥有一支设计精英队伍和一批擅于精雕细刻的能工巧匠。产品远销海外,进入美国、刚果等十多个国家的总统府,并先后被中南海紫光阁、钓鱼台国宾馆等选用,被誉为"东方艺魂""文化瑰宝"。

### 3. 公共平台建设情况

**海虞苏作红木家具商会**。商会现有会员单位40家,从业人员2000多人,拥有先进的木材干燥设备及先进的木工机械设备1000多台套,生产品种达1200多种,生产规模在国内红木家具行业中名列前茅。商会不定期地组织企业参加雕刻、木工等职业技能赛,参展全国各地的精品博览会、品鉴会,组织企业考察各大产区并进行学习交流,开阔眼界,增加产品创新发展的信念,引导会员提高新产品研发能力和工艺水平,携手发展海虞苏作红木产业。

**中国红木家具文化研究院**。中国红木家具文化研究院是根据中国家具协会、海虞镇政府在2012年11月20日签订的《共建中国苏作红木家具名镇协议书》中的有关内容——"在海虞建立专门弘扬苏作红木家居文化的'中国红木家具文化研究院'"的要求成立的。研究院成立之后,积极组织海虞红木企业参加培训,加强了国内外红木家具的信息交流,给生产企业提供了技术支持,为扩大对外的交流建立了平台。经过多次参展国内外重大展会,扩大了"海虞苏作红木"这一特色产区的影响力,进一步推进了"海虞苏作红木家具"品牌建设与市场发展。

## 二、经济运营情况

2019年,海虞镇在同业竞争激烈,市场变化莫测的情况下,与上一年基本持平;2020年,受新冠肺炎疫情的影响,海虞镇红木行业稍有下滑趋势,但总体影响不大;2021年,海虞红木家具产量较上一年有小幅的增长。

2019—2021年海虞家具行业发展情况汇总表

| 主要指标 | 2021年 | 2020年 | 2019年 |
| --- | --- | --- | --- |
| 企业数量(个) | 87 | 87 | 87 |
| 规模以上企业数量(个) | 25 | 25 | 25 |
| 家具产量(万件) | 32.6 | 32.40 | 32.50 |

## 三、重点企业情况

海虞红木家具产业以小而精为主基调，以"工艺质量求生存，争创名优求发展"为发展理念，走精品发展之路，先后有一批明星企业脱颖而出。

### 1. 常熟市金蝙蝠工艺家具有限公司

公司创建于 1966 年，是江苏省工艺美术行业重点企业，是"江苏老字号、常熟市老字号"企业。生产的"金蝙蝠"家具荣获江苏省名牌产品称号及江苏省工艺美术百花奖；"金蝙蝠"牌红木家具 1998 年进入北京中南海紫光阁，1999 年进入钓鱼台国宾馆。

### 2. 江苏汇生红木家具有限公司

公司生产的红木家具在 20 世纪 80 年代就远销美国、日本、新加坡等国家和地区。与美国的林氏公司保持着年销售 80 万美元左右的合作关系。获首届中国传统家具明式圈椅制作木工技能大赛铜奖。

### 3. 常熟市明艺红木家具有限公司

公司成立于 1992 年，有多项产品的设计获得了专利。产品于 2015 洛杉矶艺术博览会中国国家展展出，获首届中国精品红木坐具设计创新奖等多个奖项。

### 4. 苏州迎晨阁红木家具有限公司

公司为唐寅故居家具进行制作与修复；产品获第三届"金斧奖"中国传统家具设计制作大赛逸品奖等多个奖项。其"迎晨阁"品牌获得中国红木苏作流派领袖的称号。公司法人家庭荣获"中华木作世家"称号。

## 四、2021 年发展大事记

在红木家具行业普遍不景气的大背景下。企业发展的模式循着市场走，更加注重设计、技术、管理、人才、品牌、文化等综合素质的整体提升。创新设计方面，不少企业做出了很大的努力与勇敢的尝试，有的专于做精品路线，吸引了不少专业人士及古典家具红木爱好者；有的在传统家具的基础上加入了现代的元素，生产的新中式家具给人耳目一新的感觉；还有一部分企业，尝试着往电商方向发展，也打开了一片市场。

为了把有优秀传统文化的海虞红木发扬光大，海虞镇政府搭建"创意、创样"平台。一方面全力打造红木产业园，从而进一步展示海虞红木产区苏作家具的优异水平和别具匠心的苏作红木文化；同时，深挖海虞红木文化，经过多年的走访挖掘，多次修改《海虞苏作红木家具发展史》，已于 2021 年底出版，把海虞红木的发展与苏作技艺的传承通过文字的形式记载下来。

## 五、2021 年重点活动

3 月，中国红木家具文化研究院协同海虞红木商会组织会员企业一行 20 多人参观了"第 45 届国际名家具（东莞）展览会""深圳时尚家居设计周暨 36 届深圳国际家具展""第 47 届中国（广州）国际家具博览会"三大展会，考察团一行参观了红木企业，对当地红木家具的制作工艺进行了探讨与学习。通过此次观展，进一步了解家具行业的设计理念和发展方向，及时把握家具行业的发展状况，梳理红木产业的发展脉搏，推动海虞红木行业的可持续发展。

5 月，常熟市金蝙蝠工艺家具有限公司，作为江苏老字号和苏州老字号，参加了由上海世博展览会举办的"2021 中华老字号博览会"，展示了海虞红木的历史、工艺、文化。

7 月，中国红木家具文化研究院协同海虞商会组织召开"红木行业危废专项整治会议"，来自全镇 40 多家红木家具企业的负责人参加了此次座谈会。此次会议落实到细节，帮助企业解决生产工作中的困难，获得了企业的肯定与赞扬。

9 月，由海虞镇政府牵头，中国红木家具文化研究院协同海虞商会共同组织，金蝙蝠红木、汇生红木、迎晨阁红木以及幸达红木四家企业参加以"衍生"为主题的 2021 中国红木家具博览会。此次展会由中国家具协会和北京环球博威国际展览有限公司联合主办，海虞红木以"海虞苏作红木名镇、先进产业集群"整体形象亮相展会，获得广泛的认

传统家具产区

海虞参加中国红木家具博览会

可，几乎囊括了所有奖项，包括2021中国红木家具突出贡献奖、传承奖、工艺奖、设计奖。通过此次展会，推动了海虞红木家具企业品牌建设，提升了海虞红木文化的影响力。

12月，在2021澳门国际文化产业博览会上，金蝙蝠红木参展作品完美契合了本次澳门国际文化产业博览会的主题，响应了常熟代表团为呈现我市深厚的文化底蕴和文化产业特色所定的"江南水乡"基调，也促进了常熟、澳门两地文化交流，为进一步提升海虞红木文化的知名度和影响力添砖加瓦。

# 中国红木（雕刻）家具之都——东阳

## 一、基本概况

### 1. 地区基本情况

东阳市，地处浙江省中部，隶属于浙江省金华市，总人口108.8万人，地域面积1739平方千米，有1800多年历史，文化悠远，素有"婺之望县""歌山画水"之美称，被誉为著名的教育之乡、建筑之乡、工艺美术之乡、文化影视名城。东阳作为著名的中国红木（雕刻）家具之都，传承千年的东阳木雕与红木家具不断融合发展，形成了独具特色的木雕红木家具产业。经历十数年的发展，木雕红木家具产业已成为东阳最具辨识度的特色产业和最具培育发展前景的优势产业之一。

### 2. 行业发展情况

东阳现有木雕红木家具企业1300多家，规上企业46家，龙头骨干企业15家，木材交易市场3个（东阳市木材交易中心和南马、横店木材交易市场），大型家具交易市场2个（东阳中国木雕城、花园红木家具城），以及南市街道、横店镇、南马镇、画水镇四大产区，全产业链总产值达680亿元，从业人员10多万人，已经形成了集木材交易、产品设计、加工制作和市场销售为一体的完整产业链。

近几年，东阳不断优化产业结构，提升发展实力。2017年，东阳在木雕红木行业创新开展效能评定，规范行业税收，营造公平公正的竞争环境；2018年，以中央环保督察为契机，在全行业开展废气、粉尘、废水治理，初步形成了"家数精减、主体升级、产业规范"的新格局；2021年，为全面提升家具行业污染防治和规范化管理水平，东阳开展了环保整治再提升工作，304家企业已申报完成"油改水"。

近几年，东阳不断夯实品质，增强品牌软实力。自2018年、2019年分别发布实施《红木家具》《深色名贵硬木家具》两个"浙江制造"团体标准后，目前已有17家木雕红木家具企业30个产品通过"浙江制造"品字标认证，1个产品获得"浙江制造"国际互认认证证书，7家企业获得各级政府质量奖。2021年10月31日，东阳成功注册"东阳红木家具"集体商标。目前东阳木雕红木产业拥有注册商标4000余件，有省级商标品牌示范企业4家，金华市级商标品牌示范企业7家。2018年以来授权专利2400余件，有省级专利示范企业1家，金华市级专利示范企业15家。

2021年，东阳进一步加强宣传深度和广度，不仅东阳木雕红木宣传片连续3年登陆央视，连续2年以"世界木雕·东阳红木"冠名高铁列车，辐射五省三市等东阳红木家具主要销售区域，还引入新华社资源，为木雕红木产业及东阳城市品牌塑造提供系列推广服务。在2021年杭州巡展期间，新华社对活动进行了全方位媒体传播推广，总点击量超300万。

2019—2021年东阳家具行业发展情况汇总表（生产型）

| 主要指标 | 2021年 | 2020年 | 2019年 |
| --- | --- | --- | --- |
| 企业数量（个） | 1300 | 1300 | 1300 |
| 规模以上企业数量（个） | 47 | 57 | 55 |
| 规上企业工业总产值（万元） | 127100 | 121200 | 153200 |

### 3. 公共平台建设情况

2016年，为加强对木雕红木行业的管理，东阳成立木雕红木产业管理办公室，后在东阳市市场监督管理局加挂木雕红木家居产业发展局牌子。2018年，东阳正式成立东阳市家具研究院，2019年"红木家具产业国家创新联盟"秘书处设在研究院；2021年，研究院正在与中南林业科技大学合作筹建国家林业和草原局绿色家具工程技术研究中心东阳分中心，与广厦大学合作筹建东阳市家具研究省级重点实验室。2021年11月，国家市场监督管理总局批准成立国家木雕及红木制品质量监督检验中心（浙江）。经过多年的发展，现已形成集市场管理、技术研发、质量控制三位一体的"一局一院一中心"［东阳市木雕红木家居产业发展局、东阳市家具研究院、国家木雕及红木制品质量监督检验中心（浙江）］的格局。

东阳积极搭建人才培育平台。东阳现有亚太手工艺大师3人，中国工艺美术大师11人，浙江省大师48人，金华市大师124人，各类木雕、家具制作专业人才3000多人。从20世纪60年代开始，东阳就将传统技艺纳入现代教育体系，先后在2所职业学校（东阳市职业教育中心学校、东阳市聋哑学校）和1所大学（浙江广厦建设职业技术大学）开办木雕专业职高班和大专班，广厦大学开设了雕刻艺术与设计国际班，首批21名刚果（布）留学生在东阳进行为期4年的学习，2020年又新设了家具设计专业，将为东阳木雕红木家具产业发展提供专业化人才。

此外，东阳还建立了东阳木材交易中心、木雕小镇及红木产业园等平台，而且正在创建中国东阳（木雕红木）知识产权快速维权中心、木雕红木家具产业质量基础一站式服务平台，以期为企业提供更科学、更高效的服务。

## 二、品牌及重点企业

新冠肺炎疫情影响持续不断，在经济大环境变化莫测的当下，东阳木雕红木家具企业稳扎稳打，自我突破。以明堂红木、中信红木、卓木王红木、苏阳红红木等为代表的东阳木雕红木龙头骨干企业逆势而上，为广大的木雕红木家具企业领路引航。

中信红木号高铁

2021年，围绕建党百年主题而建设的中国共产党历史展览馆中的红色大厅红木装修工程，以及山东青岛海军博物馆展示的1∶1复制的毛主席乘坐过的长江舰舱室木作部分复原装修项目，均由东阳市双洋红木家具有限公司制作完成。

5月，由浙江中信红木家具有限公司独家冠名的品牌专列——"中信红木"号高铁列车首发，该高铁列车是国内首列由红木家具企业独家冠名的品牌专列。列车将运行在多条线路，覆盖上海、杭州、义乌、金华、南昌、宜春、长沙等十几个重点城市，以及沿线辐射的上百个中小城市，形成纵贯核心区域的传播矩阵，进一步推动东阳红木走向全国，甚至冲向世界，让更多的人了解到东阳这张金名片，提高东阳红木家具品牌影响力。

## 三、2021年发展大事记

### 1. 东阳市产业发展大会召开

4月，东阳市产业发展大会召开，木雕家具产业列入"四个千亿级"产业培育。会议指出，将积极推进数字赋能、服务赋能、科创赋能，让木雕红木产业更"红"、更"活"、更"兴"；到2025年，力争原木木材销售、红木企业生产、家具市场销售、古建装修全产业链产值突破1000亿元。

### 2. "油改水"工作持续推进

2021年，为全面提升东阳市家具行业污染防治和规范化管理水平，开展了家具行业环保整治再提升工作，23家规上企业和281家规下企业已申报完成"油改水"，完成率100%。

### 3. "双百工程"

2021年东阳市提出实施"双百工程"（百名高层次人才、百强企业），实现"十百千万"人才培育目标（国家级大师10名以上，省、市级大师100名以上，技师1000名以上，技工1万名以上），工美协会、家具协会均获得技能等级认定资质，1年来共培训351人次，发放证书215份。

### 4. 木雕家居（竹编）产业智能升级

2021年，木雕家居（竹编）行业应用系统（"数字红木"平台）建设启动。该系统依托云计算、大数据、人工智能、区块链技术，全面汇聚政府侧、企业侧以及第三方互联网侧各类数据，建设木雕家居（竹编）"产业大脑"。

### 5. 新增省五星级文明规范市场

6月，浙江省市场监督管理局下发文件，经考核验收，花园红木家具城被认定为省五星级文明规范市场。至此，东阳有了中国木雕城和花园红木家具城两家省五星级文明规范市场。

## 四、2021年重点活动

### 1. 举办百名大师巡展及云展活动

6月，在西子湖畔圆满举办百名中国工艺美术大师创新作品展杭州巡展活动，104名大师的117件作品参展，观展人次达4万，征集收购大师作品14件。百名中国工艺美术大师创新作品展云展已于12月3日在2021中国企业家博鳌论坛上举行启动仪式，在新华网正式上线。

### 2. 举办"我心向党"主题作品展

7月10日，庆祝中国共产党成立100周年·东阳市工艺美术"我心向党"主题作品展在中国木雕博物馆开展，此次作品展由东阳市委宣传部、市文广旅体局、市木雕红木家居产业发展局、市工艺美术行业协会、中国木雕博物馆等单位共同举办，集中展示了东阳工艺美术界老中青三代艺术家的精品力作。

### 3. 召开2021中国（东阳）竹工艺产业发展大会

由国际竹藤组织、中国林学会、中国竹产业协会、中国工艺美术学会、浙江省林业产业联合会、东阳市政府联合主办，以"发扬原生态产业优势、促进竹工艺全面复兴"为主题的2021中国（东阳）竹工艺产业发展大会7月11日在东阳召开，国际竹藤组织竹工艺培训基地、全国自然教育总校竹工艺自然教育学校落户东阳，为促进中国竹工艺传承、创新和发展搭建重要的交流平台。

### 4. 举办"中华大师汇"收藏作品展暨义乌机场上汐客厅启用仪式

7月30日，"中华大师汇"收藏作品展暨义乌机场上汐客厅启用仪式顺利举行，多位中国优秀工艺美术大师的木雕、根雕、核雕、竹编刺绣、陶瓷等作品在上汐客厅进行为期1个月的展览，通过义乌机场国际化窗口，在打通东义文化交流展示通道的同时，推动东阳木雕红木"走出去"。

### 5. 举办职业技能竞赛

9月，"2021年全国行业职业技能竞赛——第五届全国家具职业技能竞赛浙江东阳赛区选拔赛"在东阳木雕小镇顺利开赛，67名来自浙江省各地市的选手参赛。以技能竞赛推动人才培养，该竞赛不仅弘扬发展了工匠精神，使"东阳工"焕发时代活力，更为实现东阳木雕红木千亿级产业的发展目标，提供坚实的人才支撑。

第五届全国家具职业技能竞赛浙江东阳赛区

# 中国京作古典家具产业基地、中国京作古典家具发祥地——涞水

## 一、基本概况

### 1. 行业发展情况

涞水县，隶属于河北省保定市，涞水古典红木家具已有300多年的历史，是中国家具协会评定的"中国京作古典家具发祥地"，同时又是中国家具协会与涞水县政府共建的"中国京作古典家具产业基地"。

目前，涞水京作红木家具制销企业400余家，熟练技师近千人，从业人员上万人。2021年产值达11亿元，销售收入达13亿元。涞水与其他产区相比，虽然规模还较小，但独有的区位优势、京作红木传统文化优势及享有的京津冀协同发展优势，使涞水红木产业发展潜力巨大，后发优势明显，正成为承接北京产业转移和外溢的首选地。

### 2. 公共平台建设情况

2021年，是"十四五"开局之年，也是全面深入贯彻党的十九大精神的一年，为更好地弘扬传统文化，为有效再现和保护京作古典家具的历史文化，充分挖掘京作古典家具的深刻内涵和文化价值，做大、做强古典家具产业，带动城乡统筹发展、改善县城北部生态环境及城镇化进程，河北尚霖文化产业园投资有限公司牵头、涞水县古典艺术家具协会配合，在县城北部建设"中国京作古典家具艺术小镇"。项目建成后，将成为全国北方最具特色的古典家具、艺术品、工艺品展示、销售市场，京郊传统文化创意基地、儿童科普教育基地、京郊新兴特色旅游目标地以及北方最具特色的古典家具文化旅游目的地。2020年7月，涞水红木家具艺术小镇被国家发展和改革委员会推介为全国"20个特色小镇典型经验"，以吸纳、孵化大量就业创业人员为亮点。

## 二、品牌及重点企业

目前，涞水已先后推出珍木堂、森元宏、永蕊缘、万铭森、乾和祥、艺联、易联升、艺宝、精佳、古艺坊、琨鑫等多个品牌。

### 1. 涞水县珍木堂红木家具有限公司

公司是涞水县古典艺术家具协会会长单位，成立于2008年，占地面积20亩，总资产1.2亿元，注册资本3000万元。年生产能力3000件（套）古典红木家具。公司成立以来立足深厚的京作家具文化积淀，大力弘扬京作文化及传统工艺，努力创建具有涞水特色的古典红木家具系列。"珍木堂"品牌深受红木消费者喜爱。2014年3月，在保定市首届乡土艺术成果展中，参评作品黄花梨《根雕龙凤呈祥》荣获优秀精品奖。2014年12月，公司被保定市文广新局授予"保定市第二批文化产业示范基地"。2015年，被河北省科技厅命名"河北省科技型中小企业"。2021年销售收入0.9亿元，产值达6000万元。

### 2. 涞水县万铭森家具制造有限公司

公司创立于2014年，注册资金500万元，年生产红木家具3000件，是一家专业从事古典红木家具的研发、设计、生产、销售、服务于一体的大型综合性企业，建筑面积1万余平方米，占地20亩，有职工54人，其中专业技术人员37人，公司主要生产大果紫檀及老挝红酸枝红木家具，包括客厅、餐厅、书房、卧房、休闲、中堂六大精品系列明式风格京作古典家具，品种达百余款。2021年销

售收入达 0.8 亿元，产值达 5500 万元。

### 3. 河北古艺坊家具制造股份有限公司

公司始创于 1996 年，原名"涞水县古艺坊硬木家具厂"，2005 年成立古艺坊家居文化创作室，2010 年 10 月成立保定古艺坊家具制造有限公司，经股份制改革，2013 年 11 月组建河北古艺坊家具制造股份有限公司，2014 年 2 月在石家庄股交所成功挂牌，股权代码：630002，2014 年被国家认定为高新技术企业。经过 17 年的发展、探索，已经成为一家初具规模的集研发、制造、销售于一体的现代中式家具企业。

公司占地 43 亩，有中式家具专业技术人员 270 名，省内外拥有独立家具专卖机构 27 家，已在北京、石家庄、保定设立市场拓展部，年生产销售现代中式家具 25000 件，公司注册资金 1500 万元，总资产 5000 多万元。

公司下辖三个自主品牌："古艺坊"主营现代中式榆木家具，"和安泰"主营古典红木家具，"元永贞"主营高档民用家具。经过 17 年的长足发展，公司产品已经得到社会各界的高度认可，为传承民族文化、推动健康家具环境做出自己应有的贡献。2021 年销售收入达 1.3 亿元，产值达 9000 万元。

### 4. 涞水县永蕊家具坊

公司是一家专业制作、修复各种明清硬木家具的手工企业。古典家具用料考究，工艺复杂。工匠们将木雕、字画、古玩、窗花等艺术点缀其中，融会贯通，使每一件家具都成为一件赏心悦目的艺术品，体现了高雅的生活艺术品位，传承了传统家具文化。

2010 年 7 月 2 日首届中国中式家具精品展，永蕊家具坊的参展作品《梅花画案》获评审专家一致好评。张德祥、杨家驹、王秀林、赵夫瀛等知名专家对该作品的评价是纯朴纯正、用料大器、做工严谨、雕工细致，在参展作品中独一无二。该作品在展会上被中国工艺美术学会授予工艺特色奖。

### 5. 涞水县森源仿古家具厂

公司创建于 1997 年，占地 15 亩，是涞水县古典艺术家具协会常务副会长及中国家具协会第六届理事会理事单位。员工 30 人，设计人员 5 人。生产书房、客厅、卧室系列红木家具及各种工艺品；家具制作材料以红酸枝为主；以明式、清式家具设计风格为主，重结构、少装饰，重整体简洁厚重、轻奢华雍容。家具一直保持传统的优秀技艺，特别是榫卯结构与打蜡工艺。企业凭借出色的制作工艺、过硬的产品和良好的知名度、美誉度，已成为涞水红木家具行业最具影响力的企业之一。

## 三、2021 年发展大事记

### 1. 政府及行业关怀

3 月 3 日，涞水县人大巡视组对红木家具产业进行调研；6 月 23 日，中国家具协会屠祺副理事长兼秘书长对涞水红木家具产业发展进行调研；9 月 26 日，涞水县人大王金龙主任进行涞水县红木家具产业发展现状专项调研活动；10 月 8 日，刘晓涛副县长进行关于涞水县红木家具产业申报国家级非物质文化遗产的专项调研活动；10 月 15 日，国务院新闻办公室国际局原局长王国泰一行进行关于涞水县红木家具产业及文玩核桃产业的调研活动；10 月 18 日，洛阳高新区丰李镇乡村振兴培训班进行关于涞水县文玩核桃产业的调研活动，并就乡村振兴产业发展、项目引进、产业链打造等与涞水县核桃协会进行座谈。

### 2. 行业活动

4 月 21 日，涞水县古典艺术家具协会参加河北省监督管理局和保定市监督管理局共同举办的河北省"知识产权质量万里行"进企业、进市场、进校园，助力高质量发展对接服务活动；7 月 27 日，组织召开第五届全国家具职业技能竞赛京津冀鲁涞水分赛区选拔赛筹备会；11 月 13 日，组织召开涞水县红木家具产业、文玩核桃产业发展座谈会。

## 四、发展规划

### 1. 进一步加强协会建设

进一步完善协会组织机构，加强行业管理、服务。建立健全协会行业诚信管理机制和质量诚信保障制度，大力营造"创品牌、重质量、讲信誉"的良好经营氛围。高度重视会员单位的培训，积极组织学习先进地区的产业发展模式和管理办法，博采众长，创新发展，有效提高企业经营管理水平。充分发挥协会在政府与企业之间的桥梁纽带作用，进一步加强与中国家具协会、河北省家具协会及各省市协会的交流合作，通过各类会议、会展等机会加强协调沟通，组织企业"走出去"，借鉴发达地区的先进经验，打造"涞水京作古典家具"的品牌效应。招商引资"请进来"，积极引进国内其他产区古典家具企业及配套企业落户涞水，扩大产业规模，为我县产业发展起到积极带动作用。打造环京全国红木家具产业基地。

### 2. 推动企业转型升级，突出骨干企业

依托古艺坊、万铭森、森元宏、珍木堂、永蕊缘、乾和祥、御作坊等重点企业，充分发挥示范带动作用，在传承京作工艺的基础上加以创新。突出涞水特色、做强涞水品牌。鼓励、引导企业进一步健全公司体制，突破原有思维定式，做到"人无我有、人有我精"。提升涞水企业品牌影响力和竞争力，提升集群效应。

### 3. 加强区域品牌创建

指导涞水县红木家具产业集群完善区域品牌体系建设，积极争创全国、河北省知名品牌创建示范区。发挥永蕊缘家具、森缘仿古家具、泓海木业等河北省名牌产品、优质产品带动作用，继续引导红木家具企业进一步提高品牌意识，积极组织企业参加国家级、省级家具品牌评选活动，进一步提高涞水红木家具的知名度。

### 4. 加强对外宣传推广

继续组织举办好每年一届的涞水红木文化节。办好《京作红木》刊物，完善电商平台的应用，充分利用网络及各种新闻媒体，形成大外宣的立体格局。增强区域辐射力，扩大品牌传播力，不断扩大"涞水京作古典家具"的知名度与美誉度。

### 5. 推进技能人才的培养选拔

继续组织举办好每年一届的全国家具职业技能竞赛，通过比赛，选拔推出本土优秀技能人才，加强企业与院校合作，共同培养人才，大力提倡工匠精神，充分发挥红木家具各级各类工艺美术大师作用，支持推广"师带徒"模式，加大红木家具技工人才培训和培育。支持在涞水举办各级各类家具制作、家具雕刻技能大赛，通过大赛培育锻炼人才。积极组织涞水县红木家具技师参加全国各级家具制作及雕刻大赛，全面提升全县从业人员的技术水平和素质，提高涞水古典家具行业整体技术水平，提升产业档次。

# 中国广作红木特色小镇——石碁

## 一、基本概况

石碁镇是广州地区重要的广作红木家具制作技艺传承发展地之一。石碁红木小镇位于广州市番禺区石碁镇,是《粤港澳大湾区发展规划纲要》中提及的黄金地带,是粤港澳大湾区内核之一。

2018年7月,南浦村红木小镇成功引入碧桂园集团进行合作建设。未来,石碁红木小镇项目肩负城市更新标杆、产业升级和文化传承的历史使命,未来将建设成为"广作红木国际艺术展示窗口""广府艺术文化旅游名片""华南地区首个智能家居创新平台",将成为番禺东部崛起战略产业载体。

## 二、重点企业情况

石碁红木小镇产品主要以内销为主,中小型企业比重大,龙头企业有永华红木、宝鹰红木、华兴红木等企业。作为中国广作特色红木小镇集群,在品牌打造方面石碁红木小镇拥有自有品牌商标"石碁红木"。

石碁红木小镇的龙头企业广州市番禺永华家具有限公司作为牵头单位之一,在2021年发起广州市地方标准DB4401/T 135—2021《家具企业应对重大传染疾病防控指引》的编制,为疫情防控工作常态化下家具行业生产做标准规范引导。

广州市番禺永华家具有限公司作为石碁红木产业集群的龙头企业、全国十大红木家具品牌之一。2021年10月,中国嘉德2021年秋季拍卖会古典家具及工艺品部专场巡展在国家AAA级景区永华艺术馆顺利举行;2020年12月,中华全国总工会授予永华家具"全国模范职工之家"称号;2020年

永华家具"全国模范职工之家"称号

红木文化商业街区

12月，由中国轻工业联合会与中国财贸轻纺烟草工会举办的评定第二届"轻工大国工匠"会上，陈达强先生作为传统家具行业工匠代表之一，成功入选，荣获第二届"轻工大国工匠"荣誉称号；2021年3月，副总经理李维波以非遗项目广式硬木家具制作技艺成功入选广州市番禺区文化广电旅游局公布的第四批区级"非遗项目代表传承人"，自此永华红木拥有市级、区级非物质文化遗产传承人各一名。

## 三、2021年发展大事记

受新冠肺炎疫情影响，各行各业经济复苏缓慢，消费者热情不高，为更好地接触全国市场，拓展新视野，谋求新发展，2021年9月，在石碁镇政府的支持和指导下，红木协会组织石碁红木小镇内优秀的红木企业参与中国顶级红木盛宴，衍生——2021中国（北京）国际红木家具文化博览会，会上云集全国各地优秀红木企业，吸引来自五湖四海专业观众，石碁红木走向全国视野，与行业大咖们交流经验，助力本地企业拓展全国市场。

## 四、发展规划

广式硬木家具制作技艺历史悠长，工艺繁杂且精湛，作为广作红木家具制作技艺传承发展地之一，石碁以高端精品家具而著称，是广作工艺的代表。随着互联网热潮的涌起，新产业的兴起，对传统产业带来一定冲击，新时代精华与传统精华的融合更需提上日程，作为传统型生产加工基地的石碁红木小镇未来将更好地肩负城市更新标杆、产业升级和文化传承的历史使命。

红木小镇未来规划打造集行业顶级人才于一体的工作室机制，营造浓厚文化氛围，培养新一代广作红木人，结合国家对科技发展的支持，吸纳智能制造人才，让红木拥抱大数据，开启"智慧创变，传统产业集群式升级"模式，助力红木产业、智能制造发展与升级，同时加强与各大院校合作联系，鼓励校企加强合作，寻找和培育家具制作、营销人才，在传承中创新，为红木产业注入新动能、新血液，开创无限新可能。

支持科技创新企业集群式发展，将红木家具产

石碁参加 2021 中国（北京）国际红木家具文化博览会

业延伸发展文化创意、智能家居、家居家具等产业链条，保护发展红木家具产业集群并形成产业生态集群。

整体匠心规划，综合多方交流探讨，在原来的基础下打造新式智能红木平台，未来石碁红木特色小镇将以全新的面貌呈现，融工业、商业、服务业、旅游业、文化产业于一体的宜居、宜业、宜游优质生活圈，融合多元主题业态的大型综合产业项目，生态化、智能化、现代化的红木特色小镇。带动地区产业经济的提速提质，助力番禺区创建国家全域旅游示范区；发挥自身的区位优势，承接南沙、港澳产业经济带来的辐射效应，为推动番禺区融入粤港澳大湾区建设提供支持。

未来规划中，将有红木文化商业街区、智能家居体验中心、创新企业总部集群、臻品匠心艺术酒店等。困扰红木家具制造业的环保问题也将在产业升级中得到解决，未来红木小镇规划将红木家具制造涉及环保的生产环节集合化管理，真正实现家具产业园内产业升级，向集生产、物流、商贸、体验、休闲、观光、服务、教育、电子商务于一体的转变，加快发展红木产业新业态、新经济。

# 中国传统古典家具生产基地——新会

## 一、基本概况

### 1. 地区基本情况

新会位于珠江三角洲的西南部,濒临南海,毗邻港澳,具有得天独厚的地理优势。自古以来,新会就是珠江西岸水陆联运、江海联运的重要门户。南粤新会物华天宝,山清水秀,一棵独木成林的"小鸟天堂"名扬天下。新会人杰地灵,人才辈出,文化底蕴深厚,是广东省历史文化名城,我国维新运动先驱梁启超先生的故乡。

厚重的文化,孕育着厚重的文化艺术。新会传统古典家具行业历史悠久,从明清时期开始,连绵数百年、从未间断,是我国传统古典家具的重要产区。新会制作的古典家具既传承了明清家具中传统的艺术精华和精巧的工艺手法,又糅合了华侨文化和西方文化,成为独树一帜的广作家具重要发源地,为我国古典家具艺术的传承与发展作出重要贡献。改革开放以来,新会传统古典家具行业如沐春风,发展更加迅速,成为新会一个重要的传统产业,一张亮丽的文化名片。近年来新会被授予"中国古典家具之都""中国传统古典家具生产基地"等荣誉称号。

### 2. 行业发展情况

目前,全区有古典家具生产企业4000多家,产值80多亿元,已形成了木材、设计、生产、铜件配套、销售完整的产业链,产品畅销全国各地及美国、澳大利亚、东南亚等十多个国家和地区。建起了新会古典家具城、长隆古典家具城、汇楹红木城、恒汇红木家具城、锦东古典家具城、明新古典家具城、御品一号红木城和亚洲红木城等一批专业市场,打造了古典家具产销十里长廊,是全国重要的古典家具产业集群地。创下了县级行政区域全国古典家具行业"4个之最":古典家具生产经营厂企(门店)最多;古典家具的"五属八类"红木原材料品种最齐全;古典家具京作、苏作、广作并存发展的品种最多;古典家具销售地域最广。

新会参加2021中国红木家具文化博览会

## 二、2021 年发展大事记

### 1. 展会宣传

9月19—22日，江门市新会区福兴家具、雄业家具、利兴仿古家具、华润家私、建宇轩古典家具、森木古典家具、臻品居古典家具、新汇红木检测、居典红木家具、臻珑阁古典家具、建鸿古典家具、卢艺家具共12家新会优秀品牌企业参加北京"衍生——2021中国红木家具文化博览会"，参展作品主要以广作和新中式家具为主，这是继2010年新会古典家具北京博览会、2017年第二届中国（新会）古典家具文化博览会新闻发布会以来，新会红木家具产业集群在北京的第三次隆重亮相，是在全国范围内打响新会红木文化名片的重大活动，也是新会古典家具产业规范提升的重要举措。江门市新会区政府、新会区传统古典家具行业协会均荣获衍生2021中国红木家具突出贡献奖。

### 2. 获得荣誉

9月25日，在全国轻工业科技创新与产业发展大会上，中国轻工业联合会和中国家具协会联合授予新会区"中国传统古典家具生产基地"荣誉称号。

### 3. 职业大赛

10月25日，新会成功组织举办了"2021年全国行业职业技能竞赛第五届全国家具职业技能竞赛新会赛区推荐赛"。从2018年开始，已连续三届组织参加全国家具制作职业技能竞赛且取得优异成绩，三届共获得"两银五铜"，新会赛区享誉全国，协会连续三届荣获"优秀组织奖"称号，2021年还被中国轻工业联合会授予"轻工技能人才培育突出贡献奖"。

### 4. 商标建设

成功注册"新会红木"集体商标。会员企业在商事活动中可以使用标志，以表明使用者的成员资格。"新会红木"集体商标的注册和使用受到法律保护，有利于促进"新会红木"提升品质、树立信誉，宣传"新会红木"，打造城市名片。集体商标的使用

新会被授予"中国传统古典家具生产基地"

2021全国雕刻竞赛新会赛区

本身具有广告宣传效益，有利于取得规模经济效益，扩大国内及国际市场的影响力。

## 四、发展规划

展望未来，新会古典家具产业将全力以赴为行业的发展提供正能量、传递好声音，着力围绕"规范经营上档次，传承技艺树品牌"的工作思路，在中国轻工业联合会、中国家具协会等上级协会的关心支持下，坚持科学发展，绿色发展，坚持传承与创新；大力弘扬精益求精的工匠精神，引导行业遵纪守法、诚信经营，树立"诚信为本，依法至上"理念；在行业规划、行业管理、产品质量、品牌建设等各方面提档升级，同时，传承明清家具文化和技艺，以工匠精神打造行业品牌，开启传统古典家具行业发展的新时代。在新征程上书写新篇章，以新的业绩为"中国古典家具之都"增光添彩。

# 中国实木家具之乡——宁津

## 一、基本概况

### 1. 地区基本情况

宁津县位于山东省西北部的冀鲁交界处，东邻乐陵市，南连陵县，西与北以漳卫新河为界，与河北省的吴桥、东光、南皮三县隔河相望。区划面积833平方千米，辖9镇1乡2个街道1个省级经济开发区，人口49万人，是中国五金机械产业城、中国实木家具之乡、中国桌椅之乡、山东省实木家具示范县、山东省优质木制家具生产基地、山东省实木家具产业基地。

### 2. 行业发展情况

宁津家具产业起源于20世纪90年代，经政府积极扶持引导，逐渐走出了一条由小到大、由弱到强、由分散到集聚的产业化道路，成为当地的三大支柱产业之一，是促进当地经济发展和群众增收的重要引擎。产品远销国内多个省市并出口到美国、韩国、德国等30多个国家和地区。宁津家具产业已经成为全县的特色产业、富民产业和优势产业，2021年，宁津县家具产业办荣获中国家具协会颁发的"2021中国家具产业集群共建先进单位"。

2019—2021年宁津家具行业发展情况汇总表（生产型）

| 主要指标 | 2021年 | 2020年 | 2019年 |
| --- | --- | --- | --- |
| 企业数量（个） | 2920 | 2700 | 2870 |
| 规模以上企业数量（个） | 211 | 230 | 237 |
| 工业总产值（亿元） | 115.0 | 117.0 | 116.3 |
| 主营业务收入（亿元） | 110.0 | 113.0 | 115.0 |
| 出口值（万美元） | 2450 | 1560 | 2350 |
| 内销额（亿元） | 108.9 | 111.9 | 113.3 |
| 家具产量（万件） | 840 | 970 | 1050 |

2019—2021年宁津家具行业发展情况汇总表（流通型）

| 主要指标 | 2021年 | 2020年 | 2019年 |
| --- | --- | --- | --- |
| 商场销售总面积（万平方米） | 17 | 11.5 | 11.5 |
| 商场数量（个） | 50 | 55 | 55 |
| 入驻品牌数量（个） | 170 | 150 | 132 |
| 销售额（亿元） | 8.0 | 5.5 | 5.3 |
| 家具销量（万件） | 80 | 67.8 | 66 |

2019—2021年宁津家具行业发展情况汇总表（产业园）

| 主要指标 | 2021年 | 2020年 | 2019年 |
| --- | --- | --- | --- |
| 园区规划面积（万平方米） | 112 | 112 | 112 |
| 已投产面积（万平方米） | 60 | 60 | 60 |
| 入驻企业数量（个） | 256 | 230 | 190 |
| 家具生产企业数量（个） | 223 | 201 | 187 |
| 配套产业企业数量（个） | 33 | 19 | 3 |
| 工业总产值（亿元） | 52.0 | 48.0 | 46.3 |
| 主营业务收入（亿元） | 50.0 | 46.2 | 45.8 |
| 利税（亿元） | 12.0 | 10.8 | 11.3 |
| 出口值（万美元） | 1360 | 962 | 773 |
| 内销额（亿元） | 60.0 | 45.5 | 45.3 |
| 家具产量（万件） | 550 | 500 | 420 |

### 3. 公共平台建设情况

宁津家具产业集群以宁津家具梦工场为引领，加快家具产业"五中心一平台"建设，推动信息技术、产品设计研发、生产制造高度融合，融入智能家居理念，打造中国实木家具个性化定制生产基地。宁津家具梦工场是山东省首家家具创意主题孵化器、创客空间，占地3000多平方米，共包含"五区两中心"，分别是：光影展示区、公共服务区、智能家具区、品牌展示区、联合办公区、设计中心、电商中心，是集创新创业、研发设计、品牌孵化、精品展示于一体的家具产业创新龙头。

## 二、重点企业情况

目前，宁津县拥有"兴强""万赢""吉祥木""德克"4个山东省名牌产品和"美瑞克"1个山东省著名商标。

### 1. 山东华诺家具有限公司

由廊坊华日家具股份有限公司投资19.5亿元建设，主要生产木门、办公酒店家具、软体沙发等产品。

### 2. 斯可馨家具北方基地

项目由江苏斯可馨家具股份有限公司投资建设，总投资10亿元，固定投资8亿元，年产30万套家具，年销售收入20亿元，利税2.5亿元。

### 3. 宁津宏发木业有限公司

公司是一家专业从事餐桌、餐椅生产的企业，是"全国民营企业重点骨干企业"，原材料由德国、法国直接购进，产品主要出口澳大利亚、欧美、东亚、阿拉伯等国家和地区。每年可生产各种高档餐桌椅50000套。

### 4. 山东德克家具有限公司

公司是中国家具协会会员单位和山东省家具协会理事单位，是一家集生产、销售、科研于一体的现代化家具制造企业，也是全县家具行业的龙头示范企业之一。主要生产高档实木餐桌、餐椅，产品先后荣获"山东名牌""绿色环保产品""消费者满意产品"等荣誉称号，并通过了ISO9001质量管理体系认证和ISO1400环保体系认证。

### 5. 山东鸿源家具有限公司

公司是宁津县家具行业的龙头示范企业之一，是宁津县家具协会理事单位。该公司是一家集设计、生产、销售于一体的实木家具生产企业，拥有从台湾引进的先进生产设备180台套，专业生产星级酒店客房、餐厅及办公家具，产品于2006年荣获"山东名牌"称号，并通过了ISO9001质量管理体系认证和ISO1400环保体系认证。

## 三、2021年重点活动

宁津县家具产业办积极组织举办了德州市家具产业发展推进会、德州市家具产业高质量发展技术交流会，全市各县家具产业链负责人及200多家企业参加。活动中，国内知名企业负责人围绕着《外观设计专利申请要点解析》《水性漆应用技术升级探索》《产业集群融资贷款政策宣讲》三个方面进行了授课，并与企业进行了深入交流。

德州市家具产业高质量发展技术交流

# 中国欧式古典家具生产基地——玉环

## 一、基本情况

### 1. 产业基本情况

家具是玉环工业的特色产业之一，经玉环家具人的艰苦创业和政府的大力扶持，已形成品种繁多、配套齐全、产业链条完整的集群发展模式，尤其是欧式古典家具，其档次和工艺水平处于全国领先地位。现有家具制造及配套企业236家，其中拥有自营出口权企业40家，在做优做精欧式家具的同时，开发有特色的"新古典、小美式、新中式、轻奢、现代"等不同档次、不同风格的产品，产品远销俄罗斯、乌克兰、澳大利亚、中东、东南亚等60多个国家和地区，国内各大中城市的家具商场都可看到玉环家具的影子，玉环家具已不仅仅是一个产业，更是玉环的一张名片。玉环家具的产业发展历史、集聚规模、产业链完善程度，在浙江省乃至在全国区域性产业集群中都有一定影响。先后荣获"中国新古典家具精品生产（采购）基地""中国欧式古典家具生产基地""国家级家具产品质量提升示范区"等称号。

### 2. 行业发展情况

2021年，玉环家具行业以"时尚家居小镇"为引领，打造时尚家居新地标，推动行业重新焕发生机；以市场为导向，调整产品结构，开发时尚产品；以客户为中心，运用互联网+5G，创建营销新模式；以创新为驱动，运用"三新模式"（新产品模式、新生产模式、新渠道模式），推进企业高质量发展；以科技为支撑，运用新技术、新元素，助推产业发展。不过，受新冠肺炎疫情冲击和内外多重因素的影响，2021年，玉环家具总产值下降幅度较大。

2019—2021年玉环家具行业发展情况汇总表

| 主要指标 | 2021年 | 2020年 | 2019年 |
|---|---|---|---|
| 企业数量（个） | 236 | 268 | 285 |
| 规模以上企业数量（个） | 15 | 23 | 33 |
| 工业总产值（万元） | 270870 | 356100 | 446400 |
| 主营业务收入（万元） | 236700 | 324000 | 415200 |
| 出口值（万美元） | 10015 | 10250 | 15060 |
| 内销额（万元） | 207700 | 287800 | 341000 |
| 家具产量（万件） | 58 | 76 | 93 |

### 3. 公共平台建设情况

**构建互联网+5G平台**。运用微信公众号平台、朋友圈、小程序、直播平台、抖音等渠道，直观地、动态地向客户展示产品，拉近与客户的距离，开拓线上线下融合齐奏的商业思维与营销模式。

**发挥创新服务综合体辐射作用**。坚持政府引导、企业主体，高校、科研院所、行业协会以及专业机构参与，聚焦新动能培育和传统制造业修复，集聚各类创新资源，破解制约家具产业发展的共性技术难题。

## 二、重点企业情况

内销形势严峻，外销形势不乐观。随着消费主群体的年轻化，欧式家具难以吸引新时代年轻消费主力，新开发的轻奢、新中式等新品由于品牌知名度不高，宣传力度不够大，无法拉动产品的销售；随着综合成本不断上升，玉环家具的竞争优势不断弱化，订单向价格更低的东南亚国家转移。面对激烈的市场竞争，有些企业缩小规模、租赁厂房，有些企业闭门停产。年轻企业家是玉环家具行业的希望所在，一代企业家为玉环家具产业打下了扎实的基础，二代企业家发扬传承一代企业家创业精神、工匠精神，大胆创新，吸取一代企业家的精华，运用现代信息技术、互联网+5G、大数据，开发适应消费主群体的时尚家具，抓住双循环的时机，开拓多元营销渠道，挖掘国内外市场新增长点。

### 1. 浙江新诺贝家居有限公司

视质量为生命，视品牌为资产，将质量管理和品牌创建视为企业发展的基础和市场开拓的核心。公司实施"卓越绩效模式"，建立了完整、严密的质量管理体系，并将质量的内涵从单一的家具产品质量拓展到企业整体的经营管理质量，不断提升产品附加值和市场竞争力。2021年，公司加大技改投入，加强品牌建设，提升技术支撑和核心竞争力，获高新技术企业；运用互联网+5G平台，深入推进大客户战略，助推企业高质量发展，产值同比增长6.55%。

### 2. 浙江欧宜风家具有限公司

坚持客户中心、品牌驱动、内外并举、线上线下同销经营理念，力求个性的设计、细腻的工艺，追求高标的品质，精心打造"欧宜风"的品牌，生产的欧式、轻奢、极简家具系列与时尚完美结合。运用"互联网+体验"营销模式，打造多元化消费模式，2021年产值同比增长27.54%。

### 3. 玉环国森家具有限公司

紧跟时代潮流，用一流工艺、一流产品、一流质量、一流款式、一流服务创造国森品牌，开发现代美式、轻奢、时尚简约、现代气息的新品牌，创新营销新模式，建设家具体验中心，为消费者一站式购物和艺术家居体验，推出全屋定制，为用户打造更美、更舒适、更高品质的消费场景。

### 4. 浙江大风范家具股份有限公司

专注高端沙发33年，扎扎实实做好品牌，为顾客创造出真正的品牌价值，品牌定位升级为"出门坐奔驰，回家坐大风范"。2021年，公司以市场为导向，围绕品牌定位，聚焦高端沙发，持续打造大风范欧式家具品牌，推进高质量发展；加强区域交流，挖掘市场潜力，做大做强企业。

## 三、2021年发展大事记

### 1. 结构调整

随着消费主群体转为年轻化，玉环特色家具欧式、新古典产品不受消费主群体青睐。企业不断调整产品结构，设计开发轻奢、新中式、美式、现代等不同档次、不同风格的时尚新品。产品结构从单一的民用家具向定制家具、酒店家具、办公家具延伸，产品差异化、风格多样化、结构多元化的玉环家具正在形成。

### 2. 销售变革

随着互联网占据人们越来越多的生活时间，新诺贝、欧宜风、大风范、听诗、好人家、镁境等企业运用微信公众号平台、朋友圈、小程序、直播平台、云办公等渠道，直观地、动态地向客户、消费者展示产品，构建"以客户为中心"的互联网化商业思维与营销新模式，将营销渠道从专业门店转为线上线下融合。

### 3. 产业集群发展研讨

玉环市委常委、副市长蔡木贵汇报政府推进玉环家具产业集群发展所做的工作、面临的问题，提出了要求：一是加大玉环家具品牌宣传力度，吸引更多的客户、消费者订购玉环家具；二是协会要剖析行业的优势和劣势，预测行业发展趋势，研究玉环家具优化升级之路、高质量发展之路，探究数字化赋能产业发展的切实点和落脚点，为政府决策提供解决家具行业主要问题的方案；三是企业要自强，以市场为导向，开发满足年轻消费者的时尚新品，创新营销模式，线上线下融合齐奏，在稳固一、二级市场的同时，挖掘三、四线市场的潜力，做强做大企业。

中国家具协会副理事长张冰冰为玉环家具产业集群发展指明方向：整合当地家具企业的优势资源，开发满足现代人"对家的需求、时尚的需求、定制

中国家具协会考察玉环发展情况

化的需求",大力开拓国内市场;政府通过相应政策扶持,帮助企业实现绿色生产、做强做大;产业集群要进行产业创新发展,借助展会平台,提升区域品牌的行业地位与影响力,期待未来在家具市场上看到更多玉环产业集群的知名品牌。

## 四、2021年重点活动

### 1. 筹办玉环家具展

为进一步打响玉环家具的知名度,激活家具产业的生机和活力,拉动企业生产和家具市场的联动发展,原定2021年11月6—8日举办玉环家具展,把家具展办成一次水平高、影响大、成效好的展会。经多方努力准备就绪,受新冠肺炎疫情影响,玉环家具展延迟到2022年举办。

### 2. 组织企业参加广东家具三展

家具展览会是推出家具品牌、展示企业形象、扩大影响、产品销售、技术交流、搜集市场信息的重要平台。玉环市家具行业协会组织12家企业参加广东家具三展,展示玉环欧式、时尚家具的实力和魅力,吸引国内外经销商和代理商关注订购玉环家具。

### 3. 举办专题培训

邀请深圳家具研发院院长许柏鸣教授来玉环开展专题讲座。许柏鸣结合自己对国内外家具产业市场的潜心研究及对我国产业政策的解读,以他专业的眼光、全新的视角、精准的定位解读家具产业走势和企业品牌定位与构筑,并列举了国内外许多著名商业品牌及家具同行的成功案例,就玉环家具如何进行优化升级,如何进行品牌定位和构筑做了深入解读。

### 4. 举办技能比赛

借助浙江欧宜风家具有限公司场地举办油漆工技能比赛,来自全市28名选手参加比赛,经专家评委的现场观看评判,12名选手获一、二、三等奖,16名选手获鼓励奖,玉环市家具行业协会对获奖选手给予奖励。

### 5. 组织新生代企业家跨行学习

组织新生代企业家赴万得凯、汇丰公司参观学习,通过进车间、听介绍、看生产流水线和严谨的车间管理,亲身感受到其标准化生产,高效率出货与高品质保证。还就生产经营、产品开发、市场拓展、品牌营销、优化升级、创新发展等进行了交流探讨。

# 中国板式家具产业基地——崇州

## 一、基本概况

### 1. 地区基本情况

崇州市位于四川省成都市的西部25千米处，位于成都市半小时都市圈内，是距成都市中心最近的郊区新城，是四川省首批命名的历史文化名城，是国家新型工业化产业示范基地（大数据特色）、国家智慧城市试点城市、国家全域旅游示范区创建单位、国家农业综合标准化示范市、国家家具质量提升示范区、中国板式家具产业基地、全国乡村治理体系建设试点单位。

近年来，崇州市按照成都市产业生态圈引领产业功能区高质量发展工作计划，紧紧围绕家居产业转型升级发展这一中心主题，积极推动电子信息产业与家居制造业的融合发展，以智能家居产品及系统为核心，促进产业生态圈逐步成为高质量发展的现代产业体系。

### 2. 行业发展情况

四川家具（川派家具）以木质为主，产业规模处于全国第5位，排在浙江、广东、福建、江西之后。四川家具以成都家具为代表，崇州是成都指定的家具产业集群发展基地。崇州拥有各类家具企业1000家，相关从业人员7万余人，2021年总产值300亿元，规上家具企业56家，规上总产值112亿元。主要从事板式、实木、软体、钢木、藤编家具的研发、生产及销售，产品覆盖家用、办公、教育、酒店等细分行业。家具规模以上企业主要集中在崇州经济开发区。2021年，崇州市经济开发区规上家具生产企业工业总产值111.2亿元，主营业务收入119.2亿元。

2019—2021年崇州家具行业发展情况汇总表（生产型）

| 主要指标 | 2021年 | 2020年 | 2019年 |
|---|---|---|---|
| 企业数量（个） | 255（经开区） | 242（经开区） | 264 |
| 规模以上企业数量（个） | 53（经开区） | 50（经开区） | 40 |
| 工业总产值（万元） | 1112124（经开区规上） | 936684（经开区规上） | 914676（经开区规上） |
| 主营业务收入（万元） | 1191981（经开区规上） | 933670（经开区规上） | 924081（经开区规上） |
| 出口值（万美元） | 458 | 473 | 523 |

2019—2021年崇州家具行业发展情况汇总表（产业园）

| 主要指标 | 2021年 | 2020年 | 2019年 |
|---|---|---|---|
| 园区规划面积（万平方米） | 2060 | 2060 | 2060 |
| 已投产面积（万平方米） | 1335 | 1205 | 1067 |
| 入驻企业数量（个） | 655 | 619 | 595 |
| 家具生产企业数量（个） | 174 | 169 | 264 |
| 配套产业企业数量（个） | 81 | 73 | — |
| 工业总产值（万元） | 1112124（家具规上） | 936684（家具规上） | 914676（家具规上） |
| 主营业务收入（万元） | 1191981（家具规上） | 933670（家具规上） | 924081（家具规上） |
| 利税（万元） | 90305（家具规上） | 68443（家具规上） | 70643（家具规上） |
| 出口值（万美元） | 458 | 473 | 523 |

园区企业一隅

## 二、2021年发展大事记

### 1. 品牌建设

首次以区域抱团参加主要家具展，开展了家具论坛等对外开放活动，全面提升"好家具崇州造"区域品牌影响力。

### 2. 产学研发展

成立成都现代家具研究院、索菲亚家居研究院西南分院，打通区域产业对外交流合作渠道，促进研发成果本地化、产业化。

### 3. 电商拓展

搭建家居产业的新经济服务机制，政府投资设立家居电商共享直播空间，引导家居产业拓宽线上销售渠道。

### 4. 智能制造引进

以三维家西部泛家居工业互联网平台为载体，助力家居产业实现C2M全链路高效协同的产业互联。已引导明珠、得一、百年印象等29家本土传统家具企业上网入云，推进家居产业数字赋能。

### 5. 绿色升级

以绿色低碳为目标，鼓励家居企业原辅材料替代，探索中小企业共享打样、协同智造，启动智能涂装共享中心项目建设，推进区域VOCs高效治理、促进降本增效。

### 6. 发展工业旅游

主动融入全市全域旅游示范区建设，启动《崇州市家具工业旅游示范线路及示范点提升策划》编制工作，推动明珠、索菲亚等5家已取得成都市工业旅游点的企业对标改造参观区域，加快建立园区家具工业旅游线路，提升产品体系。

## 三、发展规划

崇州市将围绕"建圈强链"补齐公共服务平

台,推动供应链、家居电商、家具研究院、设计师平台等初见成效;围绕"绿色转型"优化产业发展,建成投运共享喷涂中心,推动绿色工厂建设,启动绿色家居技术应用推广中心建设;围绕"规模提升"加快企业培育,围绕"创新培育"形成新的经济增长点,促进企业数字化转型步伐,推动家居产业和电子信息产业融合,瞄准智慧家庭引进相关企业;围绕"品牌营销"提升区域影响力,推动崇州家居质量提升和品牌建设,促进"西部家居定制之都"影响力进一步彰显。到2025年,智能家居产业总产值超过400亿元,推动产业园区内80%以上企业实行智能制造,打造智能家居产业新名片。

1. 实施"建圈强链"行动,补齐产业平台短板

建设家居供应链平台。围绕成都市家居原辅料、物流集散配套不足的短板问题,年内启动建设高标准、高质量供应链配套服务体系。

建设全产业链服务中心。按照智能家居全产业链服务需求,引入家具设计、电商直播、供应链、数字赋能、智慧家庭等方面的赋能及创新性企业。

深化家居电商直播服务。搭建电商直播人才培训体系,建立"政府打造、平台专营、企业参与"的常态化电商直播服务。

2. 实施"绿色转型"行动,促进产业优化发展

建设运营共享喷涂中心。启动建设并运行智能家居共享喷涂中心,加速集聚成都市中小企业向智能制造、绿色制造、共享制造转型升级,形成成都市制造业绿色发展的示范。

积极培育"绿色工厂"。引导企业向产业高端化、能源消费低碳化、生产过程清洁化、产品供给绿色化等方向转型,推动企业构建高效、清洁、低碳、循环的绿色家居制造生态体系。

探索家具工业旅游。结合成都市智能家居工业旅游点建设,完善提升相关示范点的旅游功能,探索产业工业旅游发展。

启动建设绿色家居技术应用推广中心。校园企地协作,着眼家具企业原材料替代、生产过程排放收集、绿色体系建设等全链条,搭建绿色家居技术应用推广中心。

3. 实施"规模提升"行动,加快企业培育力度

实施规上企业、亿元企业培育行动。遴选一批优质家居企业纳入培育库,从资金、人才、创新等方面给予培育企业重点支持,实现资源集约、产业集聚。

实施高新技术企业培育行动。着重培育一批拥有核心关键技术及知识产权,研究开发实力强、注重产学研合作、具有一定的成果转化能力、成长性高的优秀家居企业。

探索总部结算模式。研判发展总部经济的管理机制,发挥龙头企业的总部基地应用,资源尽可能统一配置、分级管理。

4. 实施"创新培育"行动,形成新的经济增长点

推动家居产业与电子信息融合。推行"家具+家电+智能网联"融合互动模式,重点发展嵌入式模块、物联设备、智能家居系统等领域,促进智能家居产业发展。

探索"家居林盘"模式。以第二产业带动第三产业,选取合适的川西林盘,以家居为主题,探索打造融合性特色网红林盘,带动乡村振兴。

加快数字赋能家居产业。鼓励家居企业使用大数据、人工智能、工业互联网等技术降本提效,全面推动企业实行智能制造,支持企业升级工业4.0。

5. 实施"品牌营销"行动,推动品质和影响力提升

打造"好家具·崇州造"品牌。与国家家具产品质量监督检验中心(成都)合作,制定发布"好家具·崇州造"标准体系。

积极参加知名展会。组团企业参展,推介崇州家居产品和服务,打响"好家具·崇州造"区域公共品牌。

举办家居赋能创新大会。举办一次本地大型家居创新大会,邀请家具原材料、供应链、金融、智能制造、产业设计创新、电商直播、智慧家庭产品等方面企业,促进产业创新,形成产业生态。

强化常态化宣传。通过线上、线下相结合宣传方式,达到全方位的宣传效果。

# 中国中部家具产业基地——南康

## 一、基本概况

### 1. 地区基本情况

南康是江西省赣州市辖区之一，是中国实木家居之都，全国最大的家具生产制造基地、木材和家具交易集散中心。全区国土面积 1623 平方千米，辖 16 个乡镇 2 个街道，户籍人口 77.4 万人。境内有 1 个内陆港口、3 条铁路、3 条国道、4 条高速公路。有物流企业 400 多家，可通达全国各地。赣州国际陆港是全国第 8 个，也是全国革命老区唯一一个内陆开放口岸，开通了 26 条内贸和铁海联运班列、19 条中欧班列线路，助推赣州成为国家"一带一路"重要节点城市、全省唯一的商贸服务型国家物流枢纽城市。

### 2. 行业发展情况

南康家具产业起步于 20 世纪 90 年代初，历经 20 多年发展，形成了集加工制造、销售流通、专业配套、家具基地等为一体的全产业链集群，是全国最大的实木家具制造基地，素有"中国实木床，三分南康造"美誉。先后被工业和信息化部评为国家新型工业化产业示范基地、全国第三批产业集群区域品牌示范区，被中国林产工业协会授予"中国实木家居之都"。家具交易市场面积超 300 万平方米，位居全国三强，被商务部评为全国十强"电子商务示范基地"。2021 年家具产业集群产值突破 2300 亿元，电商交易额突破 670 亿元。

2019—2021 年南康家具行业发展情况汇总表（生产型）

| 主要指标 | 2021 年 | 2020 年 | 2019 年 |
| --- | --- | --- | --- |
| 企业数量（个） | 6000 | 6000 | 6000 |
| 规模以上企业数量（个） | 518 | 515 | 506 |
| 集群总产值（亿元） | 2300.0 | 2016.0 | 1807.0 |
| 出口值（亿元） | 43.5 | 33.8 | 22.6 |

2019—2021 年南康家具行业发展情况汇总表（流通型）

| 主要指标 | 2021 年 | 2020 年 | 2019 年 |
| --- | --- | --- | --- |
| 商场销售总面积（万平方米） | 310 | 300 | 260 |
| 商场数量（个） | 19 | 18 | 17 |
| 销售额（亿元） | 270.0 | 240.0 | 190.0 |

2019-2021 南康家具行业发展情况汇总表（产业园）

| 主要指标 | 2021 年 | 2020 年 | 2019 年 |
| --- | --- | --- | --- |
| 园区规划面积（万平方米） | 1362.94 | 1362.94 | 1362.94 |
| 已投产面积（万平方米） | 1195 | 1195 | 1195 |
| 入驻企业数量（个） | 1068 | 1056 | 1021 |
| 家具生产企业数量（个） | 748 | 732 | 726 |
| 配套产业企业数量（个） | 47 | 34 | 29 |
| 工业总产值（亿元） | 473 | 346 | 294 |
| 主营业务收入（亿元） | 472 | 331 | 277 |
| 利税（万元） | 517231 | 257856 | 271397 |
| 出口值（万美元） | 79047 | 64314 | 43781 |

## 二、重点企业情况

### 1. 江西团团圆家具有限公司

公司创建于2014年,公司集研发设计、生产、销售于一体,生产不同风格的实木家具,为全球超过20万家庭提供高品质、高品位、高性价比的产品。公司经过七年的高速发展,目前拥有四大生产基地,占地200亩,厂房面积18万平方米,员工数1300余人,其中管理团队有150余人。公司荣获国家级高新技术企业、江西省省级林业龙头企业、江西省名牌产品、江西省五一劳动奖状、赣州市知名商标、2018年度赣州市先进民营企业等荣誉称号,拥有专利产品200多件,是参与订制南康实木床和实木餐桌椅生产制作标准单位。其中在南康家具产业园拥有70000多平方米标准厂房,采用国内最先进的生产设备和环保设备,拥有行业领先的生产环境和强大的专利转化能力。

### 2. 赣州汇明木业有限公司

公司是一家专注出口板式家具的大型生产企业,是南康家具行业全产业链最完整的企业。公司成立于2014年10月23日,位于江西省赣州市南康区龙岭家具产业园,占地面积约61.61亩,厂房建筑面积29300平方米,投资3.2亿元人民币,2018年获得国家高新技术企业称号。公司利用绿色环保型人造板为原材料,拥有一条年产320万套板式家具生产线,主导产品为板式书架系列、电视柜系列,产品主要销往美国、加拿大、澳大利亚、非洲、东南亚等海外市场,是南康年出口量最大的板材家具出口企业。

### 3. 美克数创制造园区项目

项目位于龙岭家具产业园三期,总投资额约12亿元,分三期建设,一期项目于2020年8月12日举行开工仪式,建设周期18个月,已于2022年1月竣工投产。主要建设大数据+智能化+新模式的数创智造园区。一期项目分两部分同步推进,一是建设从原材料开选料到成品的全生产环节的FA智能制造工厂,二是建设一个工业互联园区"美克数创智造园区";着重打造产品的涂饰、包装、总装以及最终品控等优势环节,进一步完善美克家居供应链体系,降低美克家居供应链成本,提高竞争能力。

## 三、2021年发展大事记

### 1. 招大引强成效显著

实施平台招商、展会招商、以商招商、产业链招商,签约落户左右家私、万恒通家居、城市之窗、家和家居、A家家居、仁豪家具、汇明智能、爱格森、美克星顿、鑫光五金等细分领域头部企业20多家,投资额超300亿元,为打造5000亿产业集群带来了一批"生力军""顶梁柱",推动实木、软体、办公、智能、酒店、全屋定制等板块迅速崛起。

### 2. 两大产业承接平台基本落成

高标准打造龙华软体家具产业园,入驻左右家私等外地头部企业3家、本地企业13家,成为全区首个专业化示范家具园区。聚焦"打造与美国高点、意大利米兰三足鼎立的世界家居展贸之都"目标,启动建设国际家居总部经济区,制造板块迅速成型,落户万恒通、A家家居、仁豪家具、家和家居、美克星顿等知名头部企业11家,列为省市重大项目开工仪式市级主会场。

### 3. 线下线上销售持续做优

大力发展"上半年家博会、下半年订货会"的展会经济。顺利举办第八届家具产业博览会。成功举办首届以市场运作为主的秋季订货会。南康家具"百城千店"迅速在全国布局,签约品牌馆20家、开业2家,开设连锁专卖店300多家,企业自营店、加盟店8万多家。依托跨境电商产业园,与阿里、抖音、京东、快手、小红书和微视等知名平台对接合作,形成多管齐下的南康家具线上全平台营销矩阵。

### 4."一网五中心"加速实体化运营

依托家居智联网,推动企业上云用数赋智,累计实现500多家企业"上云",打造数字车间200多个。引进家和家居、跳跳鱼等家居应用软件开发商,促进企业生产方式向设计导向、市场导向转变;赣州国际陆港和赣州国际木材集散中心获批国际进口木材贸易博览会永久举办地、国家进口松木板材利用试点县;与赣南师范大学合作成立的赣璞设计获批国家工业设计中心,家居小镇全年设计产品总数突破1万件;华赣、汇有美二期、博士等共

中国（赣州）第八届家具产业博览会

享喷涂中心投入使用，镜坝共享零部件中心试投产。

## 四、2021年重点活动

### 1. 中国（赣州）第八届家具产业博览会

4月28日至5月4日，博览会在江西省赣州市南康区隆重举办。本届家博会突出家具产品展示与全产业链展示、潮流设计、线上与线下、宣传推介与精准招商相结合，打造全国家具展会的风向标，全面展示南康家具转型升级，高质量发展的最新成果。中国家具协会、中国林产工业协会等10余家商（协）会，以及红星美凯龙、居然之家、美克家居等10多家上市公司及行业领头企业负责人参会，莅临开幕式会场的领导、嘉宾达1500余人。家博会期间，中央、省、市级百余家媒体聚焦南康，报道家博会盛况，赣州国际陆港在央视《新闻联播》快讯中精彩亮相；专业观展人数超18万人次，线上线下交易额突破150亿元。不论是展会规模、档次、品质，还是行业影响力、美誉度、媒体关注度都得到了前所未有的提升。

### 2. 2021南康家具秋季订货会

订货会于10月28—30日顺利举办，并取得签约项目总投资超过60亿元、线上线下交易额突破70亿元、专业观展人数超过8万人次的成绩。本次订货会突出主题，由市场主导，汇聚了来自全国各地的家具同仁、行业大咖、名企高管和销售冠军，左右家私、城市之窗、家和家居等国内软体、智能、设计、床垫等头部企业现场签约，众多优质企业、知名卖场、实力采购商慕名而来，为下一步深入合作奠定基础。

### 3. 重大项目集中签约仪式

7月26日,南康区在家居小镇举行重大项目集中签约活动,集中签约共10个项目,总投资240.2亿元,百亿项目1个,超十亿项目5个。此次签约项目将进一步补齐南康家具在办公家具、软体家居、智能家居、精装房及全屋定制家居、五金配件、高端装备制造等领域短板,提升产业数字化、网络化、智能化、绿色化水平。

12月3日,南康区再次在家居小镇举行重大项目集中签约活动,本次重大项目集中签约活动共签约项目23个,总投资123.5亿元人民币。其中,签约家具生产制造项目的企业共有11家,总投资80.5亿元,分别是中国软体家具领航企业——深圳左右家私、深圳市家装前十企业——仁豪家居等,其中既有家具行业的头部企业,又有细分领域的单打冠军;既涵盖了软体、实木、智能、办公等多个品类,又贯通了研发设计、全屋定制、内贸出口等多个环节,囊括了家具生产所需的海绵、五金等配套领域,推动南康家具产业链更加完善、产品链更加健全、供应链更加优化。

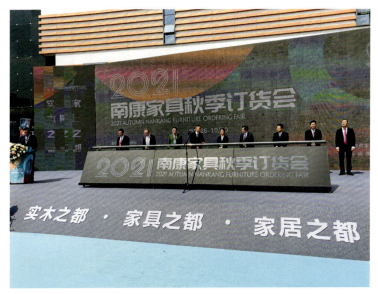

2021南康家具秋季订货会

2021南康区重大项目集中签约仪式

# 中国弯曲胶合板（弯板）之都——容县

## 一、基本概况

### 1. 地区基本情况

容县位于大容山和云开山两大弧形山脉之间，县内重峦叠嶂，岭谷相间，河谷交错，丘陵山地典型，年降雨量充沛，林木生长茂盛，森林资源丰富。全县森林面积219万亩，森林蓄积量1700万立方米，森林覆盖率达74.16%，森林覆盖率居广西前列；其中商品用材林面积166万亩，蓄积1400万立方米，居玉林市第二位。

容县是全国最大异型胶合板（俗称弯板）生产基地，弯板生产条件得天独厚，年产高密度板材20万立方米左右，主要销往广东、四川、重庆等地；年产家具弯板材30万立方米左右，主要销往广东、山东等地，占广东市场份额的70%左右。2020年5月，荣获中国轻工业联合会授予的"中国弯板之都·容县"称号。

### 2. 行业发展情况

2017年，在玉容一级公路旁的容西镇思传村的低丘缓坡山地内，规划建设面积为6500亩的广西生态板材家具产业园。目前，产业园项目正加速推进，完成征地4000多亩，用地规模足够安排一批生态林产企业入园建设。在广西生态板材家具产业园内，安排土地350亩给广西高林林业股份有限公司搬迁项目，拟建设厂房及配套用房17栋，总建筑面积约10万平方米，项目达产后，可实现年销售收入5亿元，年税金及附加3000万元。广西生态板材家具产业园目前已有浙江嘉善林产企业群、匠艺百年家具等50多家企业签约入园，总投资额约48亿元。

目前，全县生态林产企业已形成从种植、砍伐、加工、运输到销售的一条较为稳定的产业链条。容县生态板材家具产业现有规上工业企业30家，生态板材家具产业规模以上企业产值2021年同比增长23.75%，2022年预计实现年产值60亿元，2023

2019—2021年容县家具行业发展情况汇总表（生产型）

| 主要指标 | 2021年 | 2020年 | 2019年 |
| --- | --- | --- | --- |
| 企业数量（个） | 113 | 100 | 85 |
| 规模以上企业数量（个） | 30 | 37 | 38 |
| 工业总产值（亿元） | 54.0 | 51.7 | 51.0 |
| 出口值（万美元） | 500 | 400 | 245.49 |
| 家具产量（万件） | 15000 | 12000 | 10000 |

2019—2021年容县家具行业发展情况汇总表（流通型）

| 主要指标 | 2021年 | 2020年 | 2019年 |
| --- | --- | --- | --- |
| 商场销售总面积（万平方米） | 3 | 2.8 | 2.5 |
| 商场数量（个） | 90 | 80 | 70 |
| 销售额（亿元） | 20.0 | 15.0 | 10.0 |

2019—2021年容县家具行业发展情况汇总表（产业园）

| 主要指标 | 2021年 | 2020年 | 2019年 |
| --- | --- | --- | --- |
| 园区规划面积（万平方米） | 500 | 470 | 433 |
| 已投产面积（万平方米） | 35 | 10.01 | 4 |
| 家具生产企业数量（个） | 7 | 3 | 1 |
| 配套产业企业数量（个） | 10 | 5 | 2 |
| 工业总产值（万元） | 39000 | 11000 | 1500 |

年超 100 亿元。

2021 年以来，容县在库技改项目 46 个，2021 年已完成 18 个，形成产值约 11 亿元。致力于加强广西高林林业股份有限公司、容县林丰胶合板厂龙头带动作用，带动我县林产行业的转型升级，促进全县林产工业进一步延伸产业链，实现由初级产品向终端产品转型。主导产业为生态板材家具产业（侧重办公家具和高端板材等），发展方向为生态林产工业，开发新型家具、时尚木工艺品，同时招引林产自动化木工机械、五金配套、智能装备等正下游配套项目入园。

## 二、重点企业情况

广西生态板材家具产业园规划布局在容县经济开发区九龙片区，总规划面积 6500 亩，目前已签约入园企业 48 家，总投资约 60 亿元；已投产 12 家，已供地在建 30 家；其中已竣工投产项目 5 个（高林、润达、华阳、汉诚、豪迈隆）。已建成标准厂房 20.1037 万平方米，在建标准厂房 7.5914 万平方米。生态板材家具产业全景图主要划分上中下游、配套企业，上游企业主要有育苗场、林场，中游企业主要有胶合板、纤维板等企业，下游企业主要是生产办公家具、休闲家具等高端成品企业，配套企业主要是运输、包装、五金、机械等企业。龙头企业有浙江裕华木业有限公司、梦天木门集团有限公司等 8 家企业，主要配套企业清单有嘉善华森木业有限公司、嘉善国顺装饰材料有限公司等 132 家企业，补短板环节清单有嘉兴润鹏木业有限公司、浙江东鼎家具制造有限公司等 58 家企业，关键产品技术清单有广州弘亚数控机械股份有限公司、南兴装备股份有限公司等 3 家企业，科研机构清单有广东省林业科学研究院、中国林业科学研究院等 5 家。

主导产业为生态板材家具产业（侧重办公家具和高端板材等），发展方向为生态林产工业，开发新型家具、时尚木工艺品，同时招引林产自动化木工机械、五金配套、智能装备等正下游配套项目入园。重点企业有广西高林林业股份有限公司、容县润达家具有限公司、容县林丰胶合板厂。

### 1. 广西高林林业股份有限公司

公司纤维板技改项目作为自治区统筹推进重大项目，2021 年 6 月实现首板下线，计划 10 月竣工投产，将建成全国单线产能规模最大的纤维板薄板进口生产线。预计项目达产后，可实现年产值 7 亿元，年销售利润 7000 万元，年纳税 5000 万元。项目的竣工投产，必将对玉林林产加工业转型升级起到示范作用，为全市林业产业高质量发展注入更大动力。

### 2. 容县林丰胶合板厂

公司使用符合国际标准的环保胶水，专业生产高级办公转椅系列弯板产品，产品主要出口美国、欧洲瑞士宜家家居公司，以及世界多个国家和地区。

### 3. 容县润达家具有限公司

公司主要生产异形板成品家具，开发新产品 85 款，并成功推向市场，新产品的销售额占比高达 20%。

# 中国办公家具产业基地——杭州

## 一、基本情况

### 1. 地区基本情况

2012年,杭州被正式授予"中国办公家具产业基地",杭州办公家具经过多年打造,已快速洗牌,形成了一批高质量、高标准、高知名度的龙头企业,如圣奥、恒丰、金鹭、科尔卡诺、冠臣、昊天伟业等。"杭派家具"产业链完善,产品风格明显,优势突出,拥有行业内领头企业和广大的加盟店,服务覆盖全国95%以上的一、二线城市。

### 2. 行业发展情况

2021年,家具行业顶住新冠肺炎疫情带来的下行压力,整体发展延续平稳向上发展态势。不少企业抓住发展机会,大步前进,展现企业新面貌,以设计研发创新、高标准引领高质量为内驱力,线上线下双赋能。圣奥、恒丰、科尔卡诺、金鹭、春光、天和典尚、华育等众多杭州办公企业凭借优质的产品、贴心服务,在政府机关、高校、军队、银行等领域斩获众多家具采购项目。圣奥依托钱塘新区数字化智能制造基地,积极构建智慧物联,打造绿色健康办公基地;加大研发投入,引导健康办公,在本土企业中央研究院及德国欧洲研发中心的基础上,布局北美研发中心;有序推进总部生态产业园建设,通过整合全球产业链及上下游供应链上的资源,汇聚全球办公家具国际品牌,打造出世界级健康办公家具产业园。

2021年,企业在产品研发方面持续发力,坚持设计创新,推动高质量发展。家具产品获得多方认可,圣奥产品悠蒂(UD)荣获德国iF设计大奖、悠帆休闲椅和帛力·丝全塑椅获得德国标志性设计奖;恒丰FATA全系列产品斩获德国红点"产品设计"大奖;冠臣森屿&云岚获得中国红棉奖至尊奖;骏跃侧滑升降插座获得中国红棉奖,小白插座成为北京2022年冬奥会上的电力加油站;为来设计机构1900椅、分合等作品获得3项DIA中国智造设计大奖、法国INNODESIGN设计大奖、意大利A'DESIGN设计奖等。

2019—2021年杭州家具行业发展情况汇总表

| 主要指标 | 2021年 | 2020年 | 2019年 |
| --- | --- | --- | --- |
| 规模以上企业数量(个) | 106 | 96 | 94 |
| 工业总产值(亿元) | 148.55 | 128.33 | 132.11 |
| 工业销售产值(亿元) | 145.54 | 125.78 | 131.90 |
| 国内销售产值(亿元) | 76.47 | 75.62 | 76.68 |
| 出口交货值(亿元) | 69.07 | 50.16 | 55.22 |
| 新产品产值(亿元) | 54.96 | 53.67 | 69.27 |

资料来源:杭州市经济和信息化局。

据杭州市经济和信息化局数据显示,2021年度杭州市家具行业,规模以上家具企业共计106家,全年实现工业总产值148.55亿元,同比上15.76%;实现工业销售产值145.54亿元,同比上涨15.71%;实现国内销售产值76.47亿元,同比上涨1.12%;实现出口交货值69.07亿元,同比上涨30.70%;完成新产品产值为53.67亿元,上涨2.40%。

## 二、重点企业情况

### 1. 杭州恒丰家具有限公司

公司地处杭州市余杭区三大"产业高地"之一

的钱江经济开发区，拥有现代化的生产厂房3万余平方米，在杭州、德清、安吉分别拥有板式、金属、油漆、软包等多个车间及行政办公区，在职员工300余人，是一家面向国内外客户，专业从事校园家具的设计研发、生产制造与销售管理的企业。在不断努力下，公司连续多年获得"中国学校家具十大品牌""浙江省高校后勤诚信供货商""国家高新技术企业"等多项殊荣。近年来，恒丰专注于产品的标准化设计与制造，成为浙江省家具标准化技术委员会委员单位、行业标准"学生公寓多功能家具项目"主要起草单位之一、行业标准"连体餐桌椅项目"第一起草单位。

### 2. 浙江金鹭家具有限公司

公司是一家集研发、生产、销售、服务于一体的专业化办公和医用家具生产企业，总投资1.5亿元，占地面积85000平方米，公司主要生产、经营现代化办公家具、医用家具、酒店家具，公司规模、资金实力、技术装备、产品研发能力等处于行业领先地位。

近年来，为提升品质制造发展步伐，公司导入精益生产线，投入自动化、智能化制造设备及质量检测设备，为提质增效和创新研发提供有力支持和保障。目前，公司主要产品共计25个系列256余款，基本满足了消费者个性化、多样化需求，公司拥有多项发明专利和实用新型专利，公司产品质量达到国内领先水平，2021年主导起草（"浙江制造"团体标准）《人造板医用问诊桌》（T/ZZB 2558—2021），"浙江制造"标准的研制使标准更趋于合理、可行、有效，提高了行业门槛，以此来推动行业产品质量的提升，对加快行业的发展具有里程碑式的意义。

### 3. 圣奥科技股份有限公司

圣奥集团始创于1991年，是一家主营办公家具、医疗校具，同时经营置业、投资等业务的国家高新技术企业。办公家具连续九年综合实力位列国内办公家具行业第一名；2019年在中国轻工业（家具）行业十强企业年度评价中，总排名第一位，稳居中国办公家具行业的头部。公司坚持自主创新、欧美设计的研发思路，导入"1+N"全球研发模式，率先建立圣奥中央研究院，在德国柏林设立圣奥欧洲研发中心，携手浙江大学成立智慧家具联合研究中心，确保创新动能。截至目前，累计申请授权专利1400余项，自主研发的产品荣获30余项国际设计大奖。荣获"国家级工业设计中心"等称号，2020年10月被评为2020年度中国（杭州）技术成果创新与促进奖—技术创新奖。2021年被评为"中国家具产业集群品牌企业"。

公司坚守匠心，围绕"精心设计、精良选材、精工智造、精准服务"形成了五大基地（杭州萧山、嘉兴海宁、杭州钱塘区、河北衡水、墨西哥蒙特雷）。从德国、意大利等国家引进先进生产线，全面导入精益生产管理，对标德国工业4.0，以互联网、大数据、工业云、智慧系统等赋能产品制造，实现传统制造向柔性生产、个性化定制及协同制造转型升级。

### 4. 科尔卡诺集团有限公司

公司为科尔卡诺集团的母公司，是一个具备国际化视野的新锐品牌公司，专注于家具的研发、生产、销售与服务，致力于为客户提供专业的办公空间整体解决方案。经过十余年的发展，目前已拥有6家子公司，已形成了集研发、营销、管理、制造、物流、信息一体化服务的集团企业，占地面积200多亩，主要生产经营生态系统办公环境的研发、生产和贸易。

公司现拥有员工500多人，拥有专利技术300多项，产品销售服务覆盖全国一、二线城市，并着眼于国际化市场。科尔卡诺始终以设计、质量、品牌、服务为发展基石，通过稳健、专业的品质管理及运作模式，为客户提供专业、国际化的办公环境解决方案，2018年获得美国GREENGUARD认证，全系列通过"深圳标准"认证，2021年作为国内第一家获得"碳中和"认证的企业，科尔卡诺时刻以保护环境为己任，力争打造绿色时尚的办公空间。

### 5. 浙江冠臣家具制造有限公司

公司是一家集研发、设计、制造、销售于一体的办公家具企业，为客户提供办公空间解决方案，十余年的发展已经成为杭派办公家具的主要代表企业，坚持创新并倡导人们对办公家具理解的提升，在设计理念和风格上有坚守与追求，是首批被评为时尚产业的办公家具企业之一。在产品研发设计上，坚持自主创新，拥有一支极具国际化视野的设计团队，成员包括中国、意大利、德国的国际顶尖设计师。重视研发投入，公司每年投入研发费用超过销售收入的5%，参与广州、上海、米兰、科隆、印度、迪拜等亚欧大型展会，掌握行业发展前沿，提升公司创新研发能力。截至2021年，公司已拥有300余项专利，其中发明专利3项。公司坚持对品质的追求，建设高标准生产基地，现有位于德清已投产基地，浙江天赫智能家具科技有限公司于2020年8月开始投入使用，总投资2亿元，总建筑面积42000平方米，设计产能2.5亿元，天赫基地引进德国、意大利等先进的自动化生产线，并且引入智能化生产模式，全面提升现场管理水平，为产品质量提供有力保证。

# 中国办公家具重镇——小榄

## 一、基本概况

小榄镇办公家具制造业综合实力较强,拥有华盛家具、迪欧家具、中泰家具三家十亿元以上家具企业,东港家具、思进家具、富邦家具、澳美家具、一利家具、高卓家具,以及欧派克、向荣、诺贝等滑轮导轨、脚轮和五金塑料配套企业,为小榄及周边地区的家具产业提供配套支撑。根据中山市办公家具行业协会统计,2021 年小榄镇 26 家规上办公家具制造企业实现产值 47 亿元,增长 150% 以上,小榄镇办公家具及配套产业产值规模达 100 多亿元。小榄镇办公家具产业区是国内办公家具行业最早形成家具产业区之一,经过三十多年的发展,已在国内外奠定了影响力较大的产业基础,目前中山全市已有各类家具企业超千家,办公家具企业 300 多家。无论是企业的数量、生产总值,还是出口总量,都占据了全国的半壁江山,取得了"中国办公家具重镇"的美誉。2017 年 10 月,中山市小榄镇正式荣获"中国办公家具重镇"称号,产业影响力明显提升。

## 二、行业发展举措

### 1. 加强战略建设,夯实发展基础

自 2017 年推动"中国办公家具重镇"落地小榄以来,中山市办公家具行业协会始终围绕"团结全市办公家具行业力量,借力全国乃至全球资源,助力中山市小榄镇'中国办公家具重镇'建设,扩大区域知名度和行业影响力,让会员企业得以更好更快的发展"的目标开展工作。

为了解会员企业生产经营状况与发展诉求,2021 年 4 月开始,由中山市办公家具行业协会会长姚永红、轮值会长等人带领秘书处,共走访 44 家会员企业。走访目的旨在倾听会员心声,深入走访交流,搭建沟通平台,传递协会战略,加强核心队伍建设,深挖行业深度和高度。

### 2. 行业品牌活动促发展

积极推动办公家具文化节、引领文化潮流。为更好协助小榄镇共建"中国办公家具重镇",分别承办 2018 年首届广东·中山办公家具文化节、2019 年第二届广东·中山办公家具文化节、2021 年第三届广东·中山办公家具文化节暨企业品牌总部展,引导办公家具文化潮流,展示了中山办公家具精神风貌。

积极响应三品战略,打造重点品牌推荐活动。积极响应国家提出的"三品战略"(增品种、提品质、创品牌),致力打造中山办公家具品牌与名牌。在助力品牌建设方面,积极组织企业以更好的形象参加广州国际办公环境展,上海(浦东、虹桥)家具展等主要家具展览会。多家中山办公家具企业在展会上大获好评,多家企业荣获"红棉中国设计奖·产品设计奖",有效推动中山办公家具的区域品牌。

与此同时,吸引全国客商聚焦中山,形成广州(上海)看展,中山看厂的模式。从 2017 年起,中山市办公家具行业协会连续 4 年特设"重点品牌推荐"系列活动,有效助力了"中国办公家具重镇"

品牌建设，行业指导意义重大，影响深远。

## 三、重点企业情况

2021年，华盛、中泰、迪欧、聚美、思进、富邦等主要办公家具企业发展逆势增长，行业产出及税收贡献持续提升。办公家具产业规模效应不断巩固，产业影响力持续提升。目前，有18家企业获得广东高新企业称号。

### 1. 中山市华盛家具制造有限公司

公司创立于2004年3月，是一家集研发、生产、销售、服务于一体的专业高档办公家具、酒店家具、医疗养老家具等商用工程类家具企业，旗下有华盛、沃盛、华旦、高卓、颂典五大品牌，办公、酒店、医养等八大营销服务中心及综合配套实力强大的智能制造基地，注册资金2.008亿元，总占地约35万平方米，配备专业化的产品研发中心、国际化的产品检测中心以及3000多名高素质产业人才。公司是高新技术企业、广东省制造业企业500强、中国办公家具十大品牌、政府采购办公家具十大品牌。

### 2. 广东中泰家具集团有限公司

集团成立于1983年，这个有近40年历史的老牌企业，在中国办公家具界享有极高的盛誉。如今，集团以振兴中国办公家具行业的使命为己任，秉承"企业强盛、员工幸福、担起社会责任"的伟大梦想旨打造民族品牌，向着梦想，一路前行。

### 3. 迪欧家具集团有限公司

公司注册资金2.21亿元，成立于2005年，是一家以创新研发为先导，科技制造与营销服务为核心的科创型家具企业。产品布局以办公家具为核心，覆盖酒店家具、医养家具、教育家具、展示家具等商用家具板块。17年来，迪欧持续变革，共设立四大基地、32个制造工厂，拥有11万平方米办公和家具体验馆，为客户提供高品质的家具选购体验。作为行业独具规模的企业，迪欧家具集团厂房总面积100万平方米，年产值高达30亿元，规划建设超过1000亩现代化生产基地，推动行业迈向科技智造时代。

### 4. 中山市东港家具制造有限公司

公司自1985年创立以来，经过38年的发展，形成了酒店、办公、医养三大产品体系，并创建了巴洛卡酒店家具（实木、板式、软体、固装）、乔班办公家具（油漆、板式）和新格美医养家具三大品牌。在行业内率先引入ISO管理体系和ERP软件，拥有80多名资深销售服务顾问，近50名研发技术人员的优秀服务团队。公司自有厂房20万平方米，四大生产基地，引进德国及国内先进设备。近年来自主研发了20多个办公系列产品，自有专利知识产权上百项。

### 5. 中山市聚美家具有限公司

公司成立于2010年，致力于为高端客户提供专业、个性化的办公空间整体解决方案，致力于中国智造，自主研发模具，工艺水平精湛；拥有国内领先的德国瑞好ABS激光封边工艺，打造更优质的办公生活；拥有愈8万平方米的生产场地，引用"模块化"方式提高生产效率。

### 6. 广东富美达办公家具集团有限公司

集团创办于2004年，旗下"富美达"品牌，专注健康办公生活新空间，坚持在品质、环保、设计、创新等方面，打造最具性价比的办公家具品牌。多年来，在办公行业领域的专业性得到了政府采购、国企科教、能源医疗等行业单位的认可，成为优质、专业的办公家具系统供应商。品质创造效益，品牌创造价值。18年来，"富美达"以"享受办公，品味生活"为品牌诉求，以成为最受行业及客户尊敬的企业为发展愿景。坚持以客户为中心，持续提升交付质量，努力为客户创造长期价值。先后通过了ISO9001质量管理体系、ISO14001环境管理体系、中国环境标志产品、中国绿色产品、中国环保产品等系列认证。

### 7. 中山市富邦家具有限公司

公司成立于2001年，致力于生产中高档办公家具、酒店家具。目前拥有总面积达10多万平方米的现代化厂房，1.5万平方米的产品陈列中心。拥有从意大利、德国、日本等地进口的先进家具制造设备90余台（套）、国产设备180余台（套）。

公司已经通过ISO9001、ISO14001、十环认证，并获得CQC、CTC产品认证证书、OHSMS 18001证书、"AAA级"信用企业证书、守合同重信用企业证书以及广东省名牌产品、广东省著名商标等多项国家权威机构颁发的证书。20余年在办公家具领域砥砺深耕，以严谨规范、求实诚信的宗旨，真诚缔造舒适典雅、卓尔不凡的现代化办公环境。

## 四、政策支撑

中山市工业和信息化局《中山市特色产业集群产业链协同创新实施方案》的出台，围绕中山板式家具等特色产业集群，省市合力，对实施智能化转型升级的企业进行政策组合支持。近年来，小榄镇多次划拨专项资金制定办公家具产业的中长期发展规划方案，明确坚持以政府为主导、市场为导向、企业为主体的全方位协同发展战略，进一步整合行业资源优势，做强产业链条。

# 中国家居商贸与创新之都——乐从

## 一、基本情况

### 1. 地区基本情况

乐从地处粤港澳大湾区中心地带，是佛山"一环创新圈"、佛山三龙湾科技城的重要板块，拥有中德工业服务区、中欧城镇化合作示范区两大国家级对外合作平台。乐从距离广州市 30 千米，距离香港、澳门仅 100 千米。S121 省道、佛山一环贯穿全境，东平水道和顺德水道夹镇而流，地理位置优越、水陆交通便利。

乐从镇是全国有名的商贸强镇，连续多年入选"全国百强镇"，有着悠久的商贸历史。改革开放四十余载，在乐从人民的努力经营以及政府的扶持引导下，打造出著名的家具、钢铁、塑料三大专业市场，被誉为"中国家居商贸与创新之都""中国钢铁专业市场示范区""中国塑料商贸之都"。乐从商贸经济发达，多家制造业、服务业企业早已成为国内专业领域翘楚。

### 2. 行业发展情况

乐从家具城是国内最早的家具专业市场，现今拥有 180 多座现代化的家具商城，总经营面积达

乐从家具城

400多万平方米，市场拥有家具生产、销售、安装、运输等从业人员近5万人，容纳了海内外5000多个家具经销商和1300多个家具生产企业，汇聚了国内外高、中档的家具品种4万多种，产品畅销世界多个国家和地区，家具销售量居全国家具市场之冠，是全国乃至全世界最大的家具集散采购中心。

2021年，乐从镇工业总产值132.88亿元，同比增长13.84%；贸易业销售收入1593.26亿元，同比增长33.9%；全镇社会零售额76.43亿元，同比增长21.36%；三大市场销售额1453.78亿元，同比增长28.14%，其中，家具市场销售额60.21亿元，同比增长24.3%。经济保持稳中向好态势，工业运行中的积极因素增多，贸易业受原材料上涨影响增长较快。

## 二、重点项目发展情况

### 1. 乐从罗浮宫中国家居原创设计城及制造基地

项目总投资2.8亿元，占地41.95亩，旨在打造泛家具领域产品的一站式家具创意平台，主要包括构建家具创意设计平台、家具定制研发平台、设计成果展示贸易平台、高端定制及设计成果雏形3D生产平台、设计配套服务平台五大家具产业平台，形成完备的家具设计创新创意体系。项目目前正在进行基地建设。

### 2. 红星美凯龙家居博览中心

项目总投资21亿元，占地143亩，总建筑面积30.9万平方米，主要建设大型家居商业中心，目前正在进行建筑主体施工建设。

### 3. 乐华家居集团总部生产基地

项目总投资12亿元，占地173.7亩，总建筑面积69.3万平方米，建设厂房主要生产机器人、高压注浆生产线、高压注浆模具核心材料等。已于2020年5月动工建设，预计2022年竣工。

### 4. 乐从箭牌卫浴总部大厦

项目总投资8亿元，占地38亩，集营业管理、结算、采购、产品展示、研发设计等功能，打造定制家居产品品牌企业总部，项目于2020年正式施工。

## 三、2021年发展大事记

### 1. 出台《乐从镇促进企业提质增量扶持办法》

设立乐从镇促进企业提质增量发展专项资金，五年合计投入1亿元，围绕中小企业提升规模、规上企业突破发展、传统商贸支柱产业转型升级、科技企业技术创新、支柱企业股改上市、企业（行业商、协会）参展等方面给予扶持奖励。

### 2. 大力推动支柱产业数字化转型

优势传统产业是乐从经济的脊梁，应毫不动摇支持支柱产业做大做强。2021年，乐从从两方面工作着手推动支柱产业实现转型升级。一是大力推动家具、钢铁、塑料三大商贸支柱产业数字化转型，把握后疫情时代"宅经济＋直播带货"的消费新形势，打造线上线下结合的"数字＋""体验＋"新模式，优化提升消费体验；二是贯彻落实《乐从镇促进企业提质增量发展扶持办法》《佛山市推进产业数字化智能化转型发展若干措施》《数字化转型升级贷款贴息实施细则》《专精特新企业培育办法》等一系列政策，减轻企业转型升级压力，助力企业高质量发展。

### 3. 创建放心消费、诚信市场品牌

创建诚信市场品牌，是一项长期的、持续的工作，是乐从家具城基于长远发展需要拟定的方向。近年来，乐从家具市场围绕诚信市场品牌建设，先后推行先行赔付机制，开展放心消费环境创建工作。

创建诚信市场品牌工作主要围绕以下四方面：一是提高商户准入门槛及规范经营行为，确保各商场的产品质检报告持有率、证证经营率符合或高于标准；二是评选年度优秀商户，以示范促提升；三是售后调解服务向全市场覆盖，联合各商场不断巩固及提升服务质量，定期开展售后服务培训活动及工作督导会议，评选年度优秀售后服务团队、个人；四是推广《乐从家具城通用版购销合同》，建设导购小程序，提升市场整体导购服务四方面着力开展，家具消费矛盾纠纷预防化解能力得到进一步提高。

2021年，以家具市场为重点打造的放心消费环境获中国消费者协会的肯定，并被佛山市市场监督

乐从防疫

管理局评为"佛山市放心消费行业协会""佛山市放心消费教育基地",乐从镇消费投诉调解成功率排名全顺德区第一。

### 4. 防疫有方法,筑牢防疫抗疫城墙

新冠肺炎疫情下,为了给客商提供安全放心的消费购物环境,乐从从源头抓手,围绕疫情防控不放松、经济发展不懈怠的方针开展系列工作,保障乐从家具市场在疫情下依然能够良性有序发展,实现经济、防疫两不误。

乐从家具市场迅速组织开展疫情防控工作,包括防疫管控通知及相关信息(工作调度、政策调整、家具展会动态等信息)传达落实到位、重点疫情人员排查及劝导不回流、省外务工人员回流防控、协助防疫物资(口罩、消毒液、测温枪等)购置、企业防疫存疑答询、防疫专题宣传铺开、公共场所防疫卫生措施督导等工作,把疫情防控工作优先放在首位,疫情防控从不松懈。

此外,还密切联系乐从的外商,了解国外疫情实况,向留驻本地的外商传达防控政策、措施,并为其提供防疫物资,关注外商防疫需求,及时向政府及有关部门汇报沟通,开通24小时涉外籍人员服务热线,协助解决外商在疫情防控期间旅行证件、物资、生活需求等问题。

2021年,乐从家具市场组织家具城从业人员31125多人次进行团体疫苗接种。在5—6月广州、佛山地区出现局部疫情防控期间,在家具城内设专场核酸检测点开展为期10天的核酸采样,免费为家具城内的从业人员进行核酸采样工作,共计采样42945人次,筑牢防疫抗疫城墙。

在各级政府和乐从家具人坚持不懈的努力下,乐从家具市场作为开放性商贸流通市场,自新冠肺炎疫情暴发至今未发现一例阳性确诊者,家具市场年销售额亦有显著增高,疫情防控工作和经济发展均取得较大成效。

# 中国北方家具商贸之都——香河

## 一、基本概况

2021年香河家具城党委在香河县委县政府的正确领导下,以习近平新时代中国特色社会主义思想为指引,深入学习宣传贯彻党的创新理论精神,全面贯彻党的十九大和十九届二中、三中、四中、五中、六中全会精神,坚决响应县委县政府加快建设"协同发展示范区、绿色活力幸福城"的发展目标,加快推进家具城"二次创业"各项工作进程,大力开展诚信市场体系建设、补充丰富市场业态、创新宣传推广模式、积极做好疫情防控等项工作,激发市场潜能,提升市场活力,加快促进家具产业转型升级,推动家具市场健康有序发展,为香河家具产业健康良性发展起到了积极促进作用。

## 二、2021年发展大事记

2021年,香河家具城党委积极推进香河家具产业振兴进程,不断完善提升家具城"二次创业"工作目标和具体措施,在平稳推进家具城管理体制改革的基础上,努力克服新冠肺炎疫情对家具市场带来的不利影响,较好地完成了上级赋予的各项工作任务。

### 1. 确保疫情影响下市场正常运行

香河家具城对新冠肺炎疫情防控工作做出了周到细致的安排部署,通过严格营业申请审批制度,认真落实疫情防控各项工作流程,深入一线督导检查等各项措施,与广大家具从业人员团结一心、共克时艰,在严格落实疫情防控各项措施的基础上,尽早尽快复工复市,将疫情对市场的影响降到最低。经过全体工作人员和展厅物业人员的共同努力,确保家具城在外来人员多、人口密集的情形下做到疫情防控无死角、市场安全有保证,经受住了疫情防控复杂多变情况的各种考验,保证了良好的市场经营秩序,为市场在疫情条件下快速复苏、保持健康良性运转提供了可靠保障。

### 2. 加强诚信市场建设

制定推行《香河家具城销售服务公约》《香河家具城售后服务公约》《香河家具城物流服务公约》《安全生产管理公约》《香河家具城展厅运营总经理(物业经理)自律守则》,通过建立完善的制度体系和管理体系,大力谋划市场诚信建设体系,与行业管理和规范行业协会相互促进,逐步形成分工明确、结构合理、功能完善、监管有力的体系框架和运行机制,有效规范市场行为,使得客户满意度达到95%以上,投诉率降低了70%。

### 3. 创新宣传推广模式

围绕提高销售业绩,创新广告宣传模式,充分利用当前新媒体宣传手段,线上推广,线下引流,导航入店,鼓励引导商户运用自媒体进行宣传推广,充分利用直播、家具城官网、微信平台等手段,扩大受众群体,降低宣传成本,提升香河家具城的市场影响力,年点击量达到1500万次。鼓励引导商户利用多平台开展宣传销售活动,拓宽销售渠道。

### 4. 提升市场服务水平

加强市场规范化建设,通过加强厅内市场秩序的养成和厅外外部环境的治理,探索物流企业规范化管理,改善提升售后调解服务,培训赋能提高企业能力水平等途径，为消费者提供安全、舒适、便捷、放心的购物环境。

**5. 积极创收实现自我造血**

家具城充分发挥自身资源优势，积极创收实现自我造血。为支持配合雄安新区建设，香河、容城两地政府联合开展"家具保供·幸福容城"项目，项目实施由香河家具城发展中心下属香河众兴家具城建设发展有限公司牵头，与第三方公司合作设立香河家具城（雄安店）的方式运营。香河家具城（雄安店）规划建设展厅面积32000平方米，是集民用家具、办公家具、酒店家具、小件饰品、窗帘于一体的大型"一站式"家居购物服务平台，立足中档品牌，以香河本土家具企业为主。2021年10月开业以来，已服务雄安本地群众3000户，获得广泛赞誉。待雄安店运营成熟后，向首都副中心、临空经济区等区域推广，让香河家具行业走出去，逐步占领外部市场。

**6. 发挥自身优势，线上线下对接**

与第三方合作建设家具城电商直播基地，利用香河家具城的品牌优势和产业底蕴，积极对接市场，引进北京收藏天下和杭州微谷国际团队，在抖音、快手、天猫、淘宝、京东、拼多多、玩物得志、土巴兔八大电商平台上线"香河家具城"，链接香河32个家具展厅，打造全网最大家具类旗舰店，可上线商家1500户，预计线上年销售50亿元。

# 中国东部家具商贸之都——蠡口

## 一、基本概况

### 1. 地区基本情况

相城是文化悠久生态宜居的水乡、是交通区位优势明显的枢纽、是产业发展势头强劲的城区、是规划引领充满活力的热土。江苏蠡口国际家具城正位于相城中心城区,至2021年底市场总投资32亿元,经营面积超百万平方米,具有一定规模的家具商场41座,相关从业人员3万余人,年销售额超140亿元,综合实力在全国专业市场中名列前茅。

### 2. 行业发展情况

蠡口家具城随着早期发展已经形成了一定的影响力,有良好的产业基础,其市场规模、经营业态等综合实力在全国家具市场中名列前茅,被誉为"中国东部家具贸易之都"。但在全国家具市场变动背景之下,蠡口原有的竞争优势逐步瓦解,对华东市场的集散效应在降低。同时由于苏州的城市规划与产业升级,大量的制造作坊及小企业外迁,过去蠡口前店后厂的模式不复存在,自然形成传统集聚地的竞争优势正在逐步瓦解。蠡口家具城转型升级已经提上日程。

2019—2021年蠡口家具城家具行业发展情况汇总表

| 主要指标 | 2021年 | 2020年 | 2019年 |
| --- | --- | --- | --- |
| 商场销售总面积(万平方米) | 100 | 100 | 100 |
| 商场数量(个) | 41 | 41 | 41 |
| 入驻品牌数量(个) | 3300 | 3550 | 3750 |
| 销售额(亿元) | 140 | 140 | 155 |

### 3. 公共平台建设情况

**江苏省家居家装产品质量监督检验中心。**该中心占地6500平方米,拥有气相色谱仪、气质联用仪、原子吸收光谱仪、紫外风光光度计、框架综合力学试验机、甲醛气候箱、全自动低本底多道 $\gamma$ 能谱仪等专用设备近600台套。近年承担了国家联动抽查、省监督抽查、工商委托抽查、CQC环保检测、环保总局环境认证(简称"十环")产品认证检测、政府采购验货检测和标准制修订、产品质量分析会等一系列工作,检测能力覆盖了各类家具、建筑门窗、家具用材料、油漆涂料、室内空气质量等20余项产品。

**蠡口家具学院。**学院开展相关培训,针对家具市场的不同内容,赋予各个经销商和导购全方面提升。特别是针对互联网经营方面的培训,与斜杠直播培训基地合作。

**"蠡口国际家具城"公众号。**所有市场内导购人员线上办上岗证,全方面把控市场内信息。并于2021年新增投诉处理渠道。

**中国长三角现代家居文化产业研究院。**充分利用大学及研究机构的学术及科研资源,密切结合东部地区家居、家具产业发展实际,开展家居、家具文化、艺术研究和产业规划及相关产品设计研发工作。研究院将成为打造成为东部地区家居产业发展的智能机构和政府战略规划,实施产业转型升级的外脑及参谋机构。研究院将成为东部地区校地、校企合作的科研成果转化机构;大学生参与社会实践,产教融合的实践基地;东部地区家居、家具产业转型的文化技术的重要支撑,使苏州成为全国家居文化研究和产品设计新高地。研究院将成为支撑服务东部地区家居、家具产业发展的最强大脑和文化科技赋能的新中枢，成为"文创园区"即将启程前行的破冰之舟。

## 二、2021年发展大事记

根据相城高新区（元和街道）颁布的《相城高新区（元和街道）家居产业高质量发展若干扶持政策（试行）》，积极做好扶持政策宣贯工作，吸引更多的设计公司、区域总部、电商平台等载体到蠡口"筑巢"。已通过宣传视频、宣传折页，进行家具市场内的全覆盖宣传。组织经理、商户和产业联盟会员单位进行专题座谈或者重点企业1对1地进行政策讲解。目前为止，已达到符合规定的批发、零售的家具入库企业7家。

通过家具协会与苏州广播电视总台合作，成功举办广电家博会家具专场暨第六届蠡口家具采购节，后续将持续深化合作，持续推动蠡口品牌推广。

发挥蠡口家具学院作用。学院安排家具行业专业讲师、各职能部门业务骨干等，通过多种培训形式，对家具市场所有从业人员免费进行全方位系统培训。特别针对互联网的冲击，开展抖音、淘宝等新媒体直播培训，让家具人与互联网真正相连，交汇点、子牛新闻、引力播等媒体进行报道，传统家具行业在危机中寻生机，苏州相城蠡口家具城借力互联网"突围"。

成立"蠡口智慧家居产业联盟"，产业联盟下设"制造与销售""商场""电商""物流"四个子联盟，推荐产生第一届理事长、副理事长。家具城公司总经理担任产业联盟理事长，副总经理担任副理事长兼秘书长。

与南通海安经开区达成城市战略合作，设立南京林业大学（家居与工业设计学院）中国长三角现代家居文化产业研究院。同时，也已与月星家居、金螳螂建筑装饰、德尔集团、中翔商贸等一批家居行业头部企业结为战略合作伙伴，目前正在不断深化合作意向为下一步具体合作事宜打下坚实的基础。

2021年9月，委托深圳家具研究开发院对蠡口家具市场的现状进行深入调研，结合整个家具行业乃至地产及家装行业的发展趋势，对比周边家具市场，根据苏州地域发展情况及蠡口家具市场的特殊条件，谋划前瞻且合理的市场发展目标，制定具体发展计划，指导市场全面转型升级。12月28日深圳家具研究开发院已汇报第一阶段成果。

## 三、发展规划

相关政府和部门已针对江苏蠡口国际家具城区域内相城大道两侧及建元路沿线做了区域规划设计，并已由江苏蠡口国际家具城有限公司开展推进蠡口智慧家居社区（一期）项目的建设。本项目位于苏州市相城区元和街道辖区内，安元路与相城大道交叉口西南方向200米，处于蠡口国际家具核心位置，用地面积29870平方米（约44.8亩），总建筑面积近18万平方米，其中地上计容建筑面积约12万平方米，地下建筑面积5万余平方米。该项目是一个以家具产业为核心的，集博览会展、产品发布、商业、办公、酒店、宴会、餐饮等功能为一体的高端商业综合体。该项目立志打造成家居文化创意中心、科技赋能中心、品牌形象窗口。通过项目建设及运营的标杆作用，产生引领效应，充分利用"互联网+"等数字化手段，尤其依靠开发建设的"蠡口智慧家居运营管理"系统，形成蠡口国际家具城统一管理服务平台及对外传播平台，为蠡口国际家具城各场馆的经营赋能，擦亮整个蠡口国际家具城品牌。总体目标是通过线上线下的经营互动，以家具家居文化乃至家文化为内在核心底蕴，打造中国家居潮流新品的发布平台、优选原创设计品牌的聚集地、中国家居新零售培训基地，中国泛家居主题酒店及多个网红型的家居艺术馆。

# 中国家具展览贸易之都——厚街

## 一、基本概况

### 1. 地区基本情况

厚街素有"东方家具之都"的美誉。经过多年的推动发展，家具业已成为厚街的支柱产业，形成涵盖生产制造、研发设计、展览展示、批发零售、国际采购、品牌发展、家具原材料供应、电子商务等环节的完备产业链条，集群效应日益明显，国内外知名度逐年攀升。2007年，被广东省科技厅认定为"广东省火炬计划家具设计和制造特色产业基地"；2009年，纳入"广东省优势传统产业转型升级示范基地""东莞市首批重点扶持发展产业集群"；2012年，被广东省经济和信息化委员会认定为全省首个"广东家具国际采购中心"；2013年，获评全市"传统行业创新提效单打冠军"；2014年，被广东省对外贸易经济合作厅评定为"广东省外贸转型升级专业型示范基地"；2016年，成功与中国家具协会共建"中国家具展览贸易之都"；2021年，被东莞市政府纳为"东莞市家具产业集群核心区"，并被中国家具协会评为"中国家具行业示范产业集群"。

"厚街家具"是广东乃至全国家具行业的风向标，尤其是一年两届的"名家具展"是目前全国规模最大、品牌最响、成效最好的家具展会之一，带动作用明显，吸引了来自全国各地家具产业基地品牌参展，成功培育了慕思、楷模、城市之窗、迪信等一批本土品牌以及顾家、芝华仕等连锁品牌。"名家具展"已成为中国创新家具及家居用品最重要的发布平台，引领着中国家具原创设计的发展潮流。

### 2. 行业发展情况

2020年以来，虽然新冠肺炎疫情影响产业发展，但厚街镇通过实施"产业立新柱"等系列行动，多措并举、多策并用，全力加大对家具产业的扶持力度。厚街家具产业呈现基础实、配套全、档次高、转型快、整合强、带动广等发展特征。截至2021年底，厚街镇拥有家具制造及批发零售企业约1000家，其中，60家规模以上的家具制造企业实现工业产值79.63亿元、增加值25.80亿元，同比分别增长24.55%、32.85%；各家具制造企业自有家具品牌2000余个，有效专利达6000余件；建有各类家具原材料及家具材料配套市场10个、大型家具产品营销中心4个，形成了集家具制造、家具配套、家具展示和国际采购、全屋定制"五位一体"产业链。

从2019—2021年规模以上家具企业数量、产值、增加值及其增速来看，尽管国际贸易形势复杂多变，厚街家具的总体实力仍可保持持续上升的趋势。特别是在遭受新冠肺炎疫情蔓延、中美贸易摩擦加剧等多重不利因素叠加影响下，慕思、艾慕、兆生、戎马、高品、中日、荟萃、金海马、欧艺轩等一批优质家具企业仍能保持稳中有进的发展态势。未来，厚街家具产业将可适应新形势，在品牌战略、

2019—2021年厚街镇规模以上家具制造企业情况表

| 主要指标 | 2021年 | 2020年 | 2019年 |
| --- | --- | --- | --- |
| 规上企业数量（个） | 60 | 58 | 54 |
| 规上工业总产值（亿元） | 79.63 | 63.96 | 59.96 |
| 规上工业总产值增速（%） | 24.55 | 4.8 | 6.0 |
| 规上工业增加值（亿元） | 25.80 | 19.42 | 17.15 |
| 规上工业增加值增速（%） | 32.85 | 7.1 | 2.2 |

全球营销、整装设计、网络定制、柔性生产、绿色制造、抱团供应等方面抢占行业高地，加快转型升级发展进程。

## 二、2021年发展大事记

### 1. 做强家具制造业，夯实创建基础

2021年，厚街镇通过推动家具行业创建"共性工厂"、实施产业"立新柱"和开展"国际名家具星级评价"等系列工作，全面加快家具企业的"技改技创"力度，促进家具产业朝数字化、生态化方向发展，成为东莞市家具产业集群核心区。

### 2. 高位制定规划，力促转型发展

为扶持家具产业发展和推动"中国家具展览贸易之都"的建设，厚街镇通过确立"1+9"发展战略，着力推进"一个名城、三大支撑、五大片区"建设，突出打造湾区会展商贸名城，努力建设成为先进制造业集聚区。重点加快厚街家具大道的整体整治提升，以环境吸引一批国内外品牌家具企业进驻，形成集"产、研、供、销"的家具产业集群经济带，全力打造"国际家居展示大道"。

## 三、发展规划

### 1. 打造"东莞国际会展新城"，推动产城人融合发展

厚街围绕"产业重镇、会展新城"的新定位，坚持以展促产、以产兴城、产城融合的理念，依托厚街站、展览中心站"双轨双站"的交通优势，统筹厚街站周边约26平方千米，以会展经济集聚区为核心，规划建设总建筑规模超40万平方米，其中室内展览面积约20万平方米（均符合大型工业展览会使用标准），配套泊车位约5300个的会展新展馆，周边合理配置会展配套、先进制造、工改工、普通商业、居住等特色区域，建成"东莞国际会展新城"，进一步推动会展业与家具等行业深度融合，打造成为"大湾区制造业展览中心"。

### 2. 提高名家具展影响力，强化服务平台作用

充分发挥名家具展平台作用，推动家具生产制造、研发设计、展览展示、国际采购、品牌发展、

厚街博览会外景

厚街博览会内景

家具原材料供应、电子商务等全产业链条融合协作；进一步开拓名家具展"线下+线上"的发展模式，助力家具企业获取新订单；支持家具行业高端论坛、品牌活动举办，加快展览会议与生产制造深度融合。

### 3. 补强行业发展短板，提升整体设计能力

引进国外设计人才，鼓励行业协会在厚街举办全国性家具行业设计大赛；鼓励辖区规上家具企业培育"莞邑工匠""首席技师"，以及引进正高级和副高级（包括博士）职称人才，加快提升家具产业的整体设计能力。

### 4. 实施环保提升战略，引导企业绿色发展

引导传统家具企业依靠科技创新加快转型，走资源消耗低、环境污染少的发展之道；推广集中处理模式，推动家具行业创建"共性工厂"，建设家具喷涂空间工厂，集中处理环境排放物，分摊企业成本；支持家具企业提升厂区环境污染治理设施，切实降低环境治理负担。

### 5. 整治提升家具大道，打造家具产业集群

计划对"家具大道"进行升级改造，力争打造成为"国际家居展示大道"，加快吸引一批国内外品牌家具企业在周边设立产品展示中心，以及吸引一批设计服务企业进驻，促使家具大道两侧形成一条"产、供、销"的厚街家具产业集群经济带。

### 6. 培育电商新经济，拓宽行业营销渠道

积极引入知名电商平台资源，推动家具企业通过多种形式加强与知名电商平台的合作，营造良好的家具电商环境，同时结合名家具展和电商重要活动打造厚街家具电商节系列活动，努力打造家具直播电商产业载体。

# 中国家具出口第一镇——大岭山

## 一、基本概况

### 1. 地区基本情况

2021年大岭山镇实现地区生产总值341.03亿元，增长10.3%，增速排名全市第9。规模以上工业实现增加值160.77亿元，增长16.7%，增加值总量全市排名第10位，增速全市排名第2位，高于全市增速6.5个百分点，两年平均增长9.2%；建筑业总产值18.49亿元，同比增长30.1%，两年平均增长52.1%；规上服务业（1—11月）营业收入总额16.88亿元，同比增长23.4%，两年平均增长15%；固定资产投资总额95.04亿元，同比增长8.8%，总量全市排名第6位，增速全市排名第16位，两年平均增长17.5%；社会消费品零售总额93.36亿元，同比增长15%。村组两级总资产75.51亿元，增长14%，经营纯收入6.99亿元，增长11.4%。

大岭山

## 2. 行业发展情况

家具产业是东莞市四大特色产业之一，也是大岭山镇的传统特色产业。大岭山镇家具出口额曾经连续14年雄踞全国乡镇家具出口第一位，被喻为亚太地区最大家具生产基地，是"中国家具出口第一镇"，拥有达艺、A家等一批知名家具企业品牌，2021年全镇家具规上企业84个，规上工业总产值为48.39亿元。其中，投资超亿元的企业30多个，家具从业人员高峰期超过10万人。

2019—2021年大岭山家具行业发展情况汇总表

| 主要指标 | 2021年 | 2020年 | 2019年 |
| --- | --- | --- | --- |
| 规上企业数量（个） | 84 | 97 | 94 |
| 规上工业总产值（亿元） | 48.39 | 48.09 | 61.69 |
| 规上工业增加值（亿元） | 12.45 | 12.36 | 15.98 |
| 营业收入（亿元） | 43.59 | 47 | 40.77 |

## 二、产业优势

### 1. 产业链配套完善

家具产业链的上下游配套，包括化工、五金配件、木材加工等，在大岭山均有相应龙头企业。例如：全球最好的贴面料加工厂家、中纤板生产厂——乡源木器木业厂；全球销量最大、年出口4亿元，利润1.2亿元的世界500强——企业阿克苏诺贝尔涂料生产商；在全球拥有80多个经营点，著名的家具涂料供应厂商——美国丽利涂料生产厂以及日本销量第一的大宝涂料生产厂；占地面积16万平方米，商铺总建筑面积90000平方米，华南地区最大的木材供应市场——吉龙木材市场；最具规模的家具五金市场——大诚家具五金批发市场；亚太家具协会、台湾家具协会、香港家具协会均在大岭山设立办事处。

### 2. 品牌影响力较强

大岭山近年来一直引导家具企业走品牌战略，目前拥有76个家具品牌，包括中国驰名商标2件、广东省名牌产品7件、广东省著名商标4件；有6个家具企业被认定为高新技术企业，建有广东省技术工程中心2个。其中，富宝、元宗被评为中国家具行业产品创新单位，运时通家具集团获得绿色供应链东莞指数五星企业称号，元宗家具、富宝家居获得四星企业称号，达艺家具产品用于美国国会、知名五星级酒店和富豪豪宅的装修，富宝的富兰帝斯系列品牌、元宗家具厂的"皇庭世纪"沙发等均享负盛名。

### 3. 升级配套投入较大

近年来，大岭山家具企业不断加大设备投入力度，积极拓展销售渠道，主动适应市场新需求，产业创新能力得到一定提升。家具企业的智能自动化设备使用量由2008年底的258台上升到2021年的1200台，引进自动封边机、数码镂花机、激光切割机等一系列世界先进的家具生产机械，其中达艺家具仅环保设备已投入超过2000万元；开拓电商销售渠道，通过天猫、抖音等平台采用线上与线下相结合的网络销售模式，A家、雅居格、地中海等品牌在京东、天猫名列前茅；探索向整装家居、全屋定制家具全面转型，加快市场占有率。

## 三、产业链情况

### 1. 上游供应渠道

家具产业的上游供应包括实木、板材、面料（含皮革、布艺、棉花等）、金属件、油漆、辅料（如塑料、石材等）、制造设备和环保设备等，其中制造设备主要包括裁板机、刨花机、封边机、钻孔机、缝纫机等，环保设备主要包括吸尘器和废气处理设备。从企业填报的供应商来看，大岭山均有供应以上材料的商家，其中实木和板材主要采购于吉龙木材市场；面料主要采购于厚街面料市场和浙江一带的商家；金属结构件主要采购于大岭山及周边五金企业；油漆的供应商来源于较多不同企业，其中大宝化工居多，同时不同企业在油性漆和非油性漆的用量上差异较大；制造设备主要采购于佛山马氏机械设备；环保设备的供应商来源于较多不同企业。在供应渠道环节，企业反映的主要问题是原材料价格涨幅较大，另外，用工难、场租贵、供电不稳定等问题也有部分企业反映。

### 2. 中游生产环节

家具产业的中游生产环节主要包括裁剪（含木材和布料）、封边、打孔、雕花、喷漆、组装、缝纫、焊接、试组装和包装等环节，大部分企业的机械化程度在30%～50%，机械化程度以"机械设备数/（机械设备数+操作人数）"来计算，且预计可进一步提高的幅度只有10%～20%，总体不高。在供应渠道环节，企业反映的主要问题是工人难招，用工成本偏高，另外，机械化程度不高、员工不稳定等问题也有部分企业反映。

### 3. 下游销售模式

家具产业的下游销售模式主要包括卖场或经销商、直营店、网店（如天猫）、公对公（包括对房地产公司、装饰公司）、设计师推荐等，运输渠道主要包括集装箱运输和陆路运输。目前，大岭山家具企业主要采用卖场或经销商的模式销售，部分也采用公对公或设计师推荐的渠道完成，但较少采用网店电商的渠道；采用集装箱运输的企业，其运输成本占企业总成本的5%～15%，总体偏高。在下游销售环节，企业反映的主要问题是集装箱费用偏高、订单减少，另外，结款时间长、美元汇率下跌等问题也有部分企业反映。

## 三、2021年发展大事记

11月，大岭山镇被东莞市工业和信息化局认定为"东莞市家具产业集群核心区"。研究制定《大岭山镇家具产业集群核心区培育资金管理办法》，将大岭山家具产业集群培育作为推动我镇产业发展的重要支撑，根据《东莞市"3+1"产业集群试点培育专项资金管理办法》，设立"支持产业集群发展项目"，计划从研发设计数字化转型升级、技能人才培养、环保设备升级等方面着手，大力支持大岭山镇家具企业和产业的发展。

# 中国出口沙发产业基地——海宁

## 一、基本概况

### 1. 地区基本情况

海宁市位于中国长江三角洲南翼、浙江省东北部，东距上海100千米，西接杭州，南濒钱塘江，与绍兴市上虞区、杭州市萧山区隔江相望。海运方面，上海港、宁波港环抱周围，航空方面，距上海浦东机场车程1.5小时，杭州萧山机场车程40分钟，杭州至海宁的城际铁路也已建成通车，地理位置十分优越，交通便捷。

海宁物产丰富，市场繁荣，经济发达，乡镇区域民营经济特色鲜明，是我国首批沿海对外开放县市之一，并跻身"全国综合实力百强县市"前列。先后荣获了全国文明城市、全国金融生态县（市）、全国科技进步先进市等称号。

### 2. 行业发展情况

企业方面，海宁沙发企业出口信心指数处于相对不乐观区间，据调研了解，18.32%的企业持乐观态度；66.83%的企业持一般态度；14.85%的企业持不乐观态度。

出口订单情况方面，据了解，三个月以内短期订单超75%的企业占比66.5%；短期订单占比50%~75%的企业占比13.5%；短期订单占比25%~50%的企业占比6%；短期订单25%以下的企业占比14%。

价格方面，2021年12月，企业主要出口商品价格同比上升的为39%，持平的为52%，下降的为9%，环比上月增长0.59%，上升和持平的企业共占91%，出口商品总体价格水平保持稳定。从企业购进主料的价格来看，原材料价格同比上升的占61%，持平的32.5%，下降的为6.5%，环比上升1.68%，价格同比上升和持平的占93.5%。原材料价格同比上升的企业占比高出主要出口商品价格同比上升的企业占比22个百分点，企业在商品价格的话语权仍然偏弱。

物流方面，自2021年3月底苏伊士运河堵塞事件开始，加之国外新冠肺炎疫情持续蔓延，海运费居高不下，从上半年的8000~10000美金一路涨到近2万美金。但从8月以来尤其9月下旬，多省市在"能耗双控"下出台拉闸限电措施，造成生产企业产能下降，运输需求出现一定程度的下跌，因此海运费也随之下降了一部分，但仍超1万美金，集装箱严重紧缺的问题暂时得到了缓解。

仓储方面，由于海运费居高不下，出货难，很多企业库存水平高、压力较大。

### 3. 经济运营情况

2021年，海宁家具行业共有生产企业100余家，从业人员约3万人。根据海宁市统计局对45家行业内规上企业的统计资料汇总，2021年海宁市家具行业累计实现规上工业总产值65.35亿元，同比增长8.6%，利税2.48亿元，同比下降43.6%，利润1.15亿元，同比下降56.6%。

根据海关统计数据显示，海宁市家具及制品累计出口59.96亿人民币，同比增长21.1%。布沙发出口27.53亿人民币，同比增长13.7%；皮沙发出口15.93亿人民币，同比增长18.6%；布沙发套出口10.64亿人民币，同比增长28.9%；皮沙发套出口6.19亿人民币，同比增长60.6%。

2019—2021年海宁家具行业发展情况汇总表

| 主要指标 | 2021年 | 2020年 | 2019年 |
| --- | --- | --- | --- |
| 规模以上企业数量（个） | 45 | 45 | 45 |
| 工业总产值（亿元） | 65.35 | 56.99 | 78.57 |
| 主营业务收入（亿元） | 64.11 | 57.73 | 81 |
| 出口值（亿元） | 59.96 | 49.5 | 49.79 |

## 二、重点企业情况

### 1. 海宁三杰家具股份有限公司

海宁三杰家具股份有限公司成立于2013年，是一家集研发、生产、销售为一体的综合性高新技术企业，主营脚凳、沙发、床等中高端软体家具，产品主要销往美国、意大利、加拿大等国家。

### 2. 杰派家居

杰派家居（JPai Home Doo Beograd），隶属于杰派企业集团，是位于塞尔维亚的生产基地，也是海宁三杰家具股份有限公司为欧洲市场专门设立的海外软体家具生产基地，投资2000万欧元（人民币1.5亿元），该生产基地主要生产功能沙发。公司计划于2022年4月正式投产。

## 三、2021年发展大事记

1月5日，为积极应对加拿大软垫家具产品双反案件，海宁市家具行业协会组织相关涉案企业参加了由中国轻工工艺品进出口商会召开的关于加拿大对中国软垫式座椅反倾销反补贴应诉协调会。

5月14—17日，为进一步拓宽家具行业企业家的经营视野，了解国内行情，增进企业间的交流，海宁市家具行业协会组织部分会员企业前往济南、青岛参观考察。

7月29日，为助力海宁外贸出口企业快速切入国际市场，了解海外客户需求，并在日益激烈的国际贸易竞争中占得先机，海宁市家具行业协会组织企业参加了关于"助力外贸出口，赋能合规运营"的研讨会。

9月23日，为做好加拿大软式座椅双反调查案件的后续应对指导工作，帮助企业解决应对难点，尤其是反倾销税和反补贴税如何缴纳以及如何申请复审等问题，海宁市家具行业协会组织相关涉案企业参加了加拿大软垫式座椅双反调查案后续应对工作会。

10月27日，为扩大中国贸促会（中国国际商会）嘉兴调解中心影响力，积极构建商事调解等多元化法律服务格局，更好地帮助企业化解涉外贸易纠纷，海宁市家具行业协会组织企业参加了嘉兴市贸促会举行的嘉兴调解中心授牌仪式暨涉外商事调解培训会。

# 中国北方家具出口基地——胶西

## 一、基本情况

### 1. 地区基本情况

中国北方家具出口基地——胶西毗邻胶州市西侧，与城区紧密相连，处于青岛半小时经济圈，是胶州市城市总体规划的组团镇之一，行政区域面积176.7平方千米，辖114个行政村庄，8.79万人口，是胶州市人口第一、面积第二的街道。先后获得了国家级环境优美城镇、中国现代农业示范镇、青岛市一镇一业示范镇，连续两年跻身于青岛市郊区经济二十强镇行列。

### 2. 行业发展情况

胶西作为中国北方家具出口基地产业集群的地区，家具行业已经成为胶西的传统优势产业。目前，已落户实木、弯曲木家具生产，木材加工、板材进口企业共135个；木工机械、塑料、五金、海绵、包装等配套企业66个，从家具研发、生产、销售形成了一条比较完整的产业链条，具有较高产业水平。2021年，全年出口家具产业销售收入超60亿元，其中淘宝、天猫、京东等线上销售额达到21亿元，进出口交易额达1.3亿美元。

### 3. 公共平台建设情况

胶西吸纳整合木材仓储物流企业15家，打造木材仓储物流中心，为基地内外的家具生产企业提供各类中高档白橡、红橡、白蜡等品种的板材及原木；与青岛商检局联合成立了"山东省家具出口安全监管示范区"，并设立了木制品检测中心（实验室）；与东北林业大学达成合作"家具职业培训学院"；2010年获得"青岛名牌家具产业园""山东家具（出口）产业基地"等称号。在山东省家具协会带领下，一木集团的配合下，建成了20余个木器家具互联网展销平台，形成"材料供给—家具生产—产品销售"的产业链条；一木集团投资1.5亿元建设环保型水性漆自动化喷涂中心，打造生态环保型家居产品；投资2000多万元建设家居研发创新中心，与10余家院校、研究院所、家具企业建立合作关系，形成家居"拼厂生产"的新模式。

随着产业园的进一步发展壮大及龙头带动作用的展现，在胶州市委、市政府的扶持和指导下，胶西将进一步围绕木器产业优势，整合已建成的20余个木器家具互联网展销平台和青岛市木器家具"跨境电商平台"入驻，配套建设家具质量检测中心、信息中心、综合商务中心、家居原辅料市场、物流

2019—2021年胶西家具行业发展情况汇总表

| 主要指标 | 2021年 | 2020年 | 2019年 |
|---|---|---|---|
| 园区规划面积（万平方米） | 200 | 200 | 167 |
| 已投产面积（万平方米） | 167 | 133 | 120 |
| 入驻企业数量（个） | 864 | 820 | 888 |
| 规模以上企业数量（个） | 140 | 89 | 86 |
| 家具生产企业数量（个） | 135 | 100 | 102 |
| 配套产业企业数量（个） | 66 | 51 | 69 |
| 工业总产值（亿元） | 147 | 108 | 77 |
| 主营业务收入（亿元） | 148 | 110 | 81 |
| 利税（亿元） | 5 | 4 | 2 |

中心等项目，规划建设木器家具博览馆，打造具备产业特色、文化特色、区域特色的家居小镇。

## 二、重点企业情况

目前，胶西共落户家具及配套企业200余个，其中规模以上生产企业26个。代表性企业有青岛一木集团、星宇木业、汇通木业、鸿运星木业等。其中青岛一木集团有限公司是"中华老字号"品牌企业，旗下拥有尚品、宜木高甁、沙发、餐桌椅、一木居舍装饰等十余个全资和参股子公司，综合年生产能力4亿元。

### 1. 青岛一木集团有限公司

公司始建于1953年，前身为青岛木器一厂，占地面积近600亩，建筑面积为18万平方米。旗下拥有金菱家具、青城木业等十余个全资和参股子公司，是集研发、生产中高端实木家具、传统红木家具、沙发床垫等多种业务为一体的综合性木业公司。目前，公司拥有熟练技工3000余人，各类技术人员300余人，综合生产能力达5亿元，资产总额近10亿元。多年来，企业先后自主研发了"墨雅""乌金""DE""汉源居"以及传统红木家具"国韵"等18个系列实木家具产品。

### 2. 青岛星宇木业股份有限公司

公司创立于1988年，前身是胶西第一木器厂，是集实木家具设计、研发、生产销售为一体的大型私营企业。全国建有直属的专卖店5家，10余家销售网点，产品远销欧美亚等10多个国家和地区，年产值在1亿元以上。公司的主流产品为醇厚胡桃黑"木之源"100%纯实木系列，该产品现已形成卧房、书房、客厅、餐厅等五大系列百余种产品。

### 3. 青岛一木实木门有限公司

公司成立于2004年，以生产实木门、实木复合门为主，同时涵盖实木楼梯、整体衣柜、装饰垭口、橱柜等整木家装产品。目前为止，公司共拥有7个系列800多个门型样式，并同时开发了涵盖古典、新古典、中式、新中式、欧式田园、美式、法式古典、现代极简、轻奢9个风格的全屋整木定制产品，是苏丹国防部大楼唯一木门供应商。

## 三、2021年发展大事记

青岛一木集团有限公司等10家企业参加了第18届青岛国际家具展，其中青岛一木集团有限公司荣获"金鲁班奖""最佳展位金奖"等奖项。

9月，青岛一木金菱家具有限公司荣获青岛市"技术创新中心"、专家工作站、两化融合贯标管理体系认证等荣誉。

11月，青岛祥泰木业有限公司获得国家级"高新技术企业"。青岛一木实木门有限公司获得国家级"高新技术企业"。

## 四、发展规划

胶西将继续推动工业互联网发展，助力家居产业智能改造。

**一是强集群，有效引导家具企业迅速融入工业互联网**。积极落实《胶州市支持工业互联网高质量发展的若干政策措施》《"工业互联网·胶州在行动"工作方案》，成立胶西智能家具工业互联网推进工作专班，开展多种形式的培训宣传活动，营造发展家具工业互联网的浓厚氛围。针对家具水性漆生产线投资大的门槛，通过制定实现青岛一木的数字化水性漆车间共享园区企业方案，建设成胶西所有家具企业的喷涂中心，实现家具传统产业数字化升级。

**二是快引导，创新开拓家具应用场景**。利用互联网手段，打通线上和线下、消费端和生产端的阻碍，支持通信、人工智能、区块链在家具产业的场景应用。伴随工业信息化迅猛发展，一木集团针对"互联网+"以及相关工业设计与智能制造的发展规划，将信息技术与制造技术有机结合，对产品销售、研发设计物料供应、加工制造、售后服务等总体经营活动进行管理。全部设备技术建立在电子控制、计算机和信息通信等先进技术的基础上，具有智能化、连续化、自动化的特点。充分利用200余家线下实体店及海尔卡奥斯平台、京东商城、天猫等线上平台，了解用户需求，通过智能制造管控平台实现工厂信息互通，缩短生产时效，更好为客户提供服务。

**三是补链条,打造家具产业链航母**。加快一体化产业智联数字平台建设,利用互联网和大数据提高对家具生产组织方式、在线服务方式的政务服务能力和水平,让家具产业群航母式快速发展。在山东省家具协会带领下以及一木集团的配合下,胶西建成了 20 余个木器家具互联网展销平台,形成"材料供给—家具生产—产品销售"的产业链条;一木集团投资 1.5 亿元建设环保型水性漆自动化喷涂中心,打造真正的生态环保型家居产品;投资 2000 多万元建设家居研发创新中心,与 10 余家院校、研究院所、家具企业建立合作关系,形成家居"拼厂生产"的新模式。

**四是引人才**。根据人才培养计划要求广泛开展需求调研,深入分析全街道人才分布格局,根据街道经济结构、产业特点以及针对企业内人才需求状况,积极发挥职能,多方位拓宽引才渠道,构筑区域性人才高地,进一步加大人才引进和开发力度,多渠道引进人才,积极为街道社会经济发展提供坚实的智力支持。

新兴家具产业园区

# 中国东部家具产业基地——海安

## 一、基本概况

### 1. 地区基本情况

2021年,江苏海安紧紧围绕"枢纽海安、科创新城"发展定位,依托"通江达海"的区位优势、特色鲜明的产业优势、人才荟萃的创新优势,全力打造枢纽海安、智慧海安、健康海安、平安海安、宜居海安,加快建成产业强市、文化强市、教育强市、科技强市、人才强市,书写"十四五"开局起步精彩答卷。2021年,海安市经济运行平稳有序,工业经济稳中有进,现代服务业提质增效,实现地区生产总值1343.09亿元,同比增长9.1%,增速位居南通第三;完成全部工业应税销售2370.1亿元,同比增长0.4%,总量位居南通第一。获评"2017—2020年度平安中国建设示范县(市)",入选"中国最具发展潜力百佳县市""中国最具幸福感城市",在全国工业百强县(市)、创新百强县(市)、服务业百强县(市)排名中分列第20位、第11位、第23位。在南通市综合考核中实现"十连冠"。

### 2. 行业发展情况

2021年是海安家具继往开来,砥砺奋进的一年,实现了东部家具第二个"十年"的良好开局,开启了海安家具"十四五"高质量发展的新篇章。1月初,"中国(海安)家居艺术小镇"冠名高铁在上海首发,海安家具搭载中国速度,实现品牌快速传播;4月9日,东部家具电商创客空间正式启用,家具电商产业迎来新发展机遇;4月18日,基地在嘉善召开专题推介会,为"补链、延链、强链"提供要素保障;5月29日,举办第三届东部家具原辅材料、机械设备采购节,为供需搭桥,以会展经济激发市场活力;9—11月,先后组织三场海安家具厂商专项对接会,让工厂和商场见面,推动家具市场持续繁荣;11月18日,海安市家具质量合作社首创成立,进一步完善海安家具质量管理体系,有效提升了海安家具企业的核心竞争力。

2021年也是海安家具满载荣誉的一年,东部家具行业协会被中国家具协会评为"2021年中国家具产业集群共建先进单位",被中国家具协会职业培训中心授予"中国家具行业职业技能培训基地",入园企业雅格丽木家具被评为"2021年中国家具产业集群品牌企业"。东部基地先后获评"江苏省省级生产性服务业优秀服务机构""南通市小微企业创业创新示范基地";东部家具原辅材料市场被评为"南通市优秀民营企业"、海安市"服务业十强企业";东部家具行业商(协)会也被评为全国"5A级社会组

2019—2021年海安家具行业发展情况汇总表(产业园)

| 主要指标 | 2021年 | 2020年 | 2019年 |
| --- | --- | --- | --- |
| 园区规划面积(万平方米) | 1500 | 1450 | 1450 |
| 已投产面积(万平方米) | 927 | 816 | 765 |
| 入驻企业数量(个) | 2440 | 1837 | 1268 |
| 家具生产企业数量(个) | 808 | 743 | 682 |
| 配套产业企业数量(个) | 1632 | 1094 | 568 |
| 工业总产值(亿元) | 300.0 | 200.0 | 128.0 |
| 主营业务收入(亿元) | 35.0 | 20.0 | 15.0 |
| 家具产量(万件) | 1060 | 830 | 500 |

织"、江苏省"四好"商会、"南通市放心消费创建先进行业"、海安市"商会工作先进单位"。

截至2021年末,海安共有品牌家具生产型企业800多家,周边虹吸集聚了2000多家家具企业,全产业链员工已近6万人,是海安企业数量和外来人口最多的产业。面对国内外新冠肺炎疫情考验和复杂的经济形势,海安家具产业坚持稳字当头、稳中求进,能快则快、能高则高,大抓产业发展、优化营商环境、助推产业链建设,家具产业整体发展形势平稳向好。

### 3. 公共平台建设情况

2021年是海安家具公共平台建设稳步推进的一年。这一年,海安家具链式发展,千帆竞发。全年共计新建各类厂房82万平方米,截至目前,海安已建成各类标准厂房超600万平方米。新招租规模企业65家;建筑面积6万多平方米的木工机械市场一期已有20多家一级设备商签约入驻;笨鸟物流200多条专线正常开通运营;滨海家具科创园一二期如期运营,三期开工建设,招商势头强劲;原辅材料市场新进100多家材料供应商;东部全球家具采购中心2~6号馆已建成招商。在公共服务方面,东部绿岛项目已经开工建设,将建成活性炭脱附中心、固危废暂存中心、涂料集中暂存中心,滨海家具产业园集中喷涂中心已经建成使用,推动海安家具绿色可持续发展。国家级海安家具快维中心和检测中心已经获得批复;东部基地直播中心已经投入运营;规划面积60万平方米的软体家居众创城已经开工建设。

## 二、2021年发展大事记

### 1. 借力中国加速度,迈向东部高铁时代

1月20日,"中国(海安)家居艺术小镇"高铁冠名专列在上海首发,一张展现海安城市形象,彰显海安家具品牌实力的流动"金名片"成功启程,全力推动海安家具产业高质量快速发展。

第三届中国东部家具原辅材料、机械设备采购节盛大开幕

## 2. 打造创客新平台，迎接电商新挑战

2021年东部家具创客空间的正式启用，为海安家具全产业链发展搭建了新平台、拓展了新空间、注入了新动能，对进一步促进海安现代家具产业数字化转型，提升海安家具品牌知名度和影响力具有重要意义。东部家具抢抓发展机遇，创新发展模式，强化优质家具电商企业招引，提升资源整合能力，力争把东部家具创客空间建设成立足海安、辐射全国的家具电商新平台。

## 3. 举办材料采购节，大力推进会展经济

第三届东部家具原辅材料采购节在江苏海安隆重开幕。本届采购节以专业化、精准化、品牌化、市场化的办展理念赢得了来自社会各界和业内同仁的充分肯定与高度赞誉。采购节为期3天，展会规模达20万平方米，吸引了863家家具材料品牌参展，11846名客商到展洽谈，同时线上曝光量达93762次，累计线上观展人数达8万人次。

## 4. 首创成立海安市家具质量合作社

质量强，则企业强；企业强，则产业强。11月18日，海安市家具质量合作社宣布成立，标志着海安家具产品质量提升工作掀开了新篇章。海安家具质量合作社将深度融合标准、认证认可、检验检测、知识产权、品牌培育、首席质量官等质量工作基础和服务举措，全力打造质量基础设施"一站式"服务平台标杆典范，通过系列组合拳激发企业质量发展的内生动力，为家具产业链高质量发展注入新活力、提供新动能。

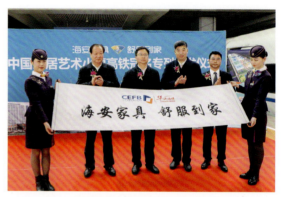

"中国（海安）家居艺术小镇"冠名高铁首发仪式

海安市家具质量合作社正式成立

# 中国中部（清丰）家具产业基地——清丰

## 一、基本概况

### 1. 地区基本情况

清丰县地处冀鲁豫三省交界处，面积 828 平方千米，辖 8 镇 9 乡，503 个行政村，72 万人，是全国文明城市提名城市、国家园林城、国家卫生城。清丰区位独特、交通便捷，位于濮阳市区北 5 千米，距雄安新区约 350 千米，距郑州、石家庄、济南均 200 千米左右，距济郑高铁濮阳出口 10 分钟车程。境内及周边有四纵（京珠、大广、德商、阳新）三横（长济、范辉、南林）7 条高速分布，融通南北、畅连东西，是中原经济区对接京津冀"首都经济圈"的桥头堡。

### 2. 行业发展情况

清丰县素有"木工之乡"的美誉，家居产业是全县第一主导产业。近年来，抢抓京津冀、珠三角、长三角产业转移重要机遇，坚持开放招商，发展家居产业不动摇，推动了家居产业集群式发展，被业内评价为全国最规范、最集中、最具成长性的新兴家居产业集群。清丰家居产品主要以实木套房为主，同时拥有板式、软体、整木、藤制等材质产品，功能品类以民用套房为主，同时涵盖办公、酒店、康养、校具、户外等商用特色家居，产品销往全国各地，"好家具清丰造，买家具到清丰"享誉全国。清丰县坚持优化产业集聚区空间布局和产业发展布局，持续推动传统产业转型升级，围绕家居产业园新规划实木家具园、智能家居园、家纺产业园三个"园中园"。清丰县家居产业集群跻身河南百亿产业集群 30 强，被中国家具协会命名为"中国中部（清丰）家具产业基地"，2021 年荣获"中国家具行业示范产业集群"。

### 3. 公共平台建设情况

一是建设产业提升服务平台，设立清丰县家居产业服务中心、河南省家具产品质量监督检验中心、人才培训中心。二是建设产业商贸交流平台，建成运营清丰会展中心、清丰国际家居博览交易中心、大明宫家居建材城等配套设施。三是建设产业商会交流平台，相继成立清丰江西家具商会、浙江商会、京豫商会。四是建设产业研发改造平台，利用清丰家居研究院等家居设计研发服务平台加速清丰家居"四化改造"进程。

清丰县家居产业服务中心是县政府直属事业单位，主要职能为服务清丰家居产业，开展行业交流、平台搭建、提升改造、招商引资等工作。清丰县家居产业服务中心参与筹备历届清丰实木家具博览会，扩大行业影响力；承办召开第二次《家具行业绿色工厂评价导则》行业标准起草研讨会，提高企业标准化、绿色化发展意识；承办召开 2021 年清丰县家居产业发展论坛，为企业发展出谋献策；组织企业外出参展，引导企业提升机械化、数字化水平；引进精益化管理，提升企业生产效率与管理水平；引进京东物流云仓项目，补齐企业发展短板；筹建清丰家居研究院并成功申报濮阳市现代家居研究院，打造家居设计研发服务平台，为家居产业发展提供理念、技术、人才等支撑，助力清丰传统家居生产企业向智能化、绿色化、标准化、服务化企业转型。

河南省家具产品质量监督检验中心是河南省省级家具检验检测机构，取得 CMA 和 CAL 双认定并通过省级检验中心验收，现有 4000 平方米的现代化实验室、100 余台（套）大型检验仪器设备，具备木家具、金属家具、人造板、胶黏剂、家具配件和皮革、软体家具六大类 108 个产品 196 个参数的监督检验、仲裁检验和委托检验检测能力。现有专业技术人员 14 人，工程师 1 人，引进高学历人才 7 人，硕士研究生 4 人。

会展中心与交易中心包括清丰会展中心、清丰国际家居博览交易中心、大明宫家居建材城，展位面共 12 万平方米，截至 2021 年末，已连续成功举办四届实木家具博览会。

2021 年，清丰家居研究院建成并投入运营，目前包括展览、培训、设计、新材料展示研发应用中心、智能化设备展示、培训实习中心等板块，后续将引入生产管理技术应用、数字化服务、循环利用技术推广、木材检测实验等服务内容。

## 二、经济运营情况

清丰拥有家居生产企业 228 家，生产配套服务企业 52 家，商贸流通企业 5 家，安置就业近 3 万人，年产各类家居 230 万件（套），主营业务收入 286.6 亿元。

2020—2021 年清丰家具行业发展情况汇总表（产业园）

| 主要指标 | 2021 年 | 2020 年 |
| --- | --- | --- |
| 园区规划面积（万平方米） | 14.46 | 14.46 |
| 已投产面积（万平方米） | 7.2 | 7.2 |
| 入驻企业数量（个） | 280 | 246 |
| 家具生产企业数量（个） | 228 | 202 |
| 配套产业企业数量（个） | 52 | 44 |
| 工业总产值（亿元） | 286.6 | 271.5 |
| 家具产量（万件/套） | 230 | 210 |

## 三、重点企业情况

### 1. 全友家私清丰有限公司

公司占地 300 亩，员工 1100 人，是集研、产、销为一体的板式家具龙头企业。公司采用 ERP 管理系统进行全程信息化管理，主要有全屋定制、板式套房家具、实木家具、沙发、床垫等 30 多个系列。2021 年销售家具 20 万件（套），实现销售收入 12 亿元，利税 1.1 亿元，荣获中国家具协会 2019 年"中国家具行业领军企业"。

### 2. 河南金天丽科教设备有限公司

公司占地 4.6 万平方米，是一家集设计、研发、生产为一体的专业生产学校家具的企业，拥有实用新型专利 20 个。公司是中国教育装备、中国家具协会会员单位，目前公司正在申办国家高新技术企业。

### 3. 河南省俞木匠家具制造有限公司

公司由广东佛山市南海肯迪家具有限公司投资兴建，总投资 7 亿元，建筑面积 8.6 万平方米，是一家集家具研发、制造、销售于一体的企业。2021 年，实现产值 8000 万元，荣获中国家具协会"2021 年中国家具产业集群品牌企业"。

### 4. 清丰东方冠雅家具有限公司

公司占地 100 余亩，建筑面积 4 万平方米，职工 400 余人，公司致力于实木家具的研发、设计、制造、销售及服务，2018 年，"东方冠雅艺术家系列（实木）"荣获中国质量认证中心"家居绿色环保推荐品牌"；2020 年，东方冠雅荣获河南省林业局"河南省林业重点龙头企业"；2020 年，荣获深圳国际家具展品质严选"四星企业"；2021 年，荣获中国家具协会"中国家具产业集群品牌企业"。

### 5. 清丰广立家具有限公司

公司是一家集研发、设计、生产、销售、服务为一体的现代化家具企业，主要生产办公、酒店、校用、医疗家具及商用定制家具。目前，现代化生产厂区 5 万平方米，展厅营销中心 1 万平方米，高级技工 30 名，生产类员工 200 余人，2021 年，荣获中国家具协会"中国家具产业集群品牌企业"。

## 四、2021 年发展大事记

### 1. 引导企业生产升级改造

引导全友、皇甫世佳、一品龙腾、俞木匠、世纪嘉美等家居企业更新生产设备，进行绿色化、智能化改造，逐步提高生产自动化水平，促进企业提质增效，加快产业转型升级。

第四届中国·清丰实木家具博览会开幕活动

### 2. 积极开展技术交流合作

2021年，邀请南京林业大学、北京林业大学、东北林业大学、深圳家具研发院、顺德家具研发院、北京国富纵横、南京鲁班科技、香港家协、国际绿色设计组织家居专业委员会等专业院校和技术研发服务机构，来清丰实地考察，研讨家居产业发展，洽谈合作，为产业升级提供人才和技术支撑。

### 3. 筹建产业公共服务平台

清丰县与顺德家具研发院合作，于2021年成功组建清丰家居研究院，并得到市观摩组高度评价和认可。平台服务内容主要包括产业设计研发、企业数字化精益化管理、新材料应用研发、职业技能培训、家居行业标准化制定及应用等，并于2021年12月成功申报濮阳市首批产业研究院。

### 4. 坚持"三长制"赋能家居产业优势再造

清丰县以"现代化、智能化、绿色化、服务化改造"为发展方向，创新实施"产业链长+商会会长+指挥长"的"三长制"工作模式，坚持家居产业作为第一主导产业地位不动摇，以打造清丰"绿色家居强县""绿色家居全国集散地"为目标，围绕加快构建现代绿色家居产业发展新格局，通过延链、补链、强链，持续推动全县家居产业蝶变升级和高质量发展。

## 五、2021年重点活动

### 1. 第四届中国·清丰实木家具博览会

第四届中国·清丰实木家具博览会于2021年5月7日开幕，会期4天。以"好家具清丰造，买家具到清丰""实在品质，实在价格"为主题，主会场设在清丰会展中心，展位面积约6万余平方米，166家套房家具及原辅材料企业参展；分会场设在清丰国际家具博览中心和大明宫家居建材城，共有展位200余个，面积12万平方米，吸引近2万名经销商到会，签约经销商2000余家。中国家具协会理事长徐祥楠、河南省商务厅副厅长何松浩到会致辞祝贺。

### 2. 清丰县家居产业发展论坛

5月7日，举办清丰家居产业发展论坛，论坛邀请深圳家具研究开发院院长许柏鸣、北京国富纵横管理咨询有限公司总裁赵龙博士等家具行业专家学者，围绕家居产业发展方向、品牌培育分别进行主题演讲和发言，20余家重点家居企业负责人参加论坛讨论。

# 中国（信阳）新兴家居产业基地——信阳

## 一、基本情况

### 1. 地区基本情况

信阳国际家居小镇位于羊山新区以北，距离市行政中心区 10 千米，总规划面积 15.16 平方千米，总概算投资 358 亿元，预计全部建成投产后可年创产值近 1000 亿元，实现税收约 51 亿元，提供就业岗位约 15 万个。

### 2. 行业发展情况

**产业队伍不断扩容**。小镇投产企业增至 60 家，原辅料市场、商贸片区进驻商家 200 多户，大而全、小而美企业协调发展，产业集聚、产销融合发展的态势开始显现。

**园区投资持续增加**。截至目前，前期重资产入驻 20 家工业企业——天一美家 A 区、璞玉家具、莲池家具、诺亚创盟、刚辉包装、永豪轩家具、天一木业、颂德家居、美亚家居、德克家具、富利源家居、长明家具、天一美家 D 区、中昊机械、中亚海绵、凯源水务、德胜家居、畅忆森家具、将相府家具、柘泉家具——均已完成 40% 以上的建设任务，碧桂园现代筑美新建成 18000 平方米宿舍楼，中浙远大建成 21000 平方米厂房且具备生产条件，园区社会项目蓝光雍锦府已启动销售，大别山艺术职业学院已开学招生，京东物流园、七喜肿瘤医院启动建设，企业生产经营各项指标呈提速之势。

**企业抗风险和增效益能力增强**。尽管受新冠肺炎疫情影响，经济发展环境不稳定，但园区企业积极应对挑战，实现良好发展，碧桂园现代筑美、永豪轩、富利源、天一窗业、权盛实业、恒达家居、百德木门、优度家居、诺源涂料、领克家居、顾氏家具、中亚海绵、哆旺包装、镁玻玻璃、浩然雨露等 15 家企业保持满负荷生产；左右鑫室、中昊机械、瑞新定制、誉阳轩、宜和美居、半风堂家具、凯源水务、盈辉包装、中德美客、天一红、美凯华等 11 家企业基本达产。龙头企业碧桂园现代筑美实现产值 8.5 亿元，同比增长 440%；永豪轩家具连续 3 年位居全省家具行业出口龙头位置，今年实现产值 3.5 亿元，已被纳入河南省重点后备上市企业目录。

**工业反哺城市的社会效能增强**。截至目前，家居产业小镇企业提供稳定就业岗位约 4000 个，带动就业 8000 人，据初步估算，企业实发员工工资约 3 亿元，这些资金重新回流到消费市场，引领相关产业发展，助推了产业脱贫、"六稳""六保"工作落实，成为托底就业的重要"稳定器"，辖区居民幸福感稳步提升。

2019—2021 年信阳国际家居小镇行业发展情况汇总表

| 主要指标 | 2021 年 | 2020 年 | 2019 年 |
| --- | --- | --- | --- |
| 企业数量（个） | 105 | 105 | 104 |
| 工业总产值（万元） | 287100 | 190100 | 225000 |
| 主营业务收入（万元） | 355000 | 316000 | 288000 |
| 规模以上企业数（个） | 19 | 17 | 15 |
| 规模以上企业工业总产值（万元） | 224600 | 203300 | 188800 |
| 出口值（万美元） | 6729 | 6152 | 3639 |
| 利税（万元） | 9400 | 9700 | 2650 |

2021年，信阳国际家居小镇家居产业实现主营业务收入35.5亿元、产值28.7亿元、出口4.28亿元，纳税0.94亿元，工业企业完成固定资产投资8.75亿元。总体发展趋势稳中向好。

### 3. 公共平台建设情况

小镇以平台建设倒逼产业提质创新。新文科职业科技教育学校正常开展培训工作，将为产业园区培训顺应产业发展的应用型人才，实现人才、设备、生产有机融合，助推企业提质创新；信阳市综合检验检测基地启动建设，推动非金属矿、茶叶、白酒、木本油、羽绒及制品、木制家具、质量技术监督、食品药品、岩石黏土类非金属矿九大检验检测中心迁入家居产业小镇，建成后，可形成产品科技研发权威信息发布中心、高级专业技术人才培训基地、新产品研发孵化基地，为相关产业提供可靠的产品检验检测服务和技术支持，助推生产性服务业提档升级、快速发展。

## 二、重点企业情况

信阳国际家居小镇通过数字产业赋能对传统产业进行改造升级，加快形成绿色低碳循环发展经济体系，打造面向未来的智能家居家装全产业链条，推动新发展理念和产业创新。

### 1. 产业提质升级的步伐加快

碧桂园现代筑美项目按照"工业4.0"标准建设的智能化现代木门、柜体、柜门生产线运行平稳，计划投资4亿元进行智能化改造。目前，一期信息化MES系统已完成80%，在车间进行试运行，自动化11个标段已完成9个标段的合同，10月设备陆续进厂安装运行；永豪轩拟引进的江苏明星沙发配件有限公司厂房建设已启动，建成后将自主解决配件生产问题。这些项目的建成，将实现产线提质、效能提升、管理创新。

### 2. 贯彻绿色发展理念

全面落实中央、省、市关于对涉水、涉气企业的环保要求，推动涉VOCs企业转型发展。

### 3. 企业创新实力巩固提升

天一窗业、凯源水务、中亚海绵、永豪轩、现代筑美等5家企业申报国家级高新技术企业；7月26日，凯源水务中原学者工作站正式由河南省科学技术厅批复筹建，将由专家团队助力家居产业小镇提高科技创新能力和核心竞争力。

## 三、2021年发展大事记

目前，信阳市产业集聚区发展规划纲要已获得河南省发展和改革委员会批复，产业集聚区总体发展规划初稿编制已完成，区域评估工作取得阶段性成果，全市产业集聚区观摩取得较好的成绩，首批入驻企业遗留手续办理工作扎实推进，全省产业集聚区审计整改工作取得积极效果，园区新增4家国家级高新技术企业，领克家居正式入规模以上工业企业名录库，凯源水务正式获批筹建中原学者工作站，家居产业小镇再次被认定为全国47个国家级新兴家居产业基地。

## 四、发展规划

### 1. 加强规划

全面梳理首批重资产入驻企业档案资料，全面总结前期产业集聚区建设发展过程中的利弊得失，总结经验，强化管理，为后续产业发展扬长避短提供参考。

### 2. 提升顶层设计

高标准完成产业集聚区规划修编、区域环评工作，目前，新区产业集聚区总体发展规划修编初稿编制已完成，力争年底获批；区域评估工作土地勘测、地质灾害、文物保护区域、矿产压覆评估已完成；水土保持方案、洪水影响评价文本已编制完成，正在报批；环境现状评估招投标已完成，正开展评估工作。相关工作开展完成后，将为园区产业链、空间范围和功能布局的科学化，及基础设施配套完善、智能化园区建设、生态环境保护等提供依据，为产业准入、企业落地提供制度性遵循，同时使用地成为"标准地"，努力实现项目落地即开工。

## 3. 突出服务重点

在羊山新区碧桂园项目建设指挥部统一协调指挥下,把服务好信阳现代筑美绿色智能家居产业园项目作为重中之重工作,产业办全程参与推进项目用地、电力线塔迁移、供水、供电、土方平整等工作,有力保障项目有序推进。

## 4. 做好服务保障

继续落实"一企一人"服务制度,积极参与开展"三个一批""万人助万企"活动,深化"放管服效"改革,推动13710工作模式,引导企业创新提质发展。

# 中国兰考品牌家居产业基地——兰考

## 一、基本概况

### 1. 地区基本情况

兰考县辖6个乡、7个镇、3个街道，450个行政村（社区），总人口87万人，总面积1116平方千米。兰考是焦裕禄精神的发源地，是习近平总书记第二批党的群众路线教育实践活动联系点，国家级扶贫开发工作重点县、国家新型城镇化综合试点县、国家普惠金融改革试验区，河南省省直管县体制改革试点县、河南省改革发展和加强党的建设综合试验示范县。兰考地处于河南、山东、安徽三角地带的中心部位，东临京九铁路，西依京广铁路，陇海铁路横贯全境，即将投入运营的郑徐高铁在兰考设有客运站，G106、G220、G310三条国道在县城交会，连霍、日南两条高速公路穿境而过，是河南"一极两圈三层"中"半小时交通圈"的重要组成部分，形成了以铁路、高速铁路、高速公路、国道、省道为骨架，以县、乡、村道路为脉络的交通网络，为兰考经济发展提供了独特的便利条件。2021年前，全县生产总值404亿元；现代家居总产值320亿元。

### 2. 行业发展情况

兰考以传统家居产业为基础，致力做优做强、融合发展的"大家居"产业，打造极具兰考特色的品牌家居产业体系，初步构建出了纵向连接"产业区→乡镇→农户"三级、横向融合"成品生产→精深加工→初加工"的新型产业发展模式。目前，恒大家居产业园内曲美、索菲亚、喜临门、江山欧派、皮阿诺、大自然6家上市企业均已实现投产，TATA木门、鼎丰木业、郁林木业等品牌家居项目已满负

2019—2021年兰考家具行业发展情况汇总表（生产型）

| 主要指标 | 2021年 | 2020年 | 2019年 |
|---|---|---|---|
| 企业数量（个） | 2000 | 1700 | 1060 |
| 规模以上企业数量（个） | 192 | 192 | 192 |
| 工业总产值（万元） | 8843002 | 7369169 | 6140974 |
| 家居主营业务收入（万元） | 5171928 | 3978406 | 3060313 |
| 出口值（万美元） | 17677 | 14731 | 12276 |
| 内销额（万元） | 5026703 | 3866696 | 2974381 |
| 家具产量（万件） | 268 | 243 | 203 |

荷运转，艺格木门、立邦油漆、万华绿色生态家居产业园等项目正在紧张建设中。同时，以恒大家居产业园为依托，融合兰考泡桐主题公园、凤鸣湖等现有景观资源，打造集高端制造、生态旅游、时尚休闲、参观学习于一体的全国首个家居特色小镇。还建设了4个乡镇品牌家居配套产业园区，定期召开"品牌家居配套产业链对接会"，建立完善了品牌企业与本地配套企业的衔接机制，形成了"龙头带动、集群共进、链条完整、全民参与"的共赢发展新格局。

### 3. 公共平台建设情况

成立企业服务中心，有效推进行政体制改革，在主要职能部门选拔10个审批科长，代行局长审批权限，打破部门间职权壁垒，简化流程，全面降低企业办事成本，基本实现了两个"零见面"，即审批时不与部门见面，建设时不与群众见面。成立由县级领导牵头的重点项目服务组，实行"周例

恒大家居产业园

会、月通报、季观摩"制度,每个项目的时间节点都建立工作台账,实现从项目签约、征地拆迁、开工建设到投产达效全程跟踪服务,以实际工作推动项目建设,体现"兰考速度"。由国检集团投资建设具有国家级检测资质的"兰考家居建材检测中心"投入运营。

## 二、重点企业情况

兰考恒大家居产业园项目立足于"中国·兰考品牌家居产业基地"新定位,以股权投资的方式吸引曲美、索菲亚、喜临门、江山欧派、大自然、皮阿诺6家家居上市企业首批入驻,开启了"地产+家具+家电+建材+旅游"的跨界融合、全新的商业模式,为客户提供一站式的购买服务。项目远景:以家居文化为主题,以会展、配套、销售、产业服务为支撑,以休闲旅游为补充,将兰考家居文化全面融入其中,打造产业服务。

## 三、面临问题

2021年,突如其来的新冠肺炎疫情对家居行业冲击较大,消费停滞使得企业订单普遍下滑50%以上。在这样的大环境下,企业均处于自保状态。

近年来,按照习近平总书记提出的"把强县和富民统一起来"的总要求,兰考立足传统、锐意创新,在构建品牌家居产业体系这一细分领域取得成功,家居及木制品加工已成长为兰考县第一大产业,但产业的快速发展也对各方面配套措施提出了挑战,这也是兰考品牌家居产业体系必须弥补的短板。

## 四、发展规划

以"中国·兰考品牌家居产业基地"为定位,以恒大家居特色小镇为核心,打造品牌家居产业地标,坚持以品牌家居前三十强企业为重点,持续扩大品牌企业对上下游配套企业、乡镇特色专业园区、农村富余劳动力的带动效应，践行"创新、协调、绿色、开放、共享"的理念，构建集生产、研发、销售、培训、展示、物流于一体的全国最完整的品牌家居产业体系。全面叫响"品牌家居看兰考"的口号，让其根深蒂固于世人脑中，使其成为兰考除"焦裕禄精神"外的另一张城市名片。

同时，紧抓精装房地产的机遇，探索搭建全新的商业模式。以恒大家居产业园、万华禾香为核心，打造"一站式"互联网家装平台，贯彻"一箱货"就是"一个家"的理念，打通生产、运输、安装、维护、网络平台等各个环节，形成全国首个精装房地产配套"货仓"，进一步提高兰考品牌家居产业的核心竞争力。

# 中国家具设计与制造重镇、中国家具材料之都——龙江

## 一、基本概况

### 1. 地区基本情况

改革开放以来,龙江家具产业异军突起,先后获得"中国家具设计与制造重镇""中国家具材料之都""中国家具电子商务之都""国家市场采购贸易方式试点"。2017年以"家居名镇"入选佛山市首批特色小镇以及入选了广东省首批特色小镇示范点。

### 2. 行业发展情况

据不完全统计,扎根龙江镇的家具企业2300多家,原辅材料制造企业与销售商户超过7000家,从事家具制造及相关行业的从业人员达15多万人,龙江镇家具制造和材料交易的上下游产业链总产值和交易额达1000亿元。

### 3. 公共平台建设情况

近年来,龙江抢抓粤港澳大湾区建设和顺德建设高质量发展综合示范区的机遇,用心提升家具产业,重设计、造平台、强品牌、办展会,通过一系列平台建设工作推动龙江家具产业高质量发展,形成四大发展优势。

**全产业链优势**。龙江家具业已形成了以家具制造为龙头,集原材料供应、产品研发、产品销售、仓储物流、家具商贸等专业分工协作的生产和服务体系,拥有11个原辅材料交易市场,10里家居设计展贸长廊,5大电商产业园,超10万平方米物流园区,构成中国乃至全球最大、最为完善的家具产业链。

**会展经济优势**。龙江至今已成功举办41届国际"龙"家具展览会,是全国五大国际性专业家具展览之一,同时举办了31届亚洲国际家具材料博览会,每届吸引超10万海内外客商前来采购;举办了3届亚洲家具联合会年会暨亚洲家具发展与合作(龙江)峰会,1届亚洲家具联合会年会暨中国龙江家居设计峰会,促进了海外特别是东南亚买家与龙江镇家具原辅材料市场的对接。

**产业平台优势**。在龙江镇政府规划引导下,一批平台正在快速成型,支撑产业抱团发展。亚洲国际获批国家市场采购贸易方式试点;联塑领尚汇广场、顺德家具国际采购总部(利保中心)、广东世博汇、志豪家居总部等一批泛家居总部经济重点项目按计划推进;广东家居设计谷、龙江家具名优企业展示中心等产业平台顺利落地。龙江二桥沿线至前进汇展中心区域、长约3千米的现代家居城市客厅将打造成永不落幕的"龙家展"。

**家居设计优势**。成功举办8届龙家具国际设计大赛。广东家居设计谷打造成国内外知名家居设计产业集聚区,引入泛家居设计上下游企业52家,超500名设计师入驻,建立"百所设计高校联盟",与109家国内高校签订战略合作协议,目前园区专利申请及授权量超300项,为社会提供创新设计产品500余件。

## 二、2021年发展大事记

2021年,龙江镇大力推进家具产业全面振兴,落实龙江家具"振兴十条"和"扶强十条",取得了一定成效。

一是充分利用村级工业园改造释放的空间,优先供地给优质龙头家具企业,支持企业增资扩产。

目前已落户佛山市精一智能家居产业园、国为智能家具生产基地、凯的高端家具生产基地、美迎高品质家具生产基地、金富岛5个家具项目。另外，正对接一批成长性好、有上市意向的优质家具企业，将为其增资扩产提供重要发展载体平台，为龙江家具产业存量资源再创增量价值提供机遇。

二是支持家具龙头企业进行升级和股改上市，利用资本市场做优做强。建立了上市企业联盟，举办三场股改上市专题培训班（上交所专场、联塑专场2场），勉励企业努力向资本市场迈进。本年度龙江镇精一家具、志达精密管被认定为区上市后备企业，普瑞特机械已完成股改。库斯家居已与券商签约拟进行股改。

三是推动工业设计赋能制造企业，以设计引领家具行业迈向中高端。成立龙江镇推动家具设计和产业创新领导组，搭建企业创新平台、公共创新平台，全面推动家具设计和产业创新工作。成功举办第八届龙家具国际设计大赛，共征集作品2163件，评选出星锐奖获奖作品14件（于第41届龙家展举办期间进行打样展示）。支持广东家居设计谷打造成国内外知名家居设计产业集聚区。

四是擦亮龙江家具品牌形象，推动家具产业集群发展。"顺德家具"集体商标已正式通过国家知识产权局审核公示，顺德家具区域品牌进一步提升。结合龙家展20周年盛事成功举办"两展"，并于开幕式上进行家具企业上市联盟启动仪式及家具行业先进单位（个人）颁奖仪式。在广州家具展设立"顺德家具·龙江智造"主题宣传馆，进一步扩大龙江家具的区域实力。作为家具上下游全产业链最完善的地区，龙江镇正在申请成为世界家具产业集群。

五是加快推动家具产值的应统尽统，助力打造千亿家具产业集群。针对家具业产值"数难统"的问题，委托第三方机构建立产值预测模型，科学测算家具业产值，有力推动家具业产值的真实体现。目前已根据模型全面指导镇内规上企业进行规范化报数，推动家具行业统计数实现飞跃式增长，2021年规模以上家具企业产值210亿元，同比增长72%。

六是家具产业集群发展获行业协会充分肯定。龙江家具产业集群分别获得了中国轻工业联合会和中国家具协会颁发的轻工业先进产业集群、中国家具行业示范产业集群表彰，龙江镇政府获评为2021年中国家具产业集群共建先进单位，龙江镇经济发展办公室获评为中国轻工业产业集群管理服务先进单位，3家家具企业获中国家具协会表彰，其中志豪家具被评为领军企业和集群品牌企业，美神实业与前进家具被评为集群品牌企业。

# 中国特色定制家具产业基地——胜芳

## 一、基本概况

### 1. 地区基本情况

胜芳镇位于河北省霸州市,京津冀经济圈的中心地带,距离雄安新区直线距离仅40多千米,区域内高速铁路、高速公路、国省干道形成了6个"黄金十字交叉",京雄铁路、首都新机场南出口高速、津保高铁、津保高速、京津塘高速形成三大轴线,构成核心内三角。坐拥两大主轴的胜芳作为京南重要交通枢纽的地位日益得到提升。

2018年第十四届中国中小城市科学发展指数研究成果暨"2018全国综合实力千强镇"榜单发布的千强镇中,胜芳凭借产业富有特色、文化独具韵味、生态充满魅力、创新发展驱动力强等优势强势上榜,位列中国综合实力千强镇第155位,形成"胜芳特色定制家具产业发展新模式"。

在京津冀协同发展、深入实施雄安新区快速发展的大背景下,胜芳将主动适应经济发展新重担,全力建设京津雄节点城市,打造科技成果转移转化先行区、传统产业转型升级引领区、临京区域产业发展协作区,在对接京津、服务雄安中实现高质量发展。

### 2. 行业发展情况

2021年在疫情防控常态化之下,中国和世界经济持续复苏,消费需求出现增长,家具企业生产和经营也迎来快速恢复和增长。但由于原材料及人工成本上涨、全球集装箱短缺等困境接连出现,家具企业遭遇巨大考验,出口利润明显下降。上游成本的增加,最终也传导至终端消费市场,一些大型企业和知名品牌通过提高售价应对成本上涨的压力。

2021年的家具行业机遇与挑战并存,各家具企业都在努力寻找新的增长点,胜芳特色定制家具产业在胜芳家具行业协会的主导下,在中国胜芳全球特色家具国际博览中心的龙头带领下,及时抓住机遇,积极迎接挑战。胜芳特色定制家具产业协调区域内产业资源统筹优化,打破内部竞争的壁垒,整合产业基地优势,打造出胜芳特色定制家具品牌优质的声誉,凭借胜芳特色定制家具独有的优势,在国际市场同类产品中,占据全球特色定制家具品类65%的市场份额,年销售额占到国内同类市场的70%。

2019—2021年胜芳家具行业发展情况汇总表(生产型)

| 主要指标 | 2021年 | 2020年 | 2019年 |
| --- | --- | --- | --- |
| 企业数量(个) | 3744 | 3671 | 3641 |
| 规模以上企业数量(个) | 3524 | 3455 | 3428 |
| 工业总产值(万元) | 6418300 | 6386300 | 6383100 |
| 主营业务收入(万元) | 4649700 | 4626400 | 4624400 |
| 出口值(万美元) | 366100 | 365300 | 365100 |
| 内销额(万元) | 535100 | 533500 | 533200 |
| 家具产量(万件) | 12317 | 12195 | 12099 |

2019—2021年胜芳家具行业发展情况汇总表(流通型)

| 主要指标 | 2021年 | 2020年 | 2019年 |
| --- | --- | --- | --- |
| 商场销售总面积(万平方米) | 55 | 55 | 55 |
| 商场数量(个) | 6 | 6 | 6 |
| 入驻品牌数量(个) | 3097 | 3066 | 3042 |
| 销售额(万元) | 5956700 | 5945900 | 5942900 |
| 家具销量(万件) | 11267 | 11156 | 11067 |

2019—2021年胜芳家具行业发展情况汇总表（产业园）

| 主要指标 | 2021年 | 2020年 | 2019年 |
| --- | --- | --- | --- |
| 园区规划面积（万平方米） | 3000 | 3000 | 3000 |
| 已投产面积（万平方米） | 2100 | 2100 | 2100 |
| 入驻企业数量（个） | 1575 | 1560 | 1552 |
| 家具生产企业数量（个） | 1389 | 1376 | 1365 |
| 配套产业企业数量（个） | 140 | 137 | 137 |
| 工业总产值（万元） | 4021000 | 4014000 | 4012000 |
| 出口值（万美元） | 134420 | 134134 | 134067 |
| 内销额（万元） | 2754500 | 2752700 | 2751300 |
| 家具产量（万件） | 3183 | 3149 | 3124 |

### 3. 公共平台建设情况

2021年，胜芳继续实施加快推动特色定制家具产业上档升级，加强产业集群建设的战略，做好集群布局规划，促进家具产业链闭环形成，加强与高等院校、咨询等专业机构的合作，坚持做好公共服务平台建设，提供设计研发、质量检测、电子商务、培训教育、贸易对接等多项服务。

在这期间，中国胜芳全球特色家具国际博览中心起到了主导性作用。作为总投资11亿元，占地650亩，建筑面积100余万平方米的全球最大最强的特色定制家具类单体卖场，博览中心依托雄厚的产业基地、自身庞大的规模体量以及辐射全球的营销网络，打通了家具产品上下游的联通环节，从而一举实现了从钢铁冶炼—轧板—制管—玻璃生产—石材、面料加工—机塑配件—家具制造—物流配送系列化分工、专业化合作的完整产业链。本着"打造全球平台，塑造国际品牌"的宗旨，博览中心将发展成一座集市场交易、商务会展、科研开发、信息交流、物流配送于一体的综合性平台。

## 二、重点企业情况

胜芳家具在胜芳家具行业协会的促进下，以中国胜芳全球特色家具国际博览中心为核心，家具产业上下游企业联动，打造胜芳家具品牌，打开国际市场，形成稳固的产业集群。胜芳家具企业参加全国性、国际性家具展会，截至2021年参加各类展会企业达3500多个，在中国胜芳全球特色家具国际博览中心的引导下，胜芳各大家具企业在中国家具行业中脱颖而出，具有"三强家具""永生家具""宏江家具"等一批国内知名家具企业和60多个省级著名商标。常年参加展会为各大企业赢得世界各地的好评和广大客户的认可，受到更多地区展会的邀请和客户的关注。不仅提升了胜芳家具的品牌价值，同时使家具行业总产值实现快速增长，2021年胜芳家具总产值突破820多亿元。

中国胜芳全球特色家具国际博览中心是中国特色定制家具采购总部基地，也是全球最大的以特色定制家具为主体的单体卖场。凭借公司全体员工积极进取的精神和广大商户的鼎力支持，中国胜芳全球特色家具国际博览中心不断发展壮大，现卖场已入驻国内3000多家企业，年销售额接近600多亿元。经营产品品类丰富，包括民用家具、酒店家具、校用家具、办公家具、户外家具、会所家具、医护家具、定制家具八大品类的8万多种单品样式，及各类家具生产设备及配件辅料等。

## 三、2021年发展大事记

12月29日，在中国家具协会主办的中国家具产业集聚大会暨中国家具协会第七届二次理事会上，胜芳获得由中国家具协会颁发的"2021中国家具行业示范产业集群"荣誉称号。

胜芳荣获"2021中国家具行业示范产业集群"称号

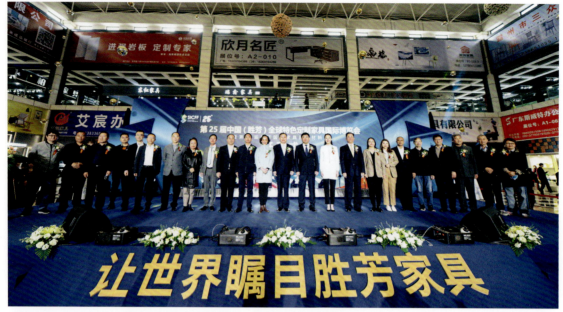

第二十五届中国（胜芳）特色家具国际博览会暨第十二届胜芳国际家具原辅材料展

## 四、2021 年重点活动

4月8日，第二十五届中国（胜芳）特色家具国际博览会暨第十二届胜芳国际家具原辅材料展盛大召开，展会覆盖 120 多个国家和地区，参展企业超过 2600 余家，来自世界各地的采购商 18 万人。本届展会采购商人数突破历史最好成绩，胜芳特色家具展真正成为国内乃至全球家具行业的一流展会。第 25 届展会的成功举办，给在新冠肺炎疫情影响下忐忑不安的参展商、采购商打了一针强心剂，坚定了他们对市场的信心。本次展会从办展模式上进行颠覆式的革新，一举把胜芳展从传统贸易型展会提升为与国际接轨的专业化规模展会，"艺术搭台，产品唱戏"，打造沉浸式展会，开启胜芳艺术办展先河。

9月16日，第二十六届中国（胜芳）特色家具国际博览会暨第十三届胜芳国际家具原辅材料展盛大开幕。本届是最具突破性、创新性的一届展会，获得行业领导和嘉宾的认同，展出总面积达 55 万平方米，吸引了 2200 余家商户，参展人数之多，产品之新，形式之丰，让人目不暇接。本届展会的成功举办，让胜芳特色家具展这个平台开始真正摆脱对产业依赖，利用平台自身的影响力，反向促进和推动胜芳乃至全国的特色家具产业进行转型升级。

# 中国金属家具产业基地——樟树

## 一、基本概况

### 1. 地区基本情况

江西省樟树市2021年实现地区生产总值409.2亿元,增长9%;完成财政总收入69.6亿元,增长10.8%;规上工业增加值增长11.7%;固定资产投资增长11.6%,其中工业投资196.5亿元,增长16.9%;实现社会消费品零售总额131.7亿元,增长17.7%;城镇居民人均可支配收入43288元,增长9.2%;农村居民人均可支配收入21454元,增长8%。连续6年跻身全国县域经济与县域综合发展百强县,位列第56位,较2020年前移13位;获评全国投资潜力百强县市,全国绿色发展百强县市,全国新型城镇化质量百强县市。

### 2. 行业发展情况

樟树市委、市政府高度重视金属家具产业发展,出台行业创新发展奖补政策,以补高位推进产业发展,实现了传统技术装备向智能化装备和传统管理模式向现代信息化管理方向的蜕变。行业企业创新管理水平突显。行业企业获批各类专利证书1451个,包括发明专利84个,实用型专利674个,外观专利196个,计算机软件著作证书451个,软件产品登记证书9个;名牌产品85个,包括中国名牌产品1个,省名牌产品84个;著名商标23个,包括中国驰名商标5个,江西省著名商标17个;技术平台11个,包括省级技术研发中心1个,技术中心7个,博士后工作流动站3个;高新技术企业21个;知识产权认证企业21个;国家知识产权优势企业4个;国家专精特新"小巨人"企业4家;省级专精特新"小巨人"企业19家;省级专业化"小

2019—2021年樟树家具行业发展情况汇总表

| 主要指标 | 2021年 | 2020年 | 2019年 |
| --- | --- | --- | --- |
| 企业数量(个) | 85 | 70 | 67 |
| 规模以上企业数量(个) | 52 | 52 | 48 |
| 工业总产值(亿元) | 350.3 | 300.6 | 260.3 |
| 主营业务收入(亿元) | 352.6 | 301.7 | 261.3 |
| 利税(亿元) | 21.2 | 17.96 | 15.51 |
| 出口值(万美元) | 2000 | 700 | 1952 |

资料来源:樟树市工业和信息化局、樟树市商务局。

巨人"企业6家;30家企业108个产品参与对标达标行动。

2019—2021年,行业企业大力实施管理创新、技术创新、营销创新,经济效益稳中有升。

### 3. 公共平台建设情况

行业产品公共检测平台建设,已完成立项及可行性调研报告,预计2022年落地投入使用,解决企业到外送检耗时长、费用高等制约企业发展步伐的痛点问题。

## 二、重点企业情况

产业优化升级全面行动,高质量技术改造传统产业。一是加大智能设备投入,实施"机器换人",建设智能化生产线、数字化车间、智能工厂;二是数字化控制技术在各类装备上应用;三是科研院所与智能装备应用企业协同创新,转型升级水平全面提升。

江西金虎保险设备集团有限公司、江西远大保险设备实业集团有限公司、江西远洋保险设备实业集团有限公司、江西卓尔金属设备集团有限公司、江西阳光安全设备集团有限公司、江西光正金属设备集团有限公司等重点企业，率先投入巨额资金进行智能化技术装备改造，建设智能化生产线、数字化车间、智能工厂、技术研发平台、营销创新平台，装备数控化研发和制造水平全面提升，劳动生产率和安全生产率全面提高；绿色技术创新、绿色工艺技术在各装备上应用，性能结构优化，资源利用效率逐步提高；产品结构和质量优化升级：为行业内创新发展起到了示范推广作用。目前行业企业创新发展的热情高涨，为地方经济和社会发展做出了积极贡献。

## 三、2021年发展大事记

### 1. 转型升级，政策扶持

樟树市委、市政府高度重视科技兴企、质量兴企、质量强市，构建高质量、高标准、高科技现代产业体系，坚持以补促进，出台完善机器换人、招才引智、研发、项目、品牌、成果、建站、技能人才、创新平台、数字化转型改造、信贷、标准建设等25项奖励、补助政策等。2021年，樟树市金属家具行业企业享受政府各类扶持资金合计在6000万元以上，有力提高了行业企业创新发展的积极性和创造性，提升了行业转型升级质量。

### 2. 行业标准建设

在金属家具产业转型升级，赶超国内和世界先进水平的大背景下，樟树市金属家具产业面临着从大到强、打造产业高地的新使命和巨大挑战。为促进金属家具行业创新成果转化为技术标准，樟树市金属家具行业协会向国家技术标准创新基地（江西绿色生态）筹建办申报筹建国家技术标准创新基地（江西绿色生态金属家具中心），2021年9月26日经国家技术标准创新基地（江西绿色生态）筹建办批准同意筹建。中心成立后，将与江西省质量和标准化研究院、江西省产品质量检测院和国内高等院校等专业机构合作，加强金属家具及配套产品标准研究，金属家具及配套产品理化性能、力学性能、安全环保性能等检测方法标准研究，金属家具及配套产品生产流通过程管理标准研究。研发目标：完成金属家具领域4项江西绿色生态团体标准的制定，协助主管部门开展3～5个江西绿色生态品牌认证等工作。

## 四、2021年重要活动

5月6日，樟树市金属家具行业协会组织行业企业董事长、销售部长、销售员举办营销业务、法律法规、税收政策知识培训班，为提高行业企业依法经营和营销业务能力起到积极作用。

6月23日，樟树市金属家具行业协会组织全行业质量标准负责人，举办企业标准化良好行为评价工作业务培训班，为行业企业运用标准化系统理论和方法建立标准体系，提升标准化基础水平，助力樟树市金属家具企业高质量发展奠定了坚实的基础。

樟树市金属家具行业销售精英培训班

企业标准化良好行为评价工作业务培训班

# 中国软体家具产业基地——周村

## 一、基本概况

### 1. 地区基本情况

周村，素有"天下第一村"之称，是著名的鲁商发源地，也是一座历史悠久又充满活力的现代化工商业城市。周村地处鲁中腹地，是连接省会经济圈和半岛城市经济圈的重要枢纽，同时也处在京沪、京福快速通道的辐射半径范围之内，西距省会济南100千米，距济南空港80千米，东至青岛220千米，到青岛海港、空港均在3小时车程范围。北到天津、北京分别为300千米、360千米，车程约为4～5小时，南到南京、上海、杭州分别为630千米、860千米、875千米，车程在7～9小时之内。境内有胶济铁路、国道309、国道205、济青高速、滨莱高速以及S102、S325、S246三条省道，周村区公路通车里程达311千米。

### 2. 行业发展情况

2014年，全区实现生产总值297.8亿元，三次产业比例为3.1∶48.8∶48.1，公共财政预算收入完成15.24亿元，规模以上固定资产投资完成239.4亿元。全区城镇居民、农村居民人均纯收入达到29481元、15060元。周村工业初步形成丝绸纺织、机电设备、轻钢结构、精细化工、耐火材料、沙发家具六大支柱产业。服务业繁荣发展，鲁中商贸物流集中区初具规模，沙发家具、不锈钢、轻纺、汽车四大专业市场年交易额突破260亿元。其中软体家具流通市场在全国同行业中名列前茅。随着红星美凯龙国际家居博览中心项目、山东五洲国际家居博览中心、山东寰美家居广场等项目的投入使用，市场面积达到120万平方米以上，年交易额突破160亿元。

### 3. 公共平台建设情况

"中国（周村）家居采购节暨原辅材料展"是周村家具行业每年一次的重要展会，主要面向全国二、三、四线城市家居商场经销商和家具工厂企业。从2015年8月首届家居采购节2000多人来周采购

2019—2021年周村家具行业发展情况汇总表（生产型）

| 主要指标 | 2021年 | 2020年 | 2019年 |
| --- | --- | --- | --- |
| 企业数量（个） | 2150 | 2120 | 2100 |
| 规模以上企业数量（个） | 32 | 30 | 30 |
| 工业总产值（亿元） | 172 | 168 | 160 |
| 主营业务收入（万元） | 450 | 400 | 320 |
| 出口值（万美元） | 20000 | 18000 | 17000 |
| 内销额（亿元） | 172 | 160 | 156 |
| 家具产量（万件） | 115 | 108 | 110 |

2019—2021年周村家具行业发展情况汇总表（流通型）

| 主要指标 | 2021年 | 2020年 | 2019年 |
| --- | --- | --- | --- |
| 商场销售总面积（万平方米） | 165 | 165 | 160 |
| 商场数量（个） | 24 | 24 | 23 |
| 入驻品牌数量（个） | 4100 | 4100 | 4000 |
| 销售额（亿元） | 350 | 320 | 300 |
| 家具销量（万件） | 730 | 680 | 600 |

2019—2021年周村家具行业发展情况汇总表（产业园）

| 主要指标 | 2021年 | 2020年 |
| --- | --- | --- |
| 园区规划面积（万平方米） | 74 | 74 |
| 已投产面积（万平方米） | 74 | 74 |
| 入驻企业数量（个） | 15 | 9 |
| 家具生产企业数量（个） | 15 | 9 |
| 工业总产值（万元） | 75000 | 41000 |
| 主营业务收入（万元） | 150 | 96 |
| 内销额（亿元） | 67 | 52 |
| 家具产量（万件） | 180 | 120 |

到2020年9月第五届采购节来周人流量近2万人次，周村家具展会以裂变的方式被更多业内人士所知晓。2021年3月25—28日，"嘉月杯"中国（周村）第七届家居采购节落下帷幕。本届展会室内展览面积达120万平方米，室外展览面积9000平方米。热情欢迎全国各地经销商、采购商前来参观采购。据统计本届展会参观采购人数超过2万人次，再次刷新周村家居采购节新高度。

## 二、重点企业情况

### 1. 山东凤阳集团

公司成立于1962年，现为中国家具协会副理事长单位、周村区家具产业联合会名誉会长单位，是中国软体家具特大型骨干企业、中国驰名商标，生产能力为年产床垫20万件，年实现销售收入28亿元。

### 2. 山东蓝天家具

公司成立于1986年，经过30多年的高速发展，已成为集沙发、软床、床垫设计研发、生产销售及售后服务为一体的大型家居企业，是目前国内最大的高档软体家居专业制造商之一。建设面积20万平方米的工业园，生产能力为年产家具10万件，年实现销售收入25亿元。产品销售、服务网络覆盖全国各地，同时出口欧美、中东、东南亚等40多个国家和地区。

### 3. 山东福王家具有限公司

公司成立于1988年，现有员工800余人，其中专业技术人员560人，高级管理人员30人，引进德国进口的先进生产设备，现代化工业厂房6万平方米，拥有11000平方米的福王家居广场和15000平方米的福王红木博物馆。经过二十几年的发展，公司已从一个几十人的小公司发展成为目前在省内家具行业综合实力排名前五位的中型企业，生产能力为年产家具12万件，年实现收入26亿元。2003年以来"福王"商标连续3届被评为"山东省著名商标"，2012年荣获"中国驰名商标"、中国环境标志产品认证、中国红木家具标准起草单位、国务院发展研究中心资源与环境研究所重点跟踪扶持单位、山东省守合同重信用企业、山东省林业产业龙头企业、山东省家具协会红木专业委员会会长单位、山东省消费者满意单位、山东博物馆木质文物修复基地。

## 三、2021年发展大事记

### 1. 2021中国（周村）品牌评选颁奖仪式

3月25日，以"匠心独具·品质周村"为主题的"嘉月杯"第7届中国（周村）家居采购节暨原辅材料展在山东盛和国际家居广场隆重开幕。由周村区政府的领导及嘉宾，各地市家具协会的领导，部分论坛嘉宾，荣获2021中国（周村）品牌代表、采购商代表、联合会理事以上单位，国内行业媒体出席本次开幕式。开幕式现场同期举办了2021中国（周村）品牌评选的颁奖仪式，共计48个品牌荣获奖项，对于周村家居品牌的宣传推广具有重大推动作用，同时也提升了周村家具行业整体素质和竞争力，促进周村家具市场的健康有序发展。

### 2. 2021中国（周村）首届软体家居设计展

设计展于6月18日盛大开幕，本届展会以"新材料·新设计·新趋势·新应用"为主题，旨在发挥"周村——中国软体家具产业基地"集聚优势，带动北方家具材料市场发展，促进周村家具产业与原辅材料供应链同步发展。此次展会是周村首次将原辅材料企业与家具企业直接对接的合作平台，参展企业共计 14 家，包括广周皮革布艺、满堂红布艺、华达布艺、友谊布艺、曙光商标、盛达沙发材料、菲凡布艺、鑫同泰棉业、凯达布艺、桂芳商行、胜东五金、九点九家居材料、木纹摄影、春磊商行等众多高端品牌原辅材料企业，各企业均推出今年夏季最新产品，吸引了湖北、杭州、河北、河南、滨州等全国各地知名企业前来参观、商洽。

## 四、2021 年重点活动

1. 2021 年中国（周村）第七届家居采购节暨原辅材料展

本次展会以"匠心独具、品质周村"为主题，以品牌多元化升级为着力点，以满足多层次消费需求为着眼点，融入"大家居"概念，同期举办第六届中国软体家具创新发展论坛，行业嘉宾与营销大咖共谋周村家具产业创新发展之路；第三届大学生软体家具设计大赛，为校企建立深度合作铺垫基石；第三届山东省内品牌家具推荐会，邀请山东内代表性家企业及家居零售企业为其搭建合作平台。

2. 软体论坛

3 月 25 日第六届中国软体家具创新发展论坛在红星美凯龙成功举办。此次论坛的主题为：设计引领未来，渠道多元重塑。论坛现场特邀两位行业营销讲师大咖为家居终端细拆营销结构、梳理营销逻辑，从终端开发、业绩提升，到产品定位、竞争分析、销售新思路为广大从业者提供精准营销方案。

3. 设计大赛

"嘉月杯"第三届大学生软体家具设计大奖赛共收到来自全国 26 个大专院校的 486 份参展作品，最终经专家评委的专业、公平评审，共选出金奖作品 1 个、银奖作品 2 个、铜奖作品 2 个、优秀作品 10 个。本届大赛还增设了赛事 LOGO 设计奖、最佳配色、最佳配套奖项，论坛现场并对获奖作品作者、优秀指导老师、优秀组织院校等进行了现场表彰和颁奖。

4. 品牌推荐会

2021 年山东家具品牌推介会在齐悦国际酒店召开，来自省内各大家居卖场负责人及家具企业等生产企业代表 70 余人参加了本次推介会，会议由山东省家具协会副会长兼秘书长韩庆生主持。推介会上，企业家代表们踊跃发言，对各自企业的发展情况、企业文化及未来发展规划做了详细的介绍，流通商城与生产企业分别在信息沟通、战略合作和品牌升级等方面进行了意见沟通交流与深入探讨，并现场交换联系方式。本次推介会在生产企业品牌扩张和流通商城招商布局上均起了积极性的推动作用，进一步加深了生产企业与流通企业的直接沟通与交流，加速了山东家具企业的品牌推广和市场升级的步伐。

综合产区

# 中国校具生产基地——南城

## 一、基本概况

### 1. 地区基本情况

南城县位于江西省东部、抚州市中部，县域面积1698平方千米，辖10乡镇2乡150行政村，总人口35万人。近些年来，南城县委县政府把校具产业列入全县三大主攻产业之一，创新发展理念，助力南城教育装备（校具）产业跨入新高地。南城校具产业有30多年的历史，先后经历了从木匠维修向家庭作坊转变，从家庭作坊向小微企业转型，从小微企业向现代化企业升级，闯出了一条立足南城、面向全国的校具产业发展之路，2015年被评为"中国校具生产基地"。

### 2. 行业发展情况

目前，南城县校具企业共有350家，规上企业48家，从业人员60000余人，销售人员6000余人。校具产品畅销江苏、浙江、湖南、湖北、上海、河南、福建、广东、海南、新疆、广西等20多个省（自治区、直辖市）以及东南亚、欧洲、非洲等国家和地区。2020年实现产值161.2亿元，创税1.69亿元；2021年实现产值177亿元，创税1.8亿元，校具占全国同类产品市场份额的三分之一。

为破解企业小而散、产品单一、科技含量低、同质化严重、附加值不高等制约因素，按照"众创业、个升企、企入规、规转股、扶上市、育龙头、聚集群"的思路，南城县委县政府再次吹响了产业转型升级的集结号。围绕打造"校具百亿产业""全国教育装备产业基地""国家级小微企业创业创新示范基地"等目标，开拓创新，制定了加快南城校具产业发展的宏伟蓝图，编制了《校具产业发展规划》和《校具产业转型升级实施意见》，并于2021年3月专门印发了《关于推进南城县教育装备（校具）产业聚集区发展实施意见》，提出建设标准化、经营集团化、产品智能化、产业集聚化的要求，突出党建引领，科技赋能，推动传统校具产业转型升级。

**建设标准化。** 采取统一规划，统一设计，统一管理的模式，用足用活返乡创业政策，采取PPP模式，融资15.8亿元，高标准打造1500亩教育装备产业园、南区1320亩生产区，规划建设标准厂房140万平方米，已建成72万平方米，企业入驻率100%；北区180亩科创城，包括产业总部、研发设计、展示展销、检测检验、仓储物流等配套设施。为使标准厂房能更好地满足落户企业的要求，采取高起点、高标准地为教育装备企业量身定做。

**经营集团化。** 按照"入园必升规"原则，严把入园门槛，量化产值税收，推动企业更新自动化生产设备，提升企业创新能力，引导现有企业整合重组抱团发展，培育龙头企业，提升企业市场竞争力。目前，全县有70家企业抱团成立了17个教育装备集团。为了使现有校具企业加大研发和设备投入，降低生产成本，消除同质化竞争，引导校具企业进行抱团发展，按照南城县委县政府《校具产业转型升级实施意见》的要求，成立集团公司的教育装备企业才可入驻产业园。目前，有两批共26家企业组建的7个集团公司已入驻校具产业园，现园外企业纷纷抱团组建集团公司准备第三批入驻产业园发展。

**产品智能化。** 引导现有企业与现代科技深度融合，创新产品研发设计，推动校具产业向个性化、智能化的教育装备转型。通过招商引资，吸引了一批全国知名的教育装备企业来南城考察了解，湖南奥港模科、山东海声音、深圳必达等一批知名教育装备企业落户南城，产业链向模科智能教育产品、实验器材、AR/VR智能教具、3D打印和智慧校园产品等方面延伸，提升了南城教育装备产品智能化水平，并力推了南城校具产业的转型升级。

**产业集群化**。通过连续2年承办江西省教育装备展示会，不断扩大南城校具的影响力，积极引进教育装备上下游企业，不断强链、延链、补链，实现产业集聚，突出"互联网+"，提供数字化服务，一批高新技术企业向南城校具产业园区集聚，依托中欧班列，融入"一带一路"，对接国际市场。同时，积极向上省有关部门申报南城校具区域性品牌，并于2021年3月启动了"南城校具产业集群品牌建设项目"，邀请广州宏效企业管理咨询有限公司对南城校具"区域品牌建设"进行策划、培训、宣传，力争将南城校具产业园打造成全省乃至全国有影响、产城高度融合的城市经济综合体，具有区域品牌的南城名片。

### 3. 公共平台建设情况

高标准规划建设了1500亩校具产业园和校具产业科创园，为企业"量身定做"140万平方米标准厂房，实现企业"拎包入住"；校具产业科创园集总部综合大楼、校具商贸城、物流供应链区位一体，突出"互联网+"，建设产品研发、检验检测、公共服务、信息交互等"十大中心""七大平台"。开设了向莆铁路货运，筹建赣东南木材交易市场，实现进口木材与校具产品双向对流，带动南城校具走出国门。

## 二、2021年发展大事记

1月，编制了《南城教育装备（产业）校具产业发展规划》。

3月，南城县委县政府制定并印发了《关于推进南城县教育装备（校具）产业聚集区发展实施意见》，就加快建设教育装备产业聚集区的发展目标、工作措施（聚集区的科学规划、建厂要求、财政支持、税收支持、用地保障、金融扶持等方面）及保障措施进行了明确规定。同月，南城县委县政府制定并下发了《关于促进教育装备（校具）产业提速进位、争创一流、三年倍增若干措施》文件，为进一步推进教育装备企业做大做强，推进产业转型升级、加快发展，在扶持对象、扶持措施、财政激励等方面提出了明确目标和要求。同时，制定了《南城县教育装备产业（校具）产业转型升级实施意见》，出台了一系列政策措施，在厂房、税收、品牌创建、技术创新、金融信贷、财政奖励等方面明确政策扶持。

## 三、2021年重点活动

3月，启动了"南城校具产业集群品牌建设项目"，培育一大批教育装备生产龙头企业，努力将南城校具打造成全省乃至全国具有区域品牌的"南城校具"名片。

11月26—28日，集群承办了江西教育装备展示会，南城各校具企业众多高品质宿舍家具课桌椅等智能教学设备竞争亮相。同时，借助承办"江西省教育装备展示会"平台，南城县委县政府积极组织各类招商活动，推介、宣传南城教育装备产业发展蓝图。展会的成功举办，扩大了南城校具行业的影响力和知名度。

# PART 8

# 行业展会 Industry Exhibition

# 2021年国内外家具及原辅材料设备展会一览表

| 举办时间 | 展览名称 | 地点 | 展会介绍 |
| --- | --- | --- | --- |
| 3月8—12日 | 马来西亚国际家具展第二届MIFF Furniverse | 线上展会 | 因全球新冠肺炎疫情影响,MIFF举行第二届MIFF Furniverse线上展会。70家参展商,100个国家和地区的约1200名专业买家已登记参与,包括大批来自北美、非洲和东欧地区的众多买家,当然更少不了来自亚太地区的MIFF传统买家 |
| 3月15—19日 | 国际名家具(东莞)展览会 | 广东现代国际展览中心 | 国际名家具(东莞)展览会于1999年3月创办,是中国家居行业久负盛名的国际性品牌大展,也是全球闻名的东莞名片以及东莞会展经济的火车头。经过22年的大力发展,名家具展从最初的4万平方米,逐步扩大到现在的77万平方米规模,展览内容也经历了从单品家具到软装饰品、材料辅料再到设计选材、整装定制等全产业链集中亮相,吸引了来自全国各地家具产业基地的品牌参展 |
| 3月16—19日 | 第40届国际龙家具展览会暨第30届亚洲国际家具材料博览会 | 前进汇展中心、亚洲国际家具材料交易中心、玛奥汇展、米兰汇家居展贸中心、世博汇 | 本届龙家展采用五大展馆联展,线上线下联动的创新模式。整体规模25000平方米,参展企业120家,4天展期共接待专业观众约6万人。展馆设"都市家居&睡眠主题馆""实木家具与新中式品牌馆""极简轻奢&两厅生活馆""智慧新零售综合馆"等4大展馆8个展区 |
| 3月17—21日 | 2021深圳时尚家居设计周 | 深圳国际会展中心 | 作为中国家具行业成功的商业展,坚持"设计导向、潮流引领、持续创新",以设计为纽带,与城市文化共融的深圳国际家具展,日益成为家具和设计界认识深圳的窗口,也成为"国际设计资源与中国制造连接"及"中国制造寻找国际、国内市场"的平台 |
| 3月18—21日<br>3月28—31日 | 第47届中国(广州)家具博览会 | 广交会展馆、广州保利世贸展馆 | 中国对外贸易中心集团旗下中国(广州/上海)国际家具博览会(简称"中国家博会")创办于1998年,每年3月在广州琶洲举办,有效辐射珠三角和长三角两大最具活力经济圈。中国家博会(广州)是全球规模、品质和影响力首屈一指,目前全球唯一以全题材、全产业链为鲜明特色的大家居博览会,覆盖民用家具、饰品家纺、户外家具、办公商用及酒店家具、家具生产设备及配件辅料等。第47届中国(广州)家博会围绕十二字新定位,以"促进家居行业传统消费升级、服务构建新发展格局"为主题,展览规模约75万平方米,参展企业近4000家,到会专业观众人数357809人,同比增长20.17%,充分发挥全产业链、全渠道资源整合能力,为促进行业和企业后疫情时代高质量发展积极赋能 |

续表

| 举办时间 | 展览名称 | 地点 | 展会介绍 |
| --- | --- | --- | --- |
| 4月8—11日 | 第25届中国（胜芳）全球家博会 | 胜芳国际家具博览中心 | 展览面积超53万平方米，共展出8大品类8万多种单品样式，从成品家具到原辅料、家具生产设备、配件辅料等，涵盖全题材、全产业链，2600余家参展商纷纷推出新产品、新设计，入馆人数约30万人 |
| 4月11—15日<br>8月22—26日 | 美国拉斯维加斯家具及家居装饰展览会 | 美国拉斯维加斯会展中心 | 美国拉斯维加斯家具及家居装饰展览会是为美国家具市场所筹办的专业国际展览会，它为参展商提供展示品牌的优质展览场所，提供最佳的服务给来自美国、加拿大、中美洲及南美洲的专业买家。展会宗旨是为家居装修、装饰和礼品业搭建一个具有创新性、可持续性、可盈利性和规模灵活性的展销平台 |
| 4月28日—<br>5月4日 | 中国（赣州）第八届家具产业博览会 | 南康家居小镇、南康区家具城 | 本届家博会集中展示展览时间为4月28日—5月4日，为期7天。主会场设在南康家居小镇，分会场设在南康约300万平方米的家具城线下市场，同时开设线上专场。其间，举办13场精彩活动，展示从原材料到研发设计、智能设备、生产制造、家具产品、销售流通等的全产业链发展成果，旨在进一步把家博会打造成为行业盛会、文化盛会、全民盛会 |
| 5月13—16日 | 18届青岛国际家具展 | 青岛红岛国际会议展览中心 | 一直以来，青岛国际家具展秉承全产业链展示的特色，经过十余年积累发展，成为了包含实木家具、软体家具、定制家具、实木半成品家具、木工机械、原辅材料等产业链上下游内容、规模宏大的行业盛会，并且各个展示门类自成规模，各具特色，为整个家具产业全链条的升级发展提供系统化、一站式解决方案 |
| 5月21—23日 | 2021西安国际家具博览会 | 西安国际会展中心2、4、6馆 | 第二十届西安国际家具博览会经过19年的成功运作，上届展会展出面积近50000平方米，参展品牌400多个，上下全产业链齐发声，供销两旺，媒体聚焦，专业观众比例超六成，更有各地家具商协会组团参展、参观。本届家具展将围绕"搭建以西安为中心的中西部家居产业渠道营销平台、产业链供应平台、家居生活方式推广平台、大众体验消费平台"的核心目标，进一步确立核心内容的组织，不断强化家具产业高品质发展的促进和牵引作用；突出提升展会的大产业合作和大市场服务的平台功能，坚持"专业化、市场化、规范化、精品化"的办展方针，不断提升家居供应资源组织力度和参会商家的邀请与服务力度，打造国内知名会展品牌 |
| 5月31日—<br>6月2日 | 阿联酋迪拜家具展览会 | 阿联酋迪拜世界贸易中心 | 阿联酋迪拜家具展览会（INDEX）是中东地区最大、最专业的高端家具展会，由世界著名展览公司DMG打造，由于迪拜政府致力于将迪拜打造成国际化都市，其居民住房、商业写字楼数量逐年递增。阿联酋迪拜家具展览会INDEX每年吸引数以千计的家具制造商、贸易商参展 |
| 6月5—9日<br>10月16—20日 | 美国高点春季/秋季家具及家居装饰展览会 | 美国高点家居会展中心 | 美国高点展始于1913年，每年两届。每一届都会吸引来自世界各地110个国家和50个地区，超过2000家的家居进口商、代理商、批发商及其零售商参展，为了进一步扩大展会影响，吸引更多买家到场，高点展主办方每年都会创新推广方式。主办方将参展所有企业的名录用5种语言编制成册，并印刷发送到几万名现有的与潜在的买家手中 |
| 6月17—20日 | 第13届苏州家具展览会 | 苏州国际博览中心 | 本届展会共设有9大展区、汇聚600+实力品牌，组成豪华品牌矩阵，全面覆盖各类风格套房品牌、沙发软体、睡眠家居、单品办公家具、组合办公空间、小件家具、原辅材料、五金配件、休闲卫浴等品类，现代、轻奢、中式、极简各类风格争奇斗艳，带来不同的感官效果 |

续表

| 举办时间 | 展览名称 | 地点 | 展会介绍 |
|---|---|---|---|
| 6月30日—7月3日 | 2021成都国际家居生活展览会 | 成都世纪城新国际会展中心 | 本届展会以"见生活，见美好"为主题，展览面积近10万平方米，云集1000余家全国知名家居品牌，吸引超过20万采购商、经销商、设计师等专业观众群体到场。各大星品牌齐聚，其中来自软体、两厅领域的新锐品牌慕百合家居，凭借时尚、新潮、舒适、耐用、健康环保等特点，开展当天受到经销商热情追捧，闪耀全场 |
| 7月14—16日 | 2021国际绿色建筑建材（上海）博览会 | 上海新国际博览中心 | 展会围绕绿色建筑理念、技术和经验，促进绿色建筑建材新技术、新产品、新材料、新工艺的应用目的，顺应绿色、生态、健康、舒适的建材发展趋势，全面贯彻党的十九大报告所提出的关于"加快生态文明体制改革，建设美丽中国"的方针政策 |
| 7月14—17日 | 澳大利亚墨尔本室内装饰展览会 | 澳大利亚墨尔本会议会展中心 | 澳大利亚墨尔本室内装饰展（Decor Design Show）总面积23000平方米，参展企业415家，来自中国、日本、韩国、美国、巴西、德国、俄罗斯、迪拜、印度、新西兰等，参展人数达16890人 |
| 7月20—23日 | 第23届中国建博会（广州） | 广交会展馆、广州保利世贸展馆 | 第23届中国建博会（广州）以"建装理想家，服务新格局"为主题，展览面积近40万平方米，规模在同年有计划举办的全国乃至全球同类展会中稳居首位；展会吸引了来自全国24个省（自治区、直辖市）的近2000家企业参展，在规模、品质和全产业链参与度三个方面依然保持行业领先；展期间推出99场高端会议论坛等展期活动，到会专业观众达172783人 |
| 8月20—22日 | 第21届中国国际济南家具博览会 | 山东国际会展中心 | 自2017年11月1日"济南金诺国际家具博览会"被授予"UFI认证的国际展览会"以来，展会厚积薄发、全面升级革新，更体现了参展企业国际化、专业化、品牌化、全新化的运作模式，阵容空前，并在展会中得到完美展现。第21届展会被山东省商务厅评为山东省品牌展会，参展商汇聚业内各大知名品牌，并为环渤海湾地区家具行业注入新鲜活力，累计接待专业观众10万人次，其中专业买家近6.5万人次，比上一届增长了30%以上 |
| 8月20—22日 | 2021中国（杭州）国际门业及定制家居博览会 | 杭州国际博览中心 | 杭州得益"后峰会，前亚运"的契机，一场盛会造就一座城，杭州成为继北京、广州之后，第三座举办亚运会的中国城市，整个城市发展日新月异，建起新城，整个城市塔吊林立，上百公里的地铁规划，大量的快速路、学校、综合体，交通教育等配套急需完善，为建筑装饰及门业家居等相关行业创造了前所未有的市场需求。中国（杭州）门业及定制家居展览会于2021年8月20—22日在杭州国际博览中心（G20杭州峰会主会场）举办。展会规划面积50000平方米，集中展示门业及定制家居领域新技术、新工艺、新产品，为品牌企业开拓立足长三角市场，搭建供需对接、洽谈交流的有益平台 |
| 9月5—10日 | 第59届米兰国际家具展览会 | 意大利米兰国际展览中心 | 2021年9月5—10日，备受期待的米兰国际家具展（Salone del Mobile. Milano）特别活动"Supersalone"成功举办。本次活动由建筑师Stefano Boeri和其他联合设计师共同策划，包括了425个品牌，170位年轻创意人员和39名制造者，共展出超过1900个展品 |

续表

| 举办时间 | 展览名称 | 地点 | 展会介绍 |
| --- | --- | --- | --- |
| 9月9—13日 | 法国巴黎时尚家居装饰设计展览会 | 法国巴黎北郊维勒班展览中心 | 法国巴黎国际时尚家居装饰设计展会（MAISON&OBJET）作为欧洲三大著名博览会之一，最大魅力在于能够及时展现国际家居装饰界的最新动态，在这里可以欣赏到专业人员发布的家居时尚潮流趋势。MAISON&OBJET以其奢华、设计、装饰及附属品，代表了当代家具、装饰品、手工艺品、家居附属品、时尚附属品、餐厅艺术、家居服饰、家用纺织品、壁纸、墙纸、建筑解决方案、礼品、香薰物品等前沿流行趋势，带给全球家居时尚的最新潮流 |
| 9月15—18日 | 2021东莞国际设计周暨高端定制设计选材展 | 广东现代国际展览中心 | 2019年，在东莞市政府主导下，东莞国际设计周应运而生，真正将设计与大家居产业相融合，围绕全屋整装定制，打造"设计+大家居产业"商业价值实现平台，也是产业资源整合、产业设计对接、设计价值转化及设计人才聚集的产业赋能平台。2021东莞国际设计周，发挥国际制造名城优势，着力推动创意产业化，产业创意化，通过设计驱动，针对全屋定制和整装趋势着力打造"设计+大家居"的融合展会，推动大家居行业转型升级 |
| 9月19—22日 | 2021中国红木家具文化博览会 | 中国国际展览中心 | 历时4天的"衍生——2021中国红木家具文化博览会"在中国国际展览中心（静安庄馆）圆满落幕，这是由中国家具协会和北京环球博威国际展览有限公司共同举办的行业大展，本次展会吸引了来自全国各地的参展商、经销商和消费者参与，在参展品牌、参展产品、观展形式、传播渠道、VIP邀约等方面均取得不俗成绩，其中有多项刷新红木展历史纪录 |
| 10月28—31日 | 韩国国际家具及室内装饰展 | 韩国国际会展中心 | 韩国国际家具展创建于1981年，展会规模达15800平方米、3个展馆、900多个展位。吸引观众3万余人。此展会已在范围、质量以及声誉方面都得到了提高，并且成为了负盛名的家具及室内装饰展览会。展会现如今起到激活中小型企业市场家具及室内装修类行业发展的作用。向行业内人士介绍国内外家具、室内装潢的新产品和设计开发的方向，让大家了解相关行业趋势，进行信息交换，最终达到贸易合作的目的 |
| 11月22—26日 | 俄罗斯莫斯科家具及室内装潢展览会 | 俄罗斯莫斯科中央展览中心 | 俄罗斯莫斯科家具及室内装潢展览会（MEBEL）至今已成功举办28届，作为俄罗斯最大、最高质量的家具展览盛会，每年都吸引世界各地著名的家具生产商参与，展出效果也得到了认可与好评。此展会自1998年UFI（全球展览协会）认证之后，得到了更为飞速的发展。MEBEL展会见证了俄罗斯国内家具业的巨大发展，也为各国的家具制造商、经营商、设计者与消费者提供了一次面对面的交流良机 |

# 第51届中国(广州)国际家具博览会
## THE 51st CHINA INTERNATIONAL FURNITURE FAIR (GUANGZHOU)

**民用家具展**
2023 /03 /18 - 21

**办公环境及商用空间展**
2023 /03 /28 - 31

**设备配料展**
2023 /03 /28 - 31

设 计 引 领
内 外 循 环
全 链 协 同

广交会展馆 | 广州
保利世贸博览馆 | 琶洲

# 第47届中国（广州）国际家具博览会

2021年3月18—21日、28—31日，中国对外贸易中心（集团）旗下第47届中国（广州）国际家具博览会成功举办。作为全球唯一以全题材、全产业链为鲜明特色的大家居博览会，本届展会规模约75万平方米，参展企业3935家，群贤毕至，共襄盛举。8天展会盛况如潮，到会专业观众人数357809人，同比2019年中国（广州）家博会增长20.17%，充分发挥全产业链、全渠道资源整合能力，为促进行业和企业后疫情时代高质量发展积极赋能。

第47届中国（广州）国际家具博览会

展会现场

第47届中国（广州）国际家具博览会开幕式

## 一、全球唯一以全题材、全产业链为鲜明特色的大家居博览会

本届家博会民用家具展、办公环境展及设备配料展汇聚豪华展商阵容，国内外顶尖品牌和新锐企业携新品集体亮相，彰显全题材、全产业链的鲜明特色。

## 二、设计引领，大牌齐聚，品牌与设计双向赋能

围绕"设计引领、内外循环、全链协同"的新定位，本届家博会设计亮点不一而足，民用家具展的CIFF设计之春当代中国家具设计展、现代设计品牌馆、整体设计馆、设计定制／智能家居馆、软装设计馆、户外原创设计馆，办公环境展的设计潮流馆、国际品牌馆，设备配料展的新材料新工艺新技术……设计元素贯穿民用家具展、办公环境展、设备配料展三大品牌展，致力以原创设计促进行业转型升级，引领大家居行业的最新潮流趋势。

数十场顶尖设计主题展与论坛各擅胜场，玩转高端设计、材料趋势、时尚空间、潮玩好物、智能应用等行业上下游多领域，撬动设计圈层优秀力量齐聚广州，掀起灵感思潮新风暴。

## 三、全链协同，圈层深耕，全产业链与全渠道双轨整合

本届家博会深耕房地产圈与新兴题材圈层，广邀房企、装企、集采、医养、高校等领域观众群体，举办多场聚焦开拓、风口前瞻的高峰论坛，与上下游房产、家装、医养等行业相互赋能、彼此促进、跨界延伸。

## 四、万商齐聚，云上助攻，内销与外销双轮驱动

本届展会受万众期待，迎万商齐聚。内销上聚焦设计师、经销商观众群体，精心打造"社交圈""经英

2030+ 国际未来办公方式展

2021全球家具行业趋势发布会

海外买家线下对接会

圈";外销上深化"全球合作伙伴计划"及"跨境电商开发计划",持续擦亮传统金字招牌。展会现场供采对接、互动交流热火朝天,展商和观众莫不称赞,纷纷表示迎兴而来满载而归!此外,还举办海外采购商线上对接会,为无法亲临现场的海外客商搭建商贸对接的云桥,共享国内国际双循环发展先机。

### 五、流量云展,高频互动,线上线下一体化发展

"云看家博会"打造"社交圈"直播间、"主见"企业直播、"现场直击"直播逛展等栏目,斩获全网近760万播放量。中国家博会CIFF小程序访问量超236万,展会期间超60家展商直播,与60余万人次经销商线上链接。

# 2023
## 中国·沈阳家博会春秋双展
### CHINA SHENYANG FURNITURE FAIR

**春展** 4月14-16日
**秋展** 8月19-21日

沈阳国际展览中心

·····················

250,000 ㎡ 展览面积
250,000 买家云集
2500 家参展企业

微信公众平台

# 2021中国沈阳国际家博会

## 一、展会概述

2021年，沈阳家博会春秋双展总规模达19个展馆，总展览面积达26万平方米，共计2300家企业参展，37万业界人士与会，是中国家具行业交流合作的高效平台，与中国（上海）国际家具博览会、中国（广州）国际家具博览会等大型国际化展览会共同打造了和谐有序、互惠共赢的展览会新格局。对全行业提振市场信心、撬动实体经济、促进复工复产起到了积极作用。

## 二、数据分析

2021年，沈阳家博会春季展参展企业分别来自北京、上海、广东、天津、河北、河南、四川、浙江、江苏、海南、内蒙古、山东、辽宁、吉林、黑龙江、山西、江西等17个省（自治区、直辖市）。与会观众以东北三省、内蒙古、河北为主，其中专业买家占比达到85%，观众的观展目的性较强，主要为订货、寻求合作和了解市场发展新趋势。

2021年，沈阳家博会秋季展与会观众以辽宁、吉林、内蒙古、河北地区为主，其中专业买家占比达89%。据统计，近半的展商通过展会实现了拓展东北地区、内蒙古市场的目标，有70%展商签订了半年或更长时间的产品订单。三分之二以上的展商向组委会表示，将继续参加沈阳家博会，有的还将扩大参展面积；90%的采购商找寻到了满意的目标产品，现场交付定金，开始提货。参展厂商对本届展会满意度超九成。

## 三、展会亮点

### 1.国家协会、地方政府高度重视，提振行业信心

沈阳国际家博会一直以来深受行业和社会各界高度关注。中国家具协会是展会主办方之一，协会理事

展馆内景

入场盛况

与会领导合影

领导视察

展馆内俯瞰

长徐祥楠、副理事长兼秘书长屠祺专程到沈阳出席展会。辽宁省政协副主席赵延庆、沈阳市政府副市长李松林、辽宁省工业和信息化厅副厅长冯文胜,以及沈阳市工业和信息化局、商务局、贸促会等有关方面的负责人共同参会,一并见证了沈阳家博会的开幕盛况。

辽宁省政协副主席赵延庆、沈阳市政府副市长李松林在展会开幕前,分别会见了中国家具协会理事长徐祥楠、副理事长兼秘书长屠祺。双方就进一步做大、做强沈阳家博会,助推辽宁家具业持续健康发展,为东北经济全面振兴发挥更大作用等议题,交换了意见,给家博会组委会以巨大的精神鼓舞。

### 2. 布局商贸渠道产业,铸就一站式采购链

本届展会共包含了居室、办公、酒店、商用、户外等5大家具品类;包含集成吊顶、灯饰照明、陶瓷卫浴、居室楼梯、榻榻米、厨电软装、AI智能、地板、家居饰品、居室门品、装饰装修材料及全屋定制、全卫定制等13大类家居装修装饰品类;还有木工机械、五金工具、五金配件、板材、原辅材料等5大类家具生产设备及材料。其中有80%展品为当季新品,原创设计成为了展台的主流,让沈阳家博会呈现了"一站式家居"全产业链的交流合作高效平台。

### 3. 北方定制第一展,体验个性出色

从首届沈阳家博会开始,便确定家居全屋定制为展会的一个主要内容。近10年来,展会吸引了越来越多的定制家居企业参展,整屋定制、集成家居、定制家具、高端定制等品类一一展示,很好地适应了当今家居生活个性化、社会生活多元化的需求特点。同时,每年举办全屋定制最新解决方案论坛,为定制家居发展起到了积极的引导作用,也成为全国同类展会的一大亮点。

#### 4. 会间活动丰富，助力产业升级

展会期间，组委会为广大来宾献上了一系列精彩的专业活动，吸引了业内专业人士的目光。例如，"归来"——匠心百年、筑梦中华家具艺术展之"民国家具呈现的奉天遗韵""家具背后的文化自信""风云变幻独领风骚的沈阳民国历史文化""民国建筑文化与文化建筑"四大主题论坛，还有优物设计展、"盛京"奖设计大赛、大健康睡眠跨界峰会及梦宝公益基金揭幕仪式等活动，每一项都是精彩纷呈，令人回味无穷。这些专业活动，既丰富了展会的文化内涵，更扩大了沈阳家博会影响。

2022 沈阳家博会春季展将不忘初心，牢记使命，凝心聚力，砥砺前行。优化布局、升级品质，以更贴心的服务、更时尚前卫的设计、更具有前瞻性的论坛活动等确保展会服务、品质双提升，以全新的面貌迎接各地客商。

### 四、展会预告

展会名称：2023 中国沈阳国际家博会春秋双展
展会时间：春季展 4 月 14—16 日，秋季展 8 月 19—21 日
展会地点：沈阳国际展览中心

展馆内景

展位实况

# PART 9

# 年度优品 Excellent Product of the Year

# 中国家具年度优品

EXCELLENT CHINA FURNITURE PRODUCTS

设计·创新·环保·品质

为响应国家"三品"战略，以"推介优秀产品，营造创新氛围，塑造世界品牌"为宗旨，中国家具协会于2022年初遴选出首批中国家具年度优品，特别整理在本书中，记录中国家具行业在当前转型升级中的积极成果，为打造世界家具品牌发挥重要作用。

餐桌专利号：2021305641937

餐椅专利号：2021305614890

### 曲美家居集团股份有限公司

　　创立于1993年4月，是集设计、研发、生产、销售于一体的上市家居品牌，产品覆盖硬装、成品、定制和软装等全品类家居，致力于为用户提供一站式家居整装解决方案。2015年4月，在上海证券交易所上市；2018年8月，并购挪威国宝级躺椅公司EkornesASA。目前，曲美品牌在全国400多个城市布局了1000多个品牌店，拥有4大生产基地；EkornesASA在全球拥有5000多个营业网点和9家工厂。

### 万物－餐厅系列

　　如今传统价值日益回归，审美意识普遍提高，人们开始探索着格调与内涵之间的关系，新中式不仅能延续传统人文之美，又契合当下审美观念，成为了当下一种时尚的生活美学。"万物"系列志在探索当代中国人的生活方式。该系列主打中式简素风，没有繁复华美的雕镂，也没有华贵艳丽的面料，秉承着适度的原则对家具和饰物进行协调搭配，旨在向使用者传递简约、素雅的生活态度，以实现"和谐中正"的东方之美。

　　餐桌以古代灯笼为原型，使用二十四根弯曲实木围合成圆形，取红红火火之意，二十四根木料代表二十四节气，寓意三餐四季圆满如意。餐椅灵感来源古代梳背椅，靠背内部由九根实木线条组成，缝隙宽窄变化，寓意时时如意，长久吉祥。

## 北京元亨利硬木家具有限公司

一家集开发、设计生产、销售、服务于一体，专业生产明清古典硬木家具的综合型企业。公司以"做中华品牌 创世界品牌"为目标，以"承民族文化，琢艺术精品"为己任，秉承"诚信、务实、创新、卓越"的经营理念，凭着出色的制作工艺、过硬的产品和良好的知名度、美誉度，已成为中国红木家具行业最具影响力的企业之一。

## 盛世中华沙发

盛世中华沙发旨在献礼建党一百周年，祝祖国繁荣昌盛，国泰民安。沙发材质为小叶紫檀，以深浅雕、镂空雕等技法雕刻山水图。通体的山水画，仿佛让人置身于大自然，便有了这句"远看山有水，近听水无声"的佳句。沙发工艺精湛、榫卯严实、用料厚实，符合现代人客厅的布置风格，给人一种庄重感，更凸显厅堂的高贵典雅。

天坛家具，TINTAN
-since 1956-

### 北京金隅天坛家具股份有限公司

创建于 1956 年，是金隅集团旗下的核心公司之一，是目前国内家居行业中唯一一家大型国有控股企业，拥有十余家分子公司和 5 大建材品牌，主要业务范围包括商用办公家具业务、民用家居业务、门窗及固装业务、人造板及其深加工业务以及红木业务。公司现有员工近 2000 人，注册资金 12.7 亿元，资产总额逾 27 亿元。

天坛家具总部和体验中心设在北京，同时拥有河北大厂、唐山曹妃甸和北京西三旗三大生产基地，总占地面积约 70 万平方米，拥有独立的研发中心和建材检测实验室。产品率先通过了美国 CARB 认证、EPA 认证、GREEN GUARD 认证、FSC 森林体系认证、日本 F4 星认证及国内各项环境质量体系认证，产品主要销往北美和西欧等国家和地区。

### 木舍 -1W180

精选乌金木，结合精湛的加工工艺和创造性的设计要素，给人一种温柔舒适的家居体验。我们聚焦木材天然细腻质感，创造材料的无限可能性，在创造与周围环境互动的产品时，会将"体验设计理论"引入其中，在设计实木家具的途中，去注重人与家具亲身接触的体验过程，提升消费群体在接触实木家具时的幸福感，我们致力于探索新的技术和方法，让购买者体验一种新材料是如何随着时间的推移而发挥作用，它激起了我们的设计初心，使我们专注于材料原本无限可能性，并且我们使用环保的水性漆，它既可以展现复制木材柔软的表面，又可以突出木纹原本的结构。它提供了耐用，完整的表面，年复一年地保持美丽。这款床采用四块整板进行花色、纹理和造型的组合，达到美感与实用的统一。

外观专利号：2021302341410、2021302344902、2021302345040、2021302345055、2020307132012、2020307135894、2020307138907、2020307139064、2020307139100

## 震旦（中国）有限公司

震旦（中国）有限公司（以下简称"震旦家具"）隶属震旦集团，震旦集团于1965年创立，已成为提供全方位办公解决方案服务的集团。事业涵盖办公自动化设备、办公家具、办公云服务及3D打印软硬件等，2003年位于上海陆家嘴黄浦江畔的震旦国际大楼正式启用，实体营销通路遍布两岸逾1500个直、经销据点，员工超过6000人。

作为震旦集团的核心事业之一，震旦家具主营业务为办公家具、医疗家具、学校家具的研发、生产、销售及服务，除了自主设计研发，亦与国际大师及国际品牌跨界合作，并以顾客需求为导向，将环保、健康、智能应用理念融合设计及生产制造，为顾客创造人性、高效与幸福感的办公空间解决方案。目前营销网络已遍布全国各大城市，国内顾客量已超过8万，其中世界500强客户近300家。

## Puffy 模块沙发

Puffy 模块沙发是蓬松柔软的轻松协作港湾。

可融入多样的办公形态，满足开放与半开放，支持单人、多人各种办公协作形态。模块化的设置，可组成L型、U型、直线型、曲线多种形态，开放与专注性兼具，可选配屏风、电源、桌板配件，适配单人、多人的协作形态；双轴360°可旋转桌面，侧边平台融入电源模块，鼓励即时工作；木脚原生态质感，让商品更具家居感。

Puffy 将蓬松的面包作为灵感来源，以面包烘焙后的弧度为设计元素，凸显柔软的坐垫，打破传统的沙发印象，更加注重放松、友善、如居家般舒适的体验；年轻化的配色方案让 Puffy 轻松融入各种办公环境。

Puffy 模块沙发适合新办公 ABW 工作模式，用不同形态的小沙发定制出无穷无尽的造型，彰显空间个性和多元化。

## 美克国际家居用品股份有限公司

美克国际家居用品股份有限公司（以下简称"美克家居"）经营家居全产业链业务。美克家居依托家具制造业走向国际市场，现已发展成为中国多品牌、多渠道和一体化的国际综合家居消费品的代表性公司。公司拥有规模化、专业化、绿色化的生产园区，入选工业和信息化部"互联网+"在工业应用领域十大新锐案例的智能工厂，高效的企业管理平台，实力雄厚的工业设计中心及覆盖全球的销售网络。面向国内优质市场，美克家居致力于成为一家为客户打造高品位、一站式生活方式极致体验的上市公司。公司旗下包含渠道品牌美克·美家、Rehome、恣在家Zest Home&living、Markor Light、A.R.T.经典、A.R.T.西区、A.R.T.都市、A.R.T.空间、yvvy、JONATHAN RICHARD。目前已形成遍布全国近150个城市的超过500家零售店面的品牌零售网络。

## 沙发（ML05）

此款多功能懒人沙发聚焦中国当代90后新兴消费群体，这一类用户自我意识鲜明，有态度，有主张，"悦己"是他们消费的关键词之一，愿意为取悦自己的品质生活而买单。

功能上，集收纳、休憩、照明、充电、畅听等多元功能于一体，富有创新性。

970毫米加大、加宽的尺寸设计躺坐皆随意。环状背部造型带来温暖的倚靠感，为家营造更鲜明的归宿感。

软包面料选用灰蓝色毛圈仿羊羔毛面料，表面富有立体感的同时，用化纤织物作为原料减少了动物皮毛的使用，绿色环保。高密度海绵座垫回弹性佳，久坐不易变形。座框弓簧采用电泳防锈工艺，经久耐用，搭配高强度防磨夹子，免除噪音烦扰。

外观专利号：202130714247.0

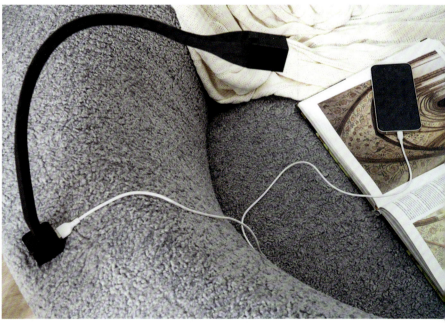

外观专利号：202130481224.X

## SCIHOME 斯可馨®家居

### 江苏斯可馨家具股份有限公司

创建于1999年，专注布艺沙发研发与创新，致力于打造时尚、健康的人居环境和产品服务。公司是国家软体家具行业标准起草单位、中国布艺沙发消费指数发起单位、中国家具协会副理事长单位、中国家具协会沙发专业委员会主席团主席单位、江苏家具品牌联盟主席单位、江苏出入境检验"一类企业"、江苏省认定工业设计中心、江苏省工业互联网发展五星级上云企业、苏州市政府认定企业技术中心、苏州市多功能家居工程技术研究中心。

目前，斯可馨在全国拥有华东（苏州、海安）、华南（佛山）、华北（宁津）、华西（成都）五大生产基地，2000余家国内专卖店，产品出口全球60多个国家和地区，形成了快速、高效的运营管理服务体系及独具特色的品牌影响力。

### 燕羽

赋予空间多重转换，满足家的不同需求，灵活摆放不受限制，轻松适配大小户型。

燕羽灰+浅沙色搭配出一款精致的现代风格沙发，通过使用超薄的扶手和底架搭配上金属小高脚，体现出沙发的简约优雅，再融入滚绳的装饰，使沙发更具高级感。

新一代超级科技布，皮面肌理质感，手感柔软、触感舒适，防污耐刮性能提升，日常打理无压力。

座垫提供超高回弹坐感，轻轻一坐，便犹如陷入柔软的怀抱。大坐深设计，满足多数人的身高需求，盘腿坐也无压力。双层扶手设计外侧框架牢固，内侧扶手包柔软，手臂搭放更舒坦，肌肉放松疲劳不再。靠包拉线分段设计，打造曲线给肩部空间，完美贴合脊柱曲线，包裹式入座体验。

# ONLEAD 海太欧林集团

## 海太欧林集团有限公司

创办于1996年，主要从事智能办公家具和医疗养老、教学科研、酒店公寓家具的研发、制造，并为客户提供办公空间整体解决方案。立足高端市场，凭借创新的设计、出色的品质、精细的服务，海太欧林集团赢得了市场的普遍认可和广泛赞誉。集团是中国家具协会副理事长单位、南京家具行业协会会长单位，连续多年被评为"中国办公家具十大领军品牌"，并荣获"南京市优秀民营企业""一带一路绿色生产力领跑者""中国质量万里行最受消费者喜爱50大品牌""苏商品牌竞争力百强企业""高淳区区长质量奖"等奖项，还被中国轻工业联合会、中国家具协会评为"中国轻工业二百强企业""中国轻工业科技百强企业""中国轻工业家具行业十强企业"。

## 蒙特班台

融合了中国文化的景观美学，将浪漫主义和人性化的设计思想带入了现代办公空间。在塑造设计时，我们设计了一种当代语言，使用长而弯曲的有机线条将其与现代需求联系起来，以实现技术与设计之间的有机互动。

蒙特Mountain高管系列关注中国商界领袖日益增长的民族自豪感，将中国审美文化中的浪漫主义融入当代行政工作环境中，回应他们对更高层次精神和情感的需求；前挡板通过弯曲的有机线条以三维形式成型，这得益于熟练的弯曲工艺，使其具有工匠手感，成功表达了中国山水文化的美学；把重点放在整体、浪漫、超现实和原型上，而不是单纯的技术上。蒙特班台与市场上千篇一律的简约现代风格不同，它为用户提供了更多办公空间体验的精神和文化内涵。

外观专利号：202030515862.4

## 圣奥科技股份有限公司

创立于1991年,致力于为全球用户提供健康环保、舒适智能的办公商用空间整体解决方案,是国家高新技术企业、杭州市政府质量奖获得者。37层的总部大厦(圣奥中央商务大厦)坐落于杭州CBD——钱江新城,办公环境比肩世界500强企业。

从精工打造第一件家具,到提供办公空间整体解决方案,圣奥始终秉承"一切为了健康办公"的使命,力争在降低运维成本、关爱员工身心健康、吸引留住并发展人才等方面为客户创造价值,赢得了全球用户的信赖。产品远销全球116个国家和地区,海外网点覆盖多个国家的首都、经济中心等,国内网点遍布28个省(自治区、直辖市),服务了176家世界500强企业和301家中国500强企业。

## 昂蒂那

昂蒂那班台融合"美学""力学""科技"等元素,从"五感"——观感、触感、听感、质感、体验感上为用户打造绝佳的科技办公体验;同时以"一切为了健康办公"的理念主张,感应升降机构缓解用户久坐疲惫、满足灵活办公的需求;站在空间解决方案的角度打造无走线外露、收纳合理高效、风格和谐高端的空间美学。多功能调节座椅,高度可匹配不同身形;人体工学曲率,贴合身形,坐享健康;三阶密度座垫及真皮选材,打造舒适坐感。

班台解决了久坐办公、走线不美观、承重力学、科技感不足的问题;椅子解决了人机适配度不高、久坐压力大、坐姿不舒适等问题。

## 顾家家居股份有限公司

顾家家居，享誉全球的家居品牌。

以"家"为原点，顾家家居致力于为全球家庭提供健康、舒适、环保的家居解决方案。自1982年创立以来，忠于初心，专注于客厅、卧室及全屋定制家居产品的研究、开发、生产和销售；携手事业合作伙伴，为用户提供高品质的产品、高效率的服务、超预期的解决方案，帮助全球家庭享受更加幸福美好的居家生活。

## 漫享家

意在跟随内心的声音，做我所想，享我所想，漫享自在惬意的休闲时光。灵活调节的无极靠头，自由张扬的移动扶手，工艺精湛，符合市场消费者的需求，讲述着"张弛有度"的自在生活法则；从时装设计中汲取灵感，热情浪漫的焦糖色，高挑空灵的金属脚，编织压纹的工艺细节里，饱藏着对时尚与美学不倦的追求以及对工艺品质不断的追求，羽绒舒适承托，乳胶软弹加持，体现环保理念。

随心所至，非同凡享，让美好自然发生。

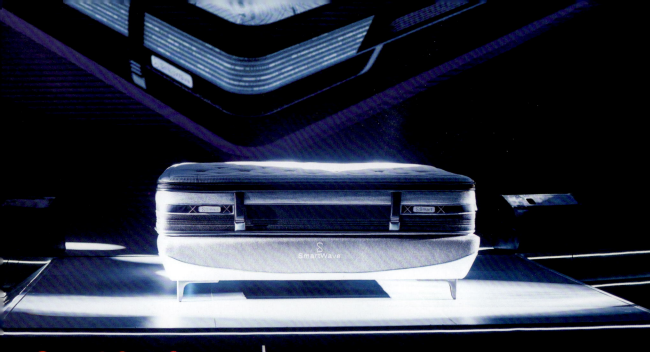

外观专利号：CN201830097816.X、CN201830097798.5、CN201830097788.1等25项；
实用专利号：CN201921599215.4、CN201920343310.1、CN201821982599.3等等54项；
发明授权号：CN201310279020.2、CN201210052667.7、CN201210041158.4等10项；
国际专利号：2014-500247（日）、US9103395b2（美）、2660491（欧）等8项

## 喜临门家具股份有限公司

创办于1984年，始终以"致力于人类健康睡眠"为使命，专注于设计研发、生产、销售以床垫为核心的高品质家具，产品涵盖床垫、软床、家装、高档及星级酒店家具。公司核心产品床垫的年生产能力已超250万张，年销售额约20亿元人民币，是国内首家上市的床垫类公司。

公司将科技与传统制造业结合，不断发展创新，提高竞争力。2008年被认定为"国家火炬计划高新技术企业"；2013年成立浙江省喜临门家具研究院；2016年荣获"全国示范院士工作站"称号。公司是中国家具协会副理事长单位，国家标准起草单位。荣获行业内首批"国家驰名商标"称号，产品被钓鱼台国宾馆、人民大会堂、国家大剧院及多个五星级酒店所采用。

## SMART 系列床垫

最新研发的SMART智能床垫系列产品是围绕智能、实用和有用的设计理念进行开发的。首先产品是智能的，它能读取人体体型，并将体型数据上传到云端进行分析匹配，通过控制器调节床垫软硬度分布，实现床垫适应人；其次产品是实用的，全新SMART系列床垫可以结合人体体型自动调节软硬度，达到最佳舒适睡眠状态，也可以实现人体全方位睡眠数据监控；最后产品是有用的，SMART系列产品给予消费者最佳的舒适睡眠状态的同时，可以初步诊断人体睡眠体征。

SMART系列产品使用了喜临门97项专利技术，产品从睡姿传感技术、人体工效学仿真技术和空气弹簧技术三个维度进行了创新研究，研发项目获绍兴市科技局立项批复，并荣获中国轻工业联合会科技进步一等奖，其中的气体弹簧技术获中国轻工业联合会科技发明二等奖。

## 永艺家具股份有限公司

一家专业研发、生产和销售健康坐具的国家高新技术企业,产品主要涉及办公椅、按摩椅、功能沙发和升降桌,是目前国内最大的坐健康系统提供商之一。2015年在上海证券交易所主板挂牌上市,是国内首家在A股上市的座椅企业。

公司是办公椅行业标准的起草单位之一,是业内首批国家高新技术企业之一,是中国家具协会副理事长单位、浙江省椅业协会首任会长单位,是国家知识产权示范企业、国家级绿色工厂、国家级工业产品绿色设计示范企业,是国家级绿色供应链管理企业、中国质量诚信企业、服务G20杭州峰会先进企业、浙江省家具行业领军企业。公司拥有国家级工业设计中心、行业首家省重点企业研究院、省级高新技术企业研究开发中心、省级企业技术中心,获得湖州市政府质量奖等企业荣誉以及中国外观设计优秀奖、中国轻工业优秀设计金奖、德国IF设计奖、红点最佳设计奖、德国设计奖等众多产品荣誉。

## 永艺西涅克

永艺西涅克人体工学椅产品系列,是永艺公司的高端旗舰款产品。

工程结构设计的初衷就是为久坐族的腰部健康提供良好保障,外观设计采用踏实的美风与流畅的现代感无缝搭配,底部弧形具有空气感,又巧妙整合体重感知底盘,背面标志性铝合金支架极具优雅。椅子既能适用于专心工作的场景,也适用于休闲时刻,优质典雅的美学视觉完全契合现代的办公环境。永艺西涅克科技感十足,从头到脚,成功地实现了人体工学的高性能。

永艺西涅克系列人体工学椅2020年全球同步正式发售后,受到国内外经销商、零售客户的高度认可,成为工学椅的标志产品之一。

外观专利号：201930640174.8、201930087523.8

## 恒林家居股份有限公司

成立于1998年，是一家专注于家具产品研发、制造与销售为一体的主板上市公司，自成立以来专注于办公家具、民用家具、系统办公环境业务，致力于为客户提供舒适专业的家具产品和智慧办公解决方案，是国内领先的座椅开发商和目前国内最大的座椅制造商及出口商之一。公司办公椅年出口额连续13年稳居同行业第一。

公司以"成为世界领先的家居制造商和服务商"为发展目标，以对座椅22年持续而朴实的专注，确立了在行业内的重要地位，并参与起草了12个国家标准、6个轻工行业标准、2个浙江制造团体标准。

## HLC-2908

HLC-2908人体工学办公椅，拥抱办公休闲时光灵感之作，椅背118度自由倾仰，全定型海绵、座垫靠背，避免局部压迫的同时提供有效支撑，更加贴合人体曲线；自主研发3D椅脚，360度机械运动底盘随心摇摆，通过灵活的底盘运动机构，带动腰部及颈部的肌肉群联动，呵护脊柱健康；可调节的腰枕有6.7厘米上下调节范围，不同腰部曲线的用户可以通过调节腰托找到最合适的位置，给予腰部柔性承托。

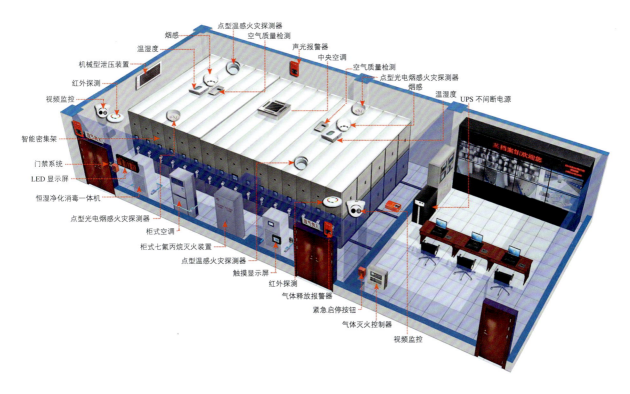

智慧馆库综合管理系统设备布置图

## 江西金虎保险设备集团有限公司

创建于 1981 年，是中国智能安防、智能钢制家具与档案装具、图书设备管理智能化、信息化整体解决方案的龙头供应商。是国家高新技术企业、全国质量标杆企业、江西省制造业单项冠军示范企业、国家知识产权优势企业、江西省智能制造示范企业、国家两化融合管理体系贯标示范企业、国家制造业绿色工厂、国家绿色产品设计示范企业、国家 2020 年工业互联网试点示范企业、江西省首批"5G+工业互联网"应用示范企业、江西省首批先进制造业与现代服务业融合发展试点企业、2021 年度智能制造试点示范优秀场景、中国轻工业工业设计中心、江西省智能制造标杆企业、江西省服务型制造业示范企业、江西省大数据示范企业。公司生产的保险柜、金属文件柜、金属柜为中国驰名商标，公司获得国家授权专利 200 余项，其中发明专利 35 项、实用新型专利 92 项、软件著作权 76 项，主持或参与国家标准制修订 8 项、主持或参与行业标准制修订 2 项。

## 无人化智慧馆库一体化管理系统

以计算机网络、自动化设备为基础，集成平台软件系统为核心，以楼层平面图为管理载体，以物联网技术为纽带，把构成整个档案馆数字智能化系统的各自独立分离的设备、功能和信息集成为一个相互关联、完整和协调的综合管理系统平台，并通过该平台把这些分散的各类设备和系统进行充分的信息、资源和任务共享，从而方便在统一的界面上实现对各子系统全局的监视、控制和管理，实现对进出档案中心人员、对档案中心自动化设备、对实体档案进行集中统一、安全、可控、有效的管理，实现档案管理"十防"的要求，并为使用者提供一个舒适、温馨、安全的工作环境。

外观专利号:202030308938.6

### 湖北联乐床具集团有限公司

始创于1985年,是全国闻名的高级软体家具大型专业生产企业,先后获得"中国名牌""中国驰名商标"等殊荣。企业拥有超30万平方米的家具研发、制造、物流基地,主要产品覆盖床垫、软床、沙发、实木家具等系列,畅销国内并远销海外多个国家和地区。

作为中国家具协会副理事长单位和全国家具标准化技术委员会委员单位,联乐一直走在家居创新的前沿,拥有世界先进水平的软体家具生产设备和智能化自动流水线。集团研发部与国内外著名科研院所合作,运用新材料、新工艺、新技术,先后研发了数十种健康睡眠新产品并获得多项国家专利。企业先后通过ISO9001质量管理体系、ISO14001环境管理体系、国际标准产品标志、中国环境产品标志等专业认证,产品用料考究、工艺精湛、造型精美、品质优良。

好人好梦,联乐一生,联乐人积极倡导健康睡眠理念,为广大消费者的家居生活提供更优质的产品和服务。

### SMEEP 智能床垫

这是一款具备实时自适应调节的床垫产品,集成了海量医学数据、深度学习网络、AI感知系统、AI中央处理系统、智能调节反馈系统五大AI智眠系统,让床垫具备了实时感知、智能调节、自动适应、左右分区调节等功能。

在用户使用过程中,SMEEP智能床垫能够根据用户的睡眠实时状态,给出当前状态下床垫适应人体的最佳支撑高度和软硬度,有效舒缓肩、臀等部位压力,增加腰部、腿部支撑,让床垫与人体贴合度达到99%。智能床垫可以减少用户夜间翻身次数,有效延长深睡时间,改善睡眠质量。

SMEEP智能床垫日平均功率仅3瓦,插电后即可使用,且床垫采用气电分离设计,使用过程安全放心。智能调节模块采用一机集成AIO方式,能有效隔离电磁辐射,在床垫使用过程中检测不到任何电磁辐射。

除了智能系统架构,SMEEP智能床垫严格选择搭配材料:澳洲进口羊毛、3D材料、依沃珑无纺布、独立袋装弹簧等,提升床垫整体舒适度。

# 广东联邦家私集团有限公司

始于1984年，根植民族文化，服务现代品味家居，是中国家居民族品牌的扛旗者。38年来，联邦家私为人们提供"高素质生活"的使命从未改变，始终坚守原创、匠心、品质、绿色的品牌主张和经营信条。坚守原创设计，追寻现代家居生活最前沿，集未来生活型态研究与产品研发、创意设计、匠心质造于一身，推出一代又一代具有国际风范又有东方特色的产品，以匠心产品和贴心服务引领现代家居消费潮流；旗下拥有联邦家居、联邦米尼、联邦梦斐思、联邦高登、联邦电商5类子品牌，丰富齐全的产品、匠心雕琢的品质，专属设计师量身定制属于您家的完美方案。以专一领域、专心服务、专精细作的品牌经营之道，为国人乃至全球消费者带来高素质生活艺术享受。

## V2125 沙发

此款产品的设计理念是将传统实木的经典元素与现代沙发的简约造型有机融合，通过原创的匠心设计，以当代设计诠释东方神韵，打造有情怀的现代沙发，呈现高品质的生活质感与高颜值的家居环境。

产品外观侧面的实木部件弧线设计圆润，道出了东方家具的结构韵味；采用开放式涂装，令油漆与木材完美结合，增强产品木质感和触感，达到入木三分的效果。产品皮革纹理细腻，皮质优良，色泽均匀，手感柔软，具有环保、亲肤、防刮、耐磨、免拆洗、易清洁、三防（防水、防污、防静电）、不褪色、透气的特性，面料健康安全。柔和自然的色彩搭配，丰富而简洁，营造适合居住的宁静家庭氛围，符合现代人的审美需求。高级感色调，突显出产品的艺术气质，大气而富有感染力。

外观专利号：202030256662.1

实用专利号：201821203118.4

## 广州市欧亚床垫家具有限公司（穗宝）

自1971年独立研发生产出专属国人的弹簧床垫，穗宝关于优质深度睡眠的研究已有半个世纪的历史。穗宝一直专注床垫，专注中国消费者的睡眠研究，针对中国人特点进行优化创新，不断提升国人的睡眠体验，只为成就每个晚上8小时的优质深度睡眠。凭借不断革新的研发科技和深受消费者信赖的产品品质，穗宝集团旗下品牌和产品屡获国内外大奖，连续16年荣膺中国500最具价值品牌，品牌价值高达176.85亿元。近半个世纪的付出，穗宝集团在深度睡眠领域收获非凡成就，赢得业界与社会的一致赞誉。作为大家居行业的品质倡导者，穗宝集团不断创新，丰富品牌实力，致力推动中国床垫产业发展。

至今，穗宝集团旗下拥有多个来自世界各地的优质品牌，包括：穗宝、诗贝艾尔、百纳璐诗、睡客小镇、Mr.Z早先生等；此外，穗宝集团从世界各地甄选适合不同消费者的优质睡眠产品，定制个性化睡眠空间。如今，穗宝集团形成以研发、生产和销售床垫为主营业务，涉及家具、家居装饰、酒店配套等多项业务的企业群体。

## 点趣

一种成长型的分区床垫，为处于发育阶段的未成年人提供脊椎支撑，适用于多种身高的未成年人用户。面套可拆洗、质地强韧、经久耐用、耐洗涤。采用依沃珑面料，医疗级别的物料防螨功能材料，舒适透气。

随着父母对儿童青少年床垫的日益重视，儿童与青少年床垫市场需求正在快速增长。专业的青少年儿童床垫在国外已经得到的广泛的推广和应用，与普通床垫相比，青少年儿童床垫产品的需求正在快速增长，因此，国内青少年儿童床垫的研发、生产、销售仍有许多发展空间。

床垫采用分段式弹簧设计，不同区域采用不同的线径弹簧组合，适合不同身高年龄段的未成年人使用。

## 广州市番禺永华家具有限公司

1986年成立于广州番禺，围绕高端红木产业和岭南文化艺术，已经成为集家具研发和生产制造、文化旅游工艺美术、特色文创等于一体的广东省优秀"广作工艺制造企业"和"综合性文化产业企业"。永华家具是红木家具行业内首个被评为中国驰名商标的企业，在中国轻工家具行业十强企业的评定中是唯一一家红木家具企业，连续多次获得广东省守合同重信用企业等荣誉。公司董事长陈达强先生被授予中国"轻工大国工匠"和"广式硬木家具"广州市非遗传承人称号，并参与《中国传统家具名词术语》等国家标准的编写。

永华家具始终"坚持一流标准"，不断创新工艺，精心打造约1.5万平方米的永华艺术馆，展陈顶级红木家具藏品逾5000件，创新性地在业界首次打造了127米的"观光工艺走廊"，打造集广作工艺、岭南文化、工匠精神为一体的城市新型文化空间地标，被评为国家AAA级景区。以永华为龙头企业的石碁红木小镇，被中国家具协会授予唯一的"广作家具特色红木小镇"称号。

## 六角香几

原型成于晚明（1550—1600）；收录于《洪氏所藏木器百图》（洪建生、洪王家琪）；收藏者：洪氏。

六角香几下装两根穿带，面方起拦水线与冰盘沿；深束腰，束腰立柱起灯草线与腿一木连作、束腰中嵌置透雕连贯万字纹绦环板；微微外翻翘起的托腮与牙板相接；牙板与腿均起灯草线，连续自然形成壸门造型；修长秀美的几腿于足部外翻上卷，终之于涡形圆雕并置于一压缩的球形垫足上；下接一矮几作为托泥，束腰改浅，舍去绦环板与托腮，形制类似而简化不少，上下两部分设计语言相互呼应的同时主次有致，衬得上部分更加轻盈飘逸。绦环板中的万字纹是中国古代传统纹样之一。"卍"字为古代一种符咒，用作护身符或宗教标志，常被认为是太阳或火的象征。"卍"字在梵文中意为"吉祥之所集"，佛教认为它是释迦牟尼胸部所现的瑞相，有吉祥、万福和万寿之意。用"卍"字四端向外延伸，又可演化成各种锦纹，这种连锁花纹常用来寓意绵长不断和万福万寿不断头之意。

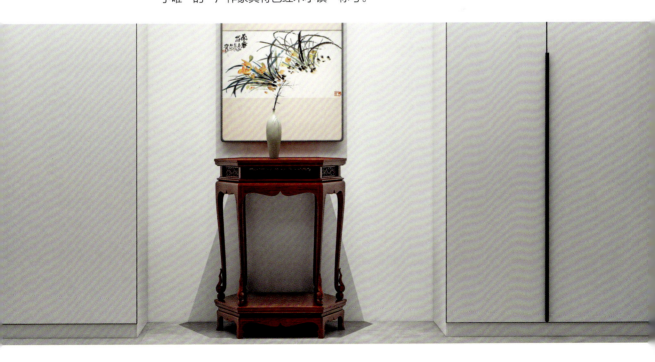

外观专利号：2020302803129；2020302803186；
实用专利号：2020210262764

## 广州市至盛冠美家具有限公司

创立于1993年，是一家以研发设计、生产销售高端家具产品为主，涉足国际贸易投资等领域的现代化集团企业。覆盖办公家具、医养家具、酒店家具等商用家具板块。集团秉承坚持原创、自主创新的原则，拥有200余名研发及专业技术人员，百余项国家自主研发专利，与国际著名设计公司及多家欧洲优秀设计机构合作，成立产品设计研发中心。立足于高端商用家具市场，产品行销全球30多个国家和地区，为众多世界500强、中国500强企业等机构提供优秀的商用空间解决方案和全方位的人性化服务。

公司全面引进意大利、德国、日本先进的制造设备，并通过高新技术企业、ISO9001、ISO14001、中国环境标志、美国GREENGUARD绿卫士等认证。

## 伊顿班台

伊顿系列是当代东方文化与西方美学精神的物化，崇尚"中和之美"的设计表达，气蕴含蓄典雅，情感力度适中，讲求和谐统一的生命情调；以线条为设计驱动，强调线条的流动性与环绕感，整体突显去繁从简的设计精髓，以求自然纯粹，大繁至简，极境至臻。

伊顿班台具有主台升降功能，只需点按操作即可实现设定好的高度，实现一键即达、一步到位的效果。

在功能配置上，以减法为设计原则，力求简约实用，同时也结合实际办公过程中各种电子设备不断增加的需要，使用功能强大的升降式插座，在满足更多的电源需求的同时，还可以更好地整理收纳凌乱的电线。

配备一控多无线指纹锁，可一键控制班台及文件柜门锁的开关，实现无匙化办公，提高工作效率。

## 深圳市左右家私有限公司

## ZY2383

总部位于深圳，是一家集研发、生产和销售沙发为主的大型家私企业。左右家私凭借雄厚的设计研发实力，引进环保高品质皮布面料，结合东方人的体格特点，设计生产适合中国家庭的高品质沙发，创造中国客厅文化的第一品牌。产品设计时尚，做工精细，选料考究，在国内外各展览会评比中屡获奖项，成为唯一一家在国际展览会上14次摘取软体家具设计冠军称号的沙发企业，并在2007年荣获"中国名牌"荣誉称号，2012年荣获"中国驰名商标"等重量级殊荣。

同时，左右家私视质量与信誉为企业生存与发展的命脉，以求是务实的工作态度，严格按照国际质量标准实施产品品质管理。左右家私是最早加入中国产品质量电子监管网的沙发企业，生产的每一件沙发产品都拥有一个唯一的"电子身份证"，产品品质和服务受国家市场监督管理总局直接监管，为消费者权益提供保障。

左右沙发选取进口优质圈养头层黄牛皮做真皮沙发，牛皮使用水染上色，绿色环保、色牢度高。采用密度高于每立方米25千克的进口东亚海绵，压缩永久变形率≤8%，久坐不坏；框架选用俄罗斯进口落叶松，虫眼少，木质坚硬细腻，树干笔直且选材严格，持久使用不开裂；左右沙发使用环保水性胶水作为黏合剂，水性胶水以水作为溶剂，胶层柔软、耐热、耐老化并且零甲醛污染，贯穿绿色环保的发展理念。

蔚蓝，平和无澜的外表下，沙发简洁厚实，是简洁生活的姿态；幸福是天空中的一抹蔚蓝，白云漫天，却始终抵挡不住幸福的颜色。

外观专利号：202130275241.8、202130275198.5

## 中山四海家具制造有限公司

于1971年在香港创立，1986年回中山设厂，经营涵盖家具研发、制造、家具出口、专卖店零售，专为高端有品位的消费者提供家居设计、家居装潢、整屋定制等一条龙服务。

1991年，四海家具在国内率先开拓专卖店渠道。公司创立"卡芬达"家居品牌，旗下包括多个风格产品，专为有品位的高端消费者打造高品位的整体家居一体化生活环境，以及酒店、会所等工程配套。四海家具销售网络覆盖亚洲、欧洲、北美洲、南美洲、非洲等。

公司专注于技术革新带来更优质的家居产品，研发中心自有一支专业家居设计研发团队，并长期为国内外高端用户提供服务，公司与高校合作，与意大利家具设计机构开展深度研发，共建产学研实践基地，同时自设有国家级认可实验中心，实现技术成果的产销一体化。

## 长餐桌 CZ01A 与餐椅 CZ01D

CZ01系列是四海家具全新推出的新中式系列，长餐桌CZ01A与餐椅CZ01D组成一组新中式餐厅空间。本系列产品思维以家为核心，营造家的氛围，感受家庭的温情、包容以及浓浓的中式情怀。

CZ01系列设计立足中式传统美学，结合宋明家具形态，融入铜件、皮艺与布艺多种元素，融汇中西工艺。同时将人体工程学原理融入传统造型中，充分考虑现代人生活的实际需要。删繁就简，以纤细简洁为主，汇聚时尚潮流元素，与现代家居环境整体搭配，打造时尚的中式美学家居。

## 广东中泰家具集团有限公司

成立于 1983 年,是一家集专业设计、开发、生产和销售为一体的大型办公家具集团,被业内誉为"常青树"。集团拥有"中泰""凡度"两大品牌,拥有 50 多万平方米标准化、现代化、专业化的生产基地,全天候的客户服务机构以及独有的设计研发检测中心(CNAS 认证实验室)。三千多名训练有素的员工,数百名专业的技师,职业化的管理团队,让中泰集团如虎添翼。

企业已荣获 159 项外观及实用新型国家专利,同时自主研发产品获得美国尖峰设计亚太优秀设计奖。2018 年荣获"中山市政府质量奖";率先荣获"广东省著名商标""广东省名牌产品""广东省高新技术企业"等荣誉。

## 非凡现代办公系列

主打非正式交流 + 随意的办公模式,是灵活与独特,卓越与优雅的完美结合,根据不同办公状态切换工作模式,坐立随心,激发员工办公活力,通过科技结合设计解决职场人员对办公家具智能化、高效化等需求问题,营造健康舒适、高效办公的氛围。

## 佛山市志豪家具有限公司

公司是亚洲具有国际影响力的精品家具设计制造商,是中国家具协会副理事长单位。自1988年创建以来,公司即以严苛的欧洲标准设计制作品质家具。志豪与ADI(意大利工业设计协会)、DARK等意大利设计机构建立合作关系,与德国海勒制革等欧洲材料名企建立ODM合作关系,在设计、材料领域确保欧洲标准;志豪参照欧洲工艺标准,制定更为严格的企业工艺标准,带动了广东软体家具工艺水平的大幅提升。

"米洛 MENOIR"是志豪家具拥有的注册商标,致力于向全球市场提供与欧洲顶级家具品质同步的精品家具。

## 敦煌艺术

莫高窟的彩绘泥塑、壁画和石窟是敦煌艺术的象征。敦煌飞天中飘逸的造型结合"塔克拉玛干沙漠"蜿蜒流畅的曲线,赋予了此款产品造型设计灵感,沿着主体产品的边条象征着飞天中的飘带,产品曲线的造型代表沙漠中的蜿蜒形状。此产品运用自然曲线柔和的美来抚摸历史的痕迹,继承古文化的内涵。

敦煌壁画:静中藏动,动以静掩,梦幻飘逸之间就体现出飞与动的特点,敦煌壁画的结构能够符合形式美感的要求,采用绘画与图案纹理相结合,能够实现形式中构图。此氛围采用了敦煌飞天壁画中经典的赤土红、靛青蓝、土褐黄、青紫灰、焦咖色,使整体色调和谐唯美,体现出浑厚的敦煌文化艺术气息。

### 运时通（中国）家具有限公司

1973年创立于中国台湾。集团有三大生产基地，生产事业群依据生产商品分别为床垫、软床、沙发、泡绵、实木家具与家具涂装六大工厂。六大营运中心运营旗下六大品牌：美国蕾丝床垫、德国美得丽名床沙发、美国席乐顿名床、美国艾绿名床、美国贝克思丽名床、美国思卡尔名床。组织结构完整，功能健全，以高效率、高质量的满意服务，满足全球市场的所有需求。

集团的六大制造工厂和运时通创意研发中心等让上下游完美联结，生产商品涵盖床垫、软床、沙发、实木家具、全系列民用及酒店配套家具，让运时通成为"全系列家具生活产业"的代名词。

### ST-S03大床、ST-夏威夷床垫、ST-G01床头柜

ST-S03大床是现代轻奢款的代表作，床头搭配玫瑰金拉丝线条，不仅提升了空间的层次感，也产生华丽视觉感。床头靠包部分设计灵感来源于雨滴形状，都说好床九分财，不富也镇宅。水在中国传统寓意上就代表了财运、财富。这样的设计代表了人们对美好的向往。

ST-夏威夷床垫采用专利簧中簧技术，将回弹力极佳的独立筒弹簧，以纯手工方式置入连锁弹簧内，增添35%的支撑力，利用两种弹簧不同的高度及回弹力之反差力，达到按摩的特殊功效，使气血循环通畅，有效缓解身体压力；舒适层采用高分子乳胶填充，相对于传统乳胶，高分子乳胶具有更好的抗老化能力，不易老化，更经久耐用，具有更好的回弹性，能提供更好的支撑，维持正确的脊椎状态，呵护脊椎健康。

# BAYI 八益床垫

## 成都八益沙发有限公司

隶属成都八益家具集团，始建于1985年。2020年搬迁至成都邛崃羊安工业园，投资数千万元建设全新自动化床垫生产线，规划年产量50万张，产值超10亿元。拥有各类制簧机、自动双层围边机、自动褶棉裁剪机、单多针绗缝机、围条锁边机、围条打点机等国内最先进的床垫生产设备。同时建有专业的床垫检测中心，可对各种床垫材料及成品进行科学检测，为产品开发和生产提供数据支撑与质量保证。

八益床垫，35年千锤百炼，见证着中国软垫行业的磨砺之旅。渠道网络覆盖中国大部分省市和地区，在全国建立了近1000家专卖店和经销商，并出口欧美、东南亚等20多个国家和地区。35年来，上千万张八益床垫销往世界各地，深受海内外消费者的信赖和喜爱。

## 八益大豆蛋白纤维床垫

采用李官奇研发团队为八益定向研发生产的专用大豆蛋白功能纤维，纤维通过全球严格的OEKO-TEX标准100有害物质检测，获得健康产品认证。大豆蛋白纤维内胆通过香港标准及检定中心STC相关认证。八益拥有该专用大豆蛋白功能纤维的全球独家使用权。

亲肤透气、抗菌防螨、释放负氧离子，无胶水，让睡眠放心、安心、舒心。

产品摒弃传统纤维床垫工艺的弱点，在床垫支撑层上突破采用新型绿色科技纤维材料——大豆蛋白纤维。独家运用纤维嫁接成芯技术开发床垫内胆，生产工艺全程绿色环保，无化学添加，获得多项安全认证。产品亲肤舒适、均衡受力，同时可抗菌除螨、释放负氧离子，有效健康承托人体骨骼，提供高品质睡眠支撑。

实用专利号：201921652362.3、201921652323.3

# 福乐家居

## 福乐家具有限公司

"福乐"企业创立于1965年，"福乐"家居始于1985年。"福乐"崇尚绿色与环保，致力于打造健康家居生活。

福乐家居是中国家具协会副理事长单位、中国软体家具主席团成员、中国软体弹簧床垫行业标准的制定单位之一。福乐公司是国家二级企业、中国产品质量无投诉企业、轻工部重点骨干企业、中国环保产品认证企业。主导产品福乐床垫是国家A级产品、中国十大床垫品牌。"福乐"商标是中国驰名商标。

福乐无论从原材料的进购、每道工序的加工生产及产成品的出入库，都进行严格把关和质量追溯。福乐提倡并践行工匠精神，每道工序精工细作，始终坚持将正能量的生活观念融入产品中，将"福"与"乐"带给每一个家庭。

## 福乐床垫

集成了卓越的前沿科技，拥有多达4颗静音电机，通过APP或无线遥控器，控制4关节10向电动调节，轻松打造舒适卧姿。

福乐智能床垫独创采用多层模块化填充结构，用户可以自主选择增加或减少填充层，以符合自己对床垫睡感偏软或偏硬的使用需求。

娱乐休憩模式、悬浮零压力睡眠模式、一键止鼾模式、记忆设定模式、一键复位模式、抬腿舒缓模式，不同模式随意切换。微震循环按摩缓释局部受压血管，帮助血液循环，提高睡眠质量。智慧睡眠监测实时监测睡眠期间重要参数，统计睡眠效率，统计睡眠体动。

外观专利号：202030572846.9、202030571925.8、202030571913.5、202030571912.0、202030571923.9

## 美时 Lamex | 东莞美时家具有限公司

成立于 1977 年，是一家集产品研发、生产、测试、培训及办公空间设计规划为一体的办公家具企业。作为大中华区及亚洲其他地区办公家具市场的开拓者，业务范围遍布亚太、中东、非洲、美国和中国主要城市，以全球标准和专业知识帮助各地区的客户在当地获得实时的本地化支持与服务。作为值得信赖的办公家具领导品牌，为客户创享灵动、高效、智能的办公生活空间，灵活地满足不断变化的工作和生活需求。

近年来，Lamex 应科技化和智能化急速发展的大环境趋势提出"邻里"和"Playces"概念，提倡办公空间的社区和家居化，满足人们对于办公环境的生理和心理诉求，提升个人参与感和群体归属感，致力于构建出人性化、可持续的互动社区和创意聚落。

## The ONE

从大师级建筑作品的无限灵感中汲取国际唯美的设计精髓，承载世界地标建筑令人叹服的现代美学。运用匠心唯美的设计，唤起建筑艺术的魅力灵感，打造出动感流畅的曲线和唯美独特的造型。臻选天然稀有木皮，流露自然的肌理与细腻的质感。集成工作空间突显使用者的远见卓识和高瞻远瞩。

独出心裁的推柜与主桌巧妙衔接，轻奢的色调散发高雅的韵味。还有便捷的电源设备，嵌入式迷你冰吧，隐藏式充电器，特制的钢制保险柜，构思独特的文件存储收纳柜，触控感应式 LED 灯。衣橱内置移动镜，更可显示时间与室内气温，配备紫外线灯进行日常消毒。

外观专利号：202230191169.5

## 北京黎明文仪家具有限公司

建于1993年，公司总部位于北京市通州区中关村科技园区通州园金桥科技产业基地。黎明文仪家具2018年被工业和信息化部认定为"国家级绿色工厂"与"国家级绿色供应商"；2020年被认定为"绿色设计示范企业"与"智能制造标杆企业"。

公司现有80人以上的研发队伍，并与国际知名设计师合作，拥有81项专利，产品线涵盖板式家具、实木家具、钢铁家具、软体家具、酒店家具、办公家具等全家具类别。具有一项国际领先智能制造生产线、两项国内领先全自动化板式家具标准生产线和四项水基涂料喷涂线，同时配备全自动化包装线，工厂使用清洁能源。同时，公司质检中心被认定为国家级实验室。

## 天鹅凳

设计元素取自天鹅的身体形态，特别是天鹅颈，设计师通过对天鹅的形体的曲线演绎，形成天鹅凳的外形轮廓，同时拥有舒适的坐感。上下两层的设计方便使用者进行不同色彩搭配选择，从而增加空间的趣味性。天鹅凳后背增加了写字板的设计，增加了产品的实用性和功能性。突出了产品在休闲区的亮点和对空间的装饰作用。天鹅凳是软凳类产品的创新产物，在外观方面也比较新颖，天鹅颈处经过特殊工艺处理，增加产品强度，使人坐在写字板处不会出现折断现象。

## LOGIC 励致

### 珠海励致洋行办公家私有限公司

成立于1993年10月13日，简称：励致家私，总部位于美丽海滨城市珠海。励致家私是华润集团华润置地有限公司旗下专业的综合家具制造及销售商，依托120000平方米智慧工厂，形成了全系列办公家具制造能力、民用家具规模化定制能力。公司是中国家具协会办公家具专业委员会主席单位、中国家具协会常务理事单位。

1997年，励致家私获得中国国家商品检验局（CCIB）及德国RWTUV颁发之ISO9002品保认证；是行业内率先获得ISO9002品保认证和ISO14001环保认证的办公家具厂商；2005年7月，励致通过了ISO14025III型环境标志认证；2009年，通过OHSAS18001职业健康安全管理体系认证以及中国环境标志十环认证；2019年，荣获高新技术企业证书。

### VAN系列工作系统

是覆盖职员区、管理层、会议空间、文件及物品收纳的时尚、健康、经济的全方位空间解决方案。VAN轻薄的桌脚和简洁的桌面线条让用户感到视觉上的放松，在如此灵动的工作站办公，好像重复单调的日常工作也没有那么枯燥……

VAN系列工作站采用独特的模块式组合方式，让工位加减更自由，工位数量随空间大小随意变化。悬浮式的轨道设计让VAN可以将屏风、照明、显示器支架等多种办公配件任意组合，变化位置，让用户规划自己的专属工作站。四种款式屏风可选，配色丰富。桌面式插座取代了操作烦琐的翻盖线盒，这种改变让桌面更简洁，插座使用更便捷。移动照明灯可360度旋转，无可视频闪，护眼防蓝光。可选挂包钩便捷轻巧。

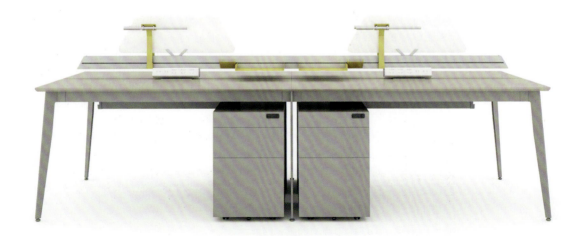

实用专利号：201921189182.6、202120329603.1；
外观专利号：202130082187.5、202130082354.6

外观专利号:2021301415561.4

**CAMERICH 锐驰**

## 北京全福凯旋家具有限公司

　　成立于 1997 年，公司总占地面积 7.5 万平方米，公司员工总数为 562 人。公司于 2005 年创立"锐驰"品牌，并于 2010 年获得国家工商行政管理总局的注册证书，为保护锐驰在全球的品牌形象，锐驰商标已在全球 73 个国家进行注册。

　　北京全福凯旋家具有限公司旨在为全球消费者提供更优雅、时尚的家具产品，提升家居品质。在持续的市场耕耘过程中，公司的研发体系、生产线及营销体系不断完善，运营管理日趋成熟。公司的营销网络已覆盖全球，在亚洲、欧洲、北美洲、南美洲和大洋洲开设 100+ 家品牌店。

## EAST-WEST 方合沙发

　　锐驰与比利时 YELLOW WINDOW 设计工作室合作推出全新系列 EAST-WEST 方合沙发。

　　设计灵感来源于中国甲胄元素与传统工匠精神。挺拔、有序的外框与优雅、蓬松的软垫搭配，精致与舒适兼备。系统化的设计思维配合活动插件，可自由更换扶手和靠背，对不同空间均有不俗的表现力。

　　片与片规整有序排列，体现了重复的美感，特别是所有背扶一致的高度、胖度，就像军人站军姿一般整齐划一，视觉感极佳。片与片之间的留白形成视觉看点，令沙发置于中岛而不乏味。

## 多少

## MORELESS

### 多少

作为中国原创家具品牌的代表之一，"多少 MoreLess"一直在探索当代中国人生活空间的营造方式。我们相信她是藉由科技和人文设计而成，必能滋养中国人家庭的天伦。同时，"多少"也以简洁诚实的方式在思辨，"洼则盈，敝则新，少则得，多则惑"。她既中庸又特异，正如我们自己以及周围的世界。

### "米"书架

设计师：娄永琪

在中国，书籍也叫做精神食粮，所以该款书架被命名为"米"书架。"米"书架集书架、密集架、博古架于一体，兼具放书、储物、陈列功能。设计师将建筑的语言运用在书架的设计中，如穿梭于书架的钢丝绳，不仅增添了设计感，也使结构更为牢固，如同搭建了一个"家中的建筑"。细看之下，书架的木板具有微妙的弧度，犹如书籍一般，与书架主题巧妙呼应。书架中所有的连接件都由金属打造，确保书架能够反复拆装，并且保持稳固、耐用。基于同一个设计语言，"米"书架生长出多种规格，适用于绝大多数家居空间。

# 大国工匠 技能报国

## 中国家具行业职业能力评价工作全面开展
(以招投标、申报具体要求为准)

### 评价职业及等级

- 营销师(1-5级)
- 家具设计师(2-5级)
- 室内装饰设计师(1-3级)
- 互联网营销师(3-5级)

认证单位：中国轻工业联合会
　　　　　中国家具协会
主办单位：中国家具协会职业技能培训中心
　　　　　北京国富纵横文化科技咨询股份有限公司

### 职业能力评价工作对于企业的战略意义：

一、优化企业人才结构，帮助企业提质增效。
二、提升企业组织能力。
三、培养、留住核心人才。
四、大型项目招投标、上市、申报国家级资质的基础保障。
五、可作为企业申报相关优惠政策的依据。(以当地政策为准)

### 职业能力评价工作对于院校的战略意义：

一、双师建设，推动教育强国、技能强国战略有效落实。
二、实现院校人才培养与企业需求精准对接。
三、真正实现职业教育的现代化转型。
四、学生"学历教育+技能教育"双证，实现更高质量就业。
五、为实现经济高质量发展发挥重要作用。

### 职业能力评价工作对于个人的战略意义：

一、个人职业能力证明，打开晋升通道。
二、提升家具行业热门职业的真正水平与能力。
三、获得企业同行和客户的尊重和信任。
四、收获人脉和资源、信任和尊重，拓展圈子。
五、作为申报享受当地高技能人才政策的依据。(以当地政策为准)

---

**职业能力评价报考条件咨询及报名联系方式**

中国家具协会职业技能培训中心
联系人：张欣，联系电话（同微信）：15811396209
报送邮箱：ZYNLPJ@ALLGF.CN

公众号二维码

丹麦**力纳克**®，已为全球家具厂商提供

# 10,000,000+ 套

办公桌电动升降系统

———

| **1000⁺万套** | **40⁺** | **6** | **1200⁺** | **110⁺年** | **全球研发** |
|---|---|---|---|---|---|
| 全球办公桌<br>升降系统销量 | 遍布全球<br>分公司＆分销商 | 欧、亚、美洲工厂 | 专利 | 始创于丹麦<br>1907年 | 丹麦、中国、<br>美国研发中心 |

▲ 力纳克丹麦总部

# 赋能
## 泛家居产业

# 集效
## 设计美学人文

---

电话：020-61262888
网址：http://www.gzfacn.com
地址：广州市越秀区沿江中路323号临江商务中心18楼